3/4점 기출 집중 공략엔

수능엔유형

지은이

NE능률 수학교육연구소
NE능률 수학교육연구소는 혁신적이며 효율적인 수학 교재를 개발하고
수학 학습의 질을 한 단계 높이고자 노력하는 NE능률의 연구 조직입니다.

이향수 명일여자고등학교 교사
한명주 명일여자고등학교 교사
김상철 청담고등학교 교사
김정배 현대고등학교 교사
박재희 경기과학고등학교 교사
권백일 양정고등학교 교사
박상훈 중산고등학교 교사
강인우 진선여자고등학교 교사
박현수 현대고등학교 교사
김상우 신도고등학교 교사

검토진

강민정 (에이플러스)
설상원 (인천정석학원)
우정림 (크누KNU입시학원)
이진호 (과수원수학학원)
장수진 (플래너수학)
곽민수 (청라현수학)
설홍진 (현수학학원본원)
우주안 (수미사방매)
이철호 (파스칼수학학원)
장재영 (이자경수학학원본원)
김봉수 (범어신사고학원)
성웅경 (더빡센수학학원)
유성규 (현수학학원본원)
임명진 (서연고학원)
정석 (정석수학)
김진미 (1교시수학학원)
신성준 (엠코드학원)
이재호 (사인수학학원)
임신옥 (KS수학학원)
정한샘 (편수학학원)
김환철 (한수위수학)
오성진(오성진선생의수학스케치)
이진섭 (이진섭수학학원)
임지영 (HQ영수)
조범희 (엠코드학원)

3/4점 기출 집중 공략엔

수능엔유형

확률과 통계

Structure 구성과 특징

✓ 최근 5개년 기출 유형 분석

✓ '기출-변형-예상' 문제로 유형 정복

✓ 실전 대비 미니 모의고사 10회 수록

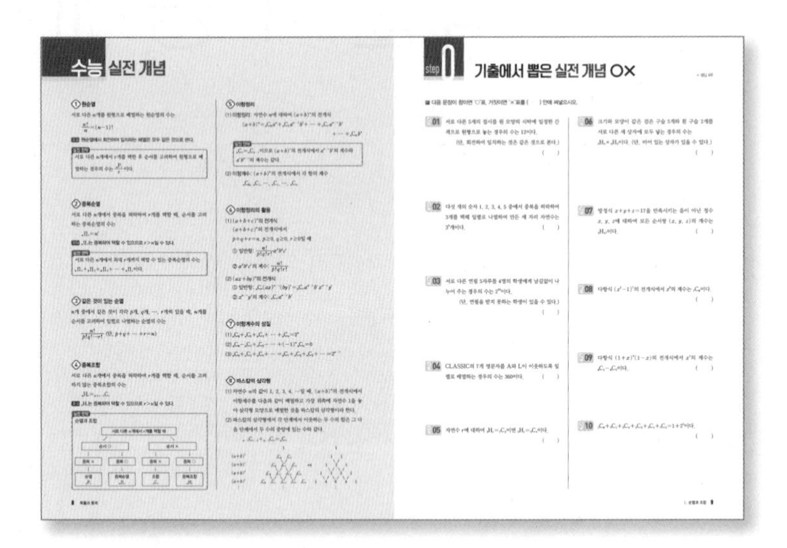

수능 실전 개념

• 개념이나 공식의 단순 나열이 아니라 문제 풀이에서 실제로 자주 이용되는 실전 개념을 뽑아 정리하고, 실전 전략을 제시하였습니다.

step0 | 기출에서 뽑은 실전 개념 ○×

• 수능, 모평, 학평 기출 문제를 분석하여 ○×문제를 제시하였으며, ○×문제의 참, 거짓을 확인하여 개념을 다시 한번 정리할 수 있도록 하였습니다.

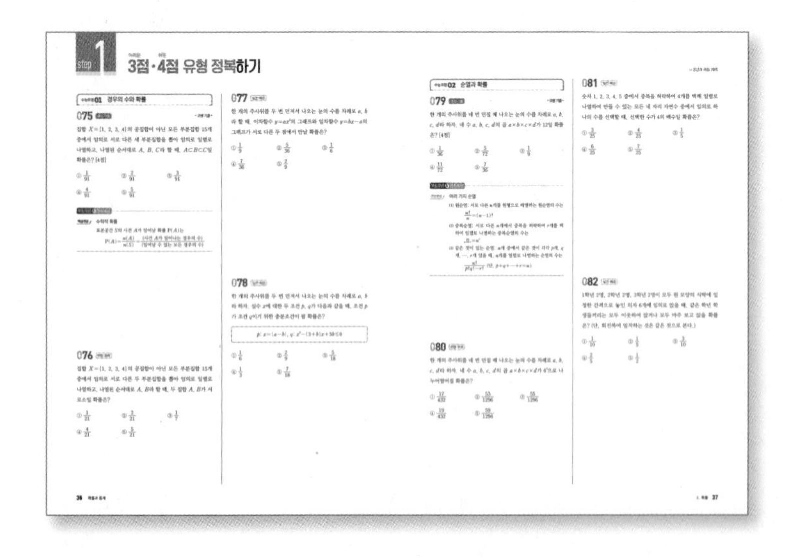

step1 | 어려운 3점 · 쉬운 4점 유형 정복하기

• 대표 기출 해당 유형의 수능, 모평, 학평 기출 문제 중에서 반드시 풀어야 할 문제를 엄선하여 수록하였습니다.

• 핵심개념 & 연관개념 문제에 사용된 해당 단원의 핵심 개념과 타 과목, 타 단원과 연계된 개념을 제시하였습니다.

• 변형 유제 대표 기출 문항을 변형하여 수록하였습니다. 개념의 확장, 조건의 변형 등을 통하여 기출 문제를 좀 더 철저히 이해하여 비슷한 유형이 출제되는 경우를 대비할 수 있습니다.

• 실전 예상 신경향 문제 또는 출제가 기대되는 문제를 예상 문제로 수록하였습니다.

• **UP** 자주 출제되거나 난이도 높은 유형을 제시하였습니다.

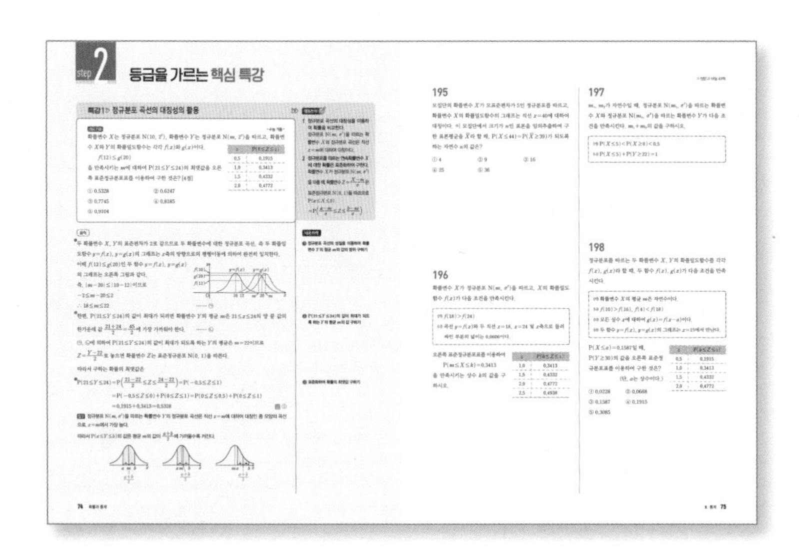

step2 | 등급을 가르는 핵심 특강

- 해당 단원의 핵심 문제로, 해결 과정의 실마리를 **행동 전략**으로 제시하였습니다.
- 대표 기출 문항의 문제 해결 단계를 **내용 전략**으로 제시하였고, 실전에 적용할 수 있도록 예제를 수록하였습니다.

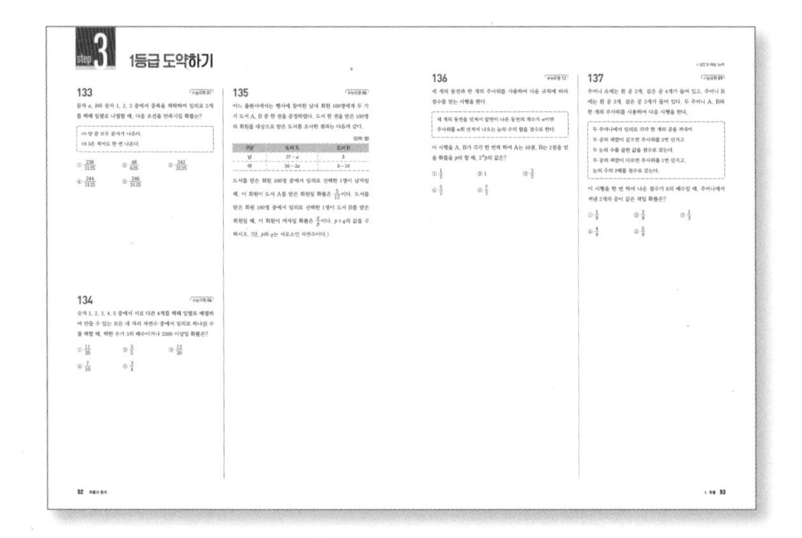

step3 | 1등급 도약하기

- 1등급에 한 걸음 더 가까워질 수 있도록 난이도 높은 예상 문제를 수록하였습니다.
- 문항별로 관련 수능유형을 링크하였습니다.

미니 모의고사

- 수능, 모평, 학평 기출 및 그 변형 문제와 예상 문제로 구성된 미니 모의고사 10회를 제공하였습니다. 미니 실전 테스트로 수능 실전 감각을 유지할 수 있도록 하였습니다.

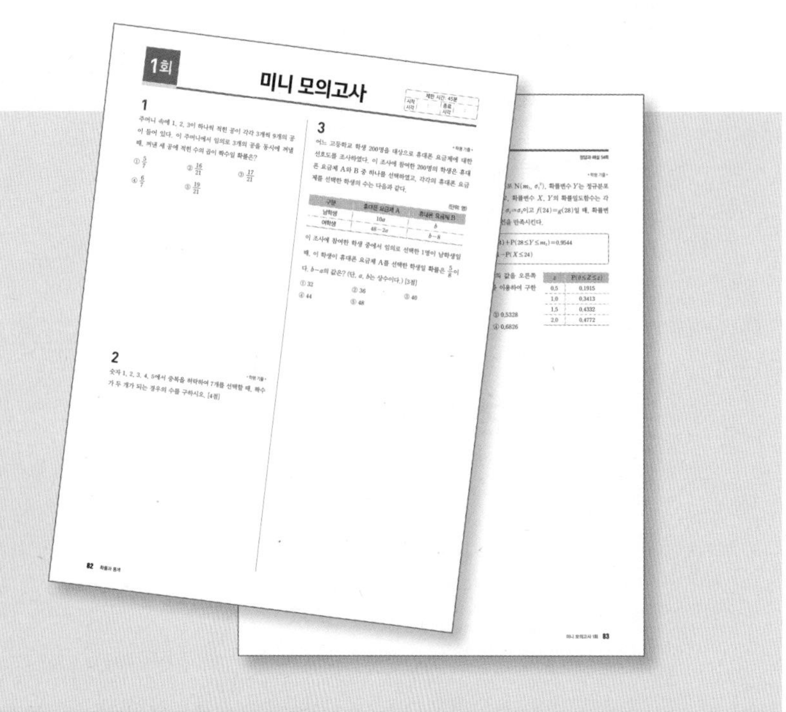

Contents 차례

Study plan 3주 완성

※ DAY별로 학습 성취도를 체크해 보세요. 성취 정도가 △, ×이면 반드시 한번 더 복습합니다.
※ 복습할 문항 번호를 메모해 두고 2회독 할 때 중점적으로 점검합니다.

학습일			문항 번호	성취도	복습 문항
1주	1일차	/	001~010	○ △ ×	
	2일차	/	011~025	○ △ ×	
	3일차	/	026~038	○ △ ×	
	4일차	/	039~052	○ △ ×	
	5일차	/	053~064	○ △ ×	
	6일차	/	065~074	○ △ ×	
	7일차	/	075~090	○ △ ×	
2주	8일차	/	091~106	○ △ ×	
	9일차	/	107~118	○ △ ×	
	10일차	/	119~132	○ △ ×	
	11일차	/	133~142	○ △ ×	
	12일차	/	143~154	○ △ ×	
	13일차	/	155~170	○ △ ×	
	14일차	/	171~182	○ △ ×	
3주	15일차	/	183~198	○ △ ×	
	16일차	/	199~208	○ △ ×	
	17일차	/	미니모의고사 1, 2회	○ △ ×	
	18일차	/	미니모의고사 3, 4회	○ △ ×	
	19일차	/	미니모의고사 5, 6회	○ △ ×	
	20일차	/	미니모의고사 7, 8회	○ △ ×	
	21일차	/	미니모의고사 9, 10회	○ △ ×	

I 순열과 조합

중단원명	수능유형명
01. 여러 가지 순열	01 원순열(1) – 특정 조건이 있는 경우
	02 원순열(2) – 도형을 색칠하는 경우
	03 중복순열
	04 같은 것이 있는 순열(1)
	05 같은 것이 있는 순열(2) – 같은 문자로 생각하는 경우
	06 같은 것이 있는 순열(3) – 여러 가지 상황에의 활용
	07 최단 경로의 수
02. 중복조합과 이항정리	08 중복조합
	09 중복조합을 이용한 방정식의 해의 개수(1)
	10 중복조합을 이용한 방정식의 해의 개수(2) – 상황으로 주어진 경우
	11 이항정리 – 다항식의 전개식
	12 이항계수의 성질

수능 실전 개념

① 원순열

서로 다른 n개를 원형으로 배열하는 원순열의 수는

$$\frac{n!}{n}=(n-1)!$$

주의 원순열에서 회전하여 일치하는 배열은 모두 같은 것으로 본다.

> **실전 전략**
> 서로 다른 n개에서 r개를 택한 후 순서를 고려하여 원형으로 배열하는 경우의 수는 $\frac{{}_{n}\mathrm{P}_{r}}{r}$이다.

② 중복순열

서로 다른 n개에서 중복을 허락하여 r개를 택할 때, 순서를 고려하는 중복순열의 수는

$${}_{n}\Pi_{r}=n^{r}$$

주의 ${}_{n}\Pi_{r}$는 중복하여 택할 수 있으므로 $r>n$일 수 있다.

> **실전 전략**
> 서로 다른 n개에서 최대 r개까지 택할 수 있는 중복순열의 수는 ${}_{n}\Pi_{1}+{}_{n}\Pi_{2}+{}_{n}\Pi_{3}+\cdots+{}_{n}\Pi_{r}$이다.

③ 같은 것이 있는 순열

n개 중에서 같은 것이 각각 p개, q개, $\cdots$, r개씩 있을 때, n개를 순서를 고려하여 일렬로 나열하는 순열의 수는

$$\frac{n!}{p!\,q!\cdots r!}\ (\text{단, } p+q+\cdots+r=n)$$

④ 중복조합

서로 다른 n개에서 중복을 허락하여 r개를 택할 때, 순서를 고려하지 않는 중복조합의 수는

$${}_{n}\mathrm{H}_{r}={}_{n+r-1}\mathrm{C}_{r}$$

주의 ${}_{n}\mathrm{H}_{r}$는 중복하여 택할 수 있으므로 $r>n$일 수 있다.

> **실전 전략**
> 순열과 조합
>
> 서로 다른 n개에서 r개를 택할 때
> - 순서 ○
>   - 중복 × → 순열 ${}_{n}\mathrm{P}_{r}$
>   - 중복 ○ → 중복순열 ${}_{n}\Pi_{r}$
> - 순서 ×
>   - 중복 × → 조합 ${}_{n}\mathrm{C}_{r}$
>   - 중복 ○ → 중복조합 ${}_{n}\mathrm{H}_{r}$

⑤ 이항정리

(1) 이항정리: 자연수 n에 대하여 $(a+b)^{n}$의 전개식

$$(a+b)^{n}={}_{n}\mathrm{C}_{0}a^{n}+{}_{n}\mathrm{C}_{1}a^{n-1}b^{1}+\cdots+{}_{n}\mathrm{C}_{r}a^{n-r}b^{r}+\cdots+{}_{n}\mathrm{C}_{n}b^{n}$$

> **실전 전략**
> ${}_{n}\mathrm{C}_{r}={}_{n}\mathrm{C}_{n-r}$이므로 $(a+b)^{r}$의 전개식에서 $a^{n-r}b^{r}$의 계수와 $a^{r}b^{n-r}$의 계수는 같다.

(2) 이항계수: $(a+b)^{n}$의 전개식에서 각 항의 계수

$${}_{n}\mathrm{C}_{0},\ {}_{n}\mathrm{C}_{1},\ \cdots,\ {}_{n}\mathrm{C}_{r},\ \cdots,\ {}_{n}\mathrm{C}_{n}$$

⑥ 이항정리의 활용

(1) $(a+b+c)^{n}$의 전개식

$(a+b+c)^{n}$의 전개식에서

$p+q+r=n$, $p\ge 0$, $q\ge 0$, $r\ge 0$일 때

① 일반항: $\frac{n!}{p!\,q!\,r!}a^{p}b^{q}c^{r}$

② $a^{p}b^{q}c^{r}$의 계수: $\frac{n!}{p!\,q!\,r!}$

(2) $(ax+by)^{n}$의 전개식

① 일반항: ${}_{n}\mathrm{C}_{r}(ax)^{n-r}(by)^{r}={}_{n}\mathrm{C}_{r}a^{n-r}b^{r}x^{n-r}y^{r}$

② $x^{n-r}y^{r}$의 계수: ${}_{n}\mathrm{C}_{r}a^{n-r}b^{r}$

⑦ 이항계수의 성질

(1) ${}_{n}\mathrm{C}_{0}+{}_{n}\mathrm{C}_{1}+{}_{n}\mathrm{C}_{2}+\cdots+{}_{n}\mathrm{C}_{n}=2^{n}$

(2) ${}_{n}\mathrm{C}_{0}-{}_{n}\mathrm{C}_{1}+{}_{n}\mathrm{C}_{2}-\cdots+(-1)^{n}{}_{n}\mathrm{C}_{n}=0$

(3) ${}_{n}\mathrm{C}_{0}+{}_{n}\mathrm{C}_{2}+{}_{n}\mathrm{C}_{4}+\cdots={}_{n}\mathrm{C}_{1}+{}_{n}\mathrm{C}_{3}+{}_{n}\mathrm{C}_{5}+\cdots=2^{n-1}$

⑧ 파스칼의 삼각형

(1) 자연수 n의 값이 1, 2, 3, 4, $\cdots$일 때, $(a+b)^{n}$의 전개식에서 이항계수를 다음과 같이 배열하고 가장 위쪽에 자연수 1을 놓아 삼각형 모양으로 배열한 것을 파스칼의 삼각형이라 한다.

(2) 파스칼의 삼각형에서 각 단계에서 이웃하는 두 수의 합은 그 다음 단계에서 두 수의 중앙에 있는 수와 같다.

$${}_{n-1}\mathrm{C}_{r-1}+{}_{n-1}\mathrm{C}_{r}={}_{n}\mathrm{C}_{r}$$

	1		1
$(a+b)^{1}$	${}_{1}\mathrm{C}_{0}$ ${}_{1}\mathrm{C}_{1}$		1 1
$(a+b)^{2}$	${}_{2}\mathrm{C}_{0}$ ${}_{2}\mathrm{C}_{1}$ ${}_{2}\mathrm{C}_{2}$	➡	1 2 1
$(a+b)^{3}$	${}_{3}\mathrm{C}_{0}$ ${}_{3}\mathrm{C}_{1}$ ${}_{3}\mathrm{C}_{2}$ ${}_{3}\mathrm{C}_{3}$		1 3 3 1
$(a+b)^{4}$	${}_{4}\mathrm{C}_{0}$ ${}_{4}\mathrm{C}_{1}$ ${}_{4}\mathrm{C}_{2}$ ${}_{4}\mathrm{C}_{3}$ ${}_{4}\mathrm{C}_{4}$		1 4 6 4 1
⋮	⋮		⋮

기출에서 뽑은 실전 개념 OX

○ 정답 4쪽

■ 다음 문장이 참이면 '○'표, 거짓이면 '×'표를 (　　) 안에 써넣으시오.

01 서로 다른 5개의 접시를 원 모양의 식탁에 일정한 간격으로 원형으로 놓는 경우의 수는 12이다.
(단, 회전하여 일치하는 것은 같은 것으로 본다.) (　　)

02 다섯 개의 숫자 1, 2, 3, 4, 5 중에서 중복을 허락하여 3개를 택해 일렬로 나열하여 만든 세 자리 자연수는 3^5개이다. (　　)

03 서로 다른 연필 5자루를 4명의 학생에게 남김없이 나누어 주는 경우의 수는 2^{10}이다.
(단, 연필을 받지 못하는 학생이 있을 수 있다.) (　　)

04 CLASSIC의 7개 영문자를 A와 L이 이웃하도록 일렬로 배열하는 경우의 수는 360이다. (　　)

05 자연수 r에 대하여 ${}_3H_r={}_7C_2$이면 ${}_5H_r={}_9C_4$이다. (　　)

06 크기와 모양이 같은 검은 구슬 5개와 흰 구슬 2개를 서로 다른 세 상자에 모두 넣는 경우의 수는 ${}_5H_3\times{}_2H_3$이다. (단, 비어 있는 상자가 있을 수 있다.) (　　)

07 방정식 $x+y+z=17$을 만족시키는 음이 아닌 정수 x, y, z에 대하여 모든 순서쌍 (x, y, z)의 개수는 ${}_3H_{17}$이다. (　　)

08 다항식 $(x^2-1)^7$의 전개식에서 x^6의 계수는 ${}_7C_6$이다. (　　)

09 다항식 $(1+x)^6(1-x)$의 전개식에서 x^4의 계수는 ${}_6C_4-{}_6C_3$이다. (　　)

10 ${}_5C_0+{}_5C_1+{}_5C_2+{}_5C_3+{}_5C_4+{}_5C_5=1+2^5$이다. (　　)

step 1

어려운 3점 · 쉬운 4점 유형 정복하기

수능유형 01 원순열 (1) - 특정 조건이 있는 경우

001 대표 기출

•수능 기출•

세 학생 A, B, C를 포함한 6명의 학생이 있다. 이 6명의 학생이 일정한 간격을 두고 원 모양의 탁자에 다음 조건을 만족시키도록 모두 둘러앉는 경우의 수는? (단, 회전하여 일치하는 것은 같은 것으로 본다.) [4점]

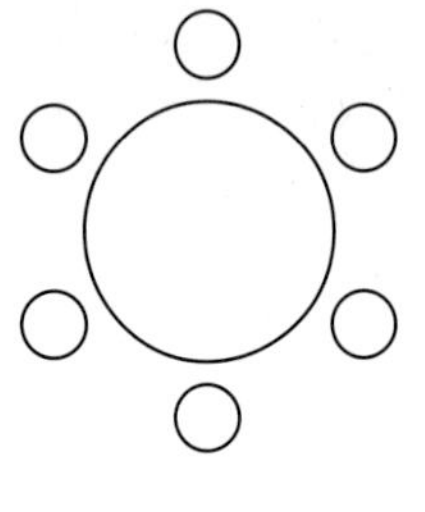

(가) A와 B는 이웃한다.
(나) B와 C는 이웃하지 않는다.

① 32 ② 34 ③ 36
④ 38 ⑤ 40

핵심개념 & 연관개념

핵심개념/ 원순열의 수

서로 다른 n개를 원형으로 배열하는 원순열의 수는

$$\frac{n!}{n}=(n-1)!=1\times2\times3\times\cdots\times(n-1)$$

002 변형 유제

그림과 같이 원형 탁자에 7개의 의자가 일정한 간격으로 놓여 있다. 각 학년 학생 3명씩 9명의 학생 중에서 1학년 학생 2명, 2학년 학생 2명, 3학년 학생 3명이 모두 이 7개의 의자에 앉으려고 한다. 1학년 학생과 2학년 학생은 각각 같은 학년 학생끼리 이웃하여 앉는 경우의 수는?

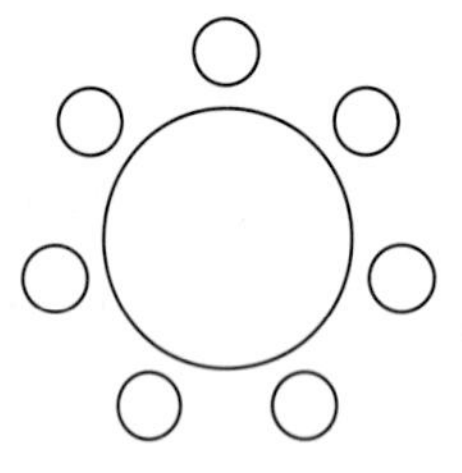

(단, 회전하여 일치하는 것은 같은 것으로 본다.)

① 860 ② 862 ③ 864
④ 866 ⑤ 868

003 실전 예상

5명의 학생을 일정한 간격을 두고 원탁에 둘러앉힌 후 1부터 5까지의 자연수가 하나씩 적힌 카드를 각각 1장씩 나누어 줄 때, 짝수가 적힌 카드를 받은 학생은 이웃하지 않도록 나누어 주는 경우의 수는? (단, 회전하여 사람과 받은 카드의 숫자가 모두 일치하는 경우는 같은 것으로 본다.)

① 284 ② 288 ③ 292
④ 296 ⑤ 300

004 실전 예상

다섯 명이 둘러앉을 수 있는 원 모양의 탁자가 있다. 여학생 3명과 남학생 5명 중에서 여학생 2명과 남학생 3명이 일정한 간격으로 이 원탁에 둘러앉을 때, 여학생끼리는 이웃하지 않는 경우의 수는? (단, 회전하여 일치하는 것은 같은 것으로 본다.)

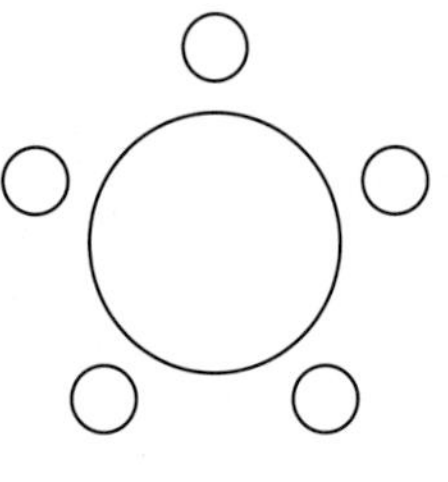

① 300 ② 320 ③ 340
④ 360 ⑤ 380

005 실전 예상

선생님 2명과 A, B를 포함한 학생 4명이 있다. 이 6명이 일정한 간격을 두고 원 모양의 탁자에 모두 둘러앉을 때, 선생님 2명은 이웃하지 않고 A와 B는 서로 맞은편에 앉는 경우의 수는? (단, 회전하여 일치하는 것은 같은 것으로 본다.)

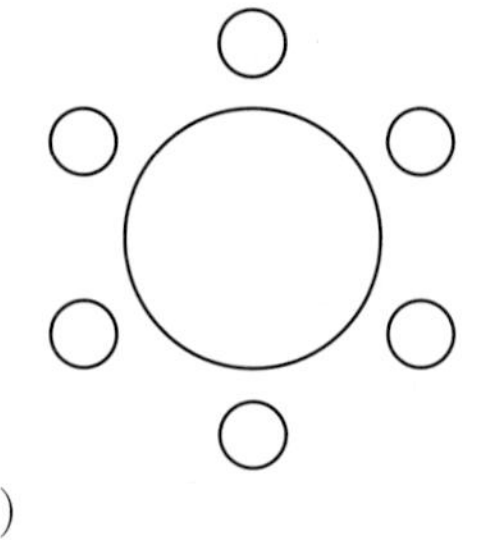

① 8 ② 10 ③ 12
④ 14 ⑤ 16

006 실전 예상

그림과 같이 원 모양의 탁자 위에 6장의 카드가 일정한 간격으로 놓여 있다. 각 카드의 양면에 1부터 12까지의 모든 자연수를 각각 1개씩 적을 때, 6장에 카드에 적힌 두 수의 합이 모두 같도록 적는 경우의 수는? (단, 회전하여 일치하는 것은 같은 것으로 보고, 카드의 앞면과 뒷면은 구분하지 않는다.)

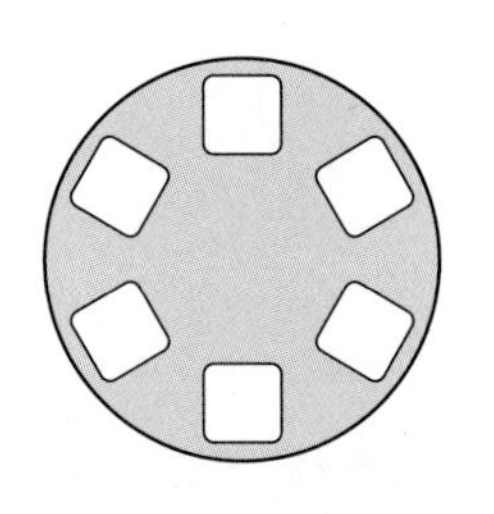

① 120 ② 140 ③ 160
④ 180 ⑤ 200

수능유형 02 원순열 (2) - 도형을 색칠하는 경우

007 대표 기출

• 학평 기출 •

그림과 같이 반지름의 길이가 같은 7개의 원이 있다. 7개의 원에 서로 다른 7개의 색을 모두 사용하여 색칠하는 경우의 수를 구하시오. (단, 한 원에는 한 가지 색만 칠하고, 회전하여 일치하는 것은 같은 것으로 본다.) [3점]

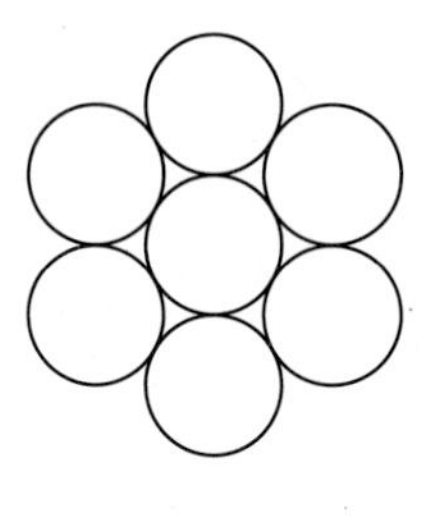

핵심개념 & 연관개념

핵심개념 색칠하는 경우의 수
회전하지 않는 부분을 칠하는 경우의 수를 먼저 구한 후, 원순열을 이용하여 나머지 영역을 칠하는 경우의 수를 구한다.

008 변형 유제

그림과 같이 정사각형 1개와 서로 합동인 삼각형 4개로 이루어진 도형이 있다. 노란색을 포함한 6가지의 색 중에서 노란색은 2번 칠하고 나머지 색은 1번씩만 사용하여 정사각형과 4개의 삼각형을 모두 색칠하는 경우의 수는? (단, 각 도형에는 한 가지색만 칠하고 회전하여 일치하는 것은 같은 것으로 본다.)

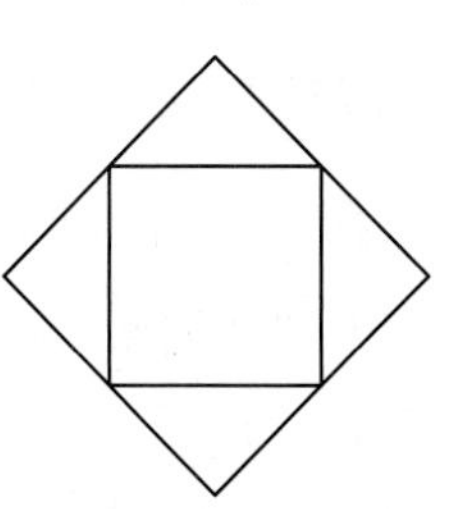

① 130 ② 140 ③ 150
④ 160 ⑤ 170

009 실전 예상

그림과 같이 정삼각형을 서로 합동인 3개의 이등변삼각형으로 나누고 크기가 같은 원 3개를 정삼각형의 각 변을 이등분하는 점에서 각각 접하도록 만든 도형이 있다. 이 6개의 영역에 빨간색, 노란색을 포함한 서로 다른 6가지의 색을 모두 사용하여 다음 조건을 만족시키도록 칠하는 경우의 수는? (단, 한 개의 영역에는 한 가지 색만 칠하고, 회전하여 일치하는 것은 같은 것으로 본다.)

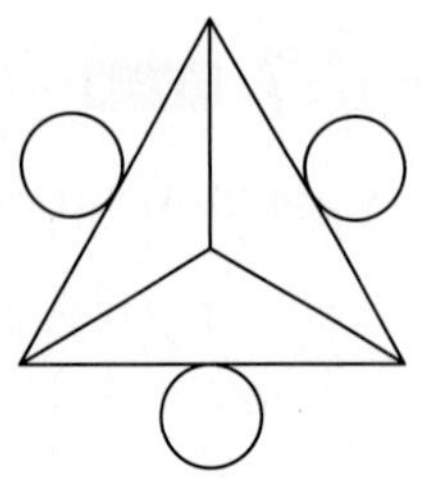

> (가) 빨간색과 노란색을 칠하는 영역은 서로 다른 종류의 도형이다.
> (나) 빨간색을 칠하는 영역과 노란색을 칠하는 영역은 서로 접하지 않는다.

① 94 ② 96 ③ 98 ④ 100 ⑤ 102

010 실전 예상

그림과 같이 반지름의 길이가 같은 7개의 원이 있다. 파란색을 포함하여 서로 다른 6개의 색으로 7개의 원을 색칠할 때, 파란색으로 2개의 원을 색칠하고 나머지 5가지의 색을 모두 사용하여 칠하는 경우의 수는? (단, 한 원에는 한 가지 색만 칠하고, 회전하여 일치하는 것은 같은 것으로 본다.)

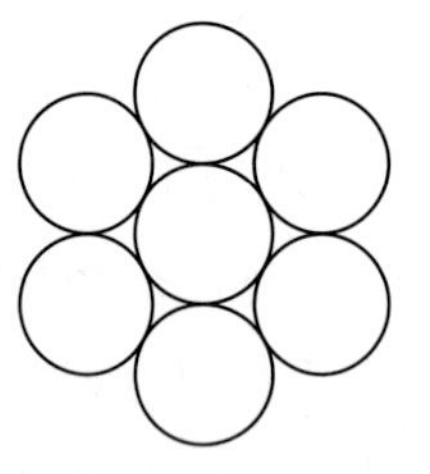

① 390 ② 400 ③ 410 ④ 420 ⑤ 430

수능유형 03 중복순열

011 대표 기출

•학평 기출•

숫자 1, 2, 3, 4, 5 중에서 중복을 허락하여 5개를 택해 일렬로 나열하여 만든 다섯 자리의 자연수 중에서 다음 조건을 만족시키는 N의 개수는? [3점]

> (가) N은 홀수이다.
> (나) $10000 < N < 30000$

① 720 ② 730 ③ 740 ④ 750 ⑤ 760

핵심개념 & 연관개념

핵심개념 / 중복순열의 수

서로 다른 n개에서 r개를 택하는 중복순열의 수는

$${}_{n}\Pi_{r}=n^{r}$$

012 변형 유제

서로 다른 수학 참고서 4권과 서로 다른 영어 참고서 5권을 학생 3명에게 남김없이 나누어 줄 때, 모든 학생이 수학 참고서를 받도록 나누어 주는 경우의 수를 N이라 하자. $\frac{N}{12}$의 값을 구하시오. (단, 영어 참고서를 받지 못하는 학생이 있을 수 있다.)

013 실전 예상

5개의 숫자 1, 2, 3, 4, 5 중에서 중복을 허락하여 7개를 택해 일렬로 나열하여 일곱 자리 자연수를 만들 때, 이 자연수의 일의 자리의 숫자를 a, 십의 자리의 숫자를 b, 백의 자리의 숫자를 c, 천의 자리의 숫자를 d라 하자. $a<b=c<d$를 만족시키도록 만들 수 있는 자연수의 개수는?

① 250 ② 500 ③ 750
④ 1000 ⑤ 1250

014 실전 예상

1부터 7까지의 자연수가 하나씩 적힌 카드가 각각 5장씩 있다. 이 카드 중 5장을 뽑아 일렬로 나열할 때, 다음 조건을 만족시키도록 나열하는 경우의 수는?

(단, 같은 숫자가 적혀 있는 카드는 서로 구별하지 않는다.)

> (가) 양쪽 끝에는 홀수와 짝수가 적힌 카드를 하나씩 나열한다.
> (나) 양 끝을 제외한 나머지 세 곳에는 짝수가 적힌 카드를 나열한다.

① 162 ② 324 ③ 486
④ 648 ⑤ 810

015 실전 예상

숫자 1, 2, 3, 4, 5 중에서 중복을 허락하여 5개를 택해 일렬로 나열하여 다섯 자리 자연수를 만들 때, 각 자리의 모든 숫자의 합이 짝수인 자연수의 개수는 $a\times 22$이다. a의 값은?

① 67 ② 69 ③ 71
④ 73 ⑤ 75

016 실전 예상

5개의 문자 A, B, C, D, E 중에서 중복을 허락하여 네 개를 택한 후 일렬로 나열할 때, 다음 조건을 만족시키도록 나열하는 경우의 수는?

> (가) 문자 A는 두 번 이상 나온다.
> (나) 문자 A와 B는 서로 이웃하지 않는다.

① 73 ② 75 ③ 77
④ 79 ⑤ 81

수능유형 04 같은 것이 있는 순열 (1)

017 대표 기출

• 수능 기출 •

숫자 1, 2, 3, 4, 5, 6 중에서 중복을 허락하여 다섯 개를 다음 조건을 만족시키도록 선택한 후, 일렬로 나열하여 만들 수 있는 모든 다섯 자리의 자연수의 개수는? [4점]

> (가) 각각의 홀수는 선택하지 않거나 한 번만 선택한다.
> (나) 각각의 짝수는 선택하지 않거나 두 번만 선택한다.

① 450 ② 445 ③ 440
④ 435 ⑤ 430

핵심개념 & 연관개념

핵심개념 / 같은 것이 있는 순열의 수

n개 중에서 서로 같은 것이 각각 p개, q개, $\cdots$, r개씩 있을 때, 이를 모두 일렬로 나열하는 순열의 수는

$$\frac{n!}{p!q!\cdots r!} \text{ (단, } p+q+\cdots+r=n\text{)}$$

018 변형 유제

6개의 숫자 1, 2, 2, 3, 3, 3 중에서 1, 2, 3이 각각 적어도 하나씩 포함되도록 5개를 택해 일렬로 나열하여 만들 수 있는 다섯 자리 홀수의 개수는?

① 31 ② 32 ③ 33
④ 34 ⑤ 35

019 실전 예상

어느 체육대회에서 4개의 파란 응원 깃발과 3개의 빨간 응원 깃발을 7명의 응원단에게 각자 1개씩 나누어 주는 경우의 수는? (단, 같은 색의 응원 깃발은 서로 구분하지 않는다.)

① 20 ② 25 ③ 30
④ 35 ⑤ 40

020 실전 예상

7개의 숫자 0, 2, 2, 3, 4, 4, 5를 모두 일렬로 나열하여 만들 수 있는 일곱 자리 자연수 중에서 홀수끼리는 서로 이웃하는 5의 배수의 개수는?

① 68 ② 72 ③ 76
④ 80 ⑤ 84

021 실전 예상

농구공 1개, 축구공 2개, 배구공 5개를 일렬로 나열할 때, 축구공은 서로 이웃하지 않게 나열하는 경우의 수는?

(단, 같은 종류의 공끼리는 서로 구별하지 않는다.)

① 120 ② 122 ③ 124 ④ 126 ⑤ 128

022 실전 예상

7개의 숫자 1, 2, 3, 3, 3, 4, 5를 모두 사용하여 일곱 자리 자연수를 만들 때, 짝수 사이에는 두 개 이상의 숫자가 있도록 만들 수 있는 자연수의 개수는?

① 380 ② 390 ③ 400 ④ 410 ⑤ 420

수능유형 05 같은 것이 있는 순열 (2) - 같은 문자로 생각하는 경우

023 대표 기출

• 학평 기출 •

3개의 문자 A, B, C를 포함한 서로 다른 6개의 문자를 모두 한 번씩 사용하여 일렬로 나열할 때, 두 문자 B와 C 사이에 문자 A를 포함하여 1개 이상의 문자가 있도록 나열하는 경우의 수는? [3점]

① 180 ② 200 ③ 220 ④ 240 ⑤ 260

핵심개념 & 연관개념

핵심개념 / 순서가 정해진 경우의 수

서로 다른 n개의 문자를 일렬로 나열할 때, 특정한 r개를 미리 정해진 순서대로 나열하는 경우의 수는 같은 것이 r개 포함된 n개를 일렬로 나열하는 경우의 수와 같다.

024 변형 유제

7개의 숫자 1, 2, 3, 4, 4, 5, 6을 모두 일렬로 나열하여 일곱 자리 자연수를 만들 때, 곱해서 12가 되는 두 수 중에서 크기가 더 큰 수를 작은 수보다 왼쪽에 나열하는 경우의 수는?

① 420 ② 424 ③ 428 ④ 432 ⑤ 436

025 실전 예상

7개의 문자 a, a, a, a, b, c, d를 모두 일렬로 나열할 때, 다음 조건을 만족시키도록 나열하는 경우의 수를 구하시오.

> (가) 문자 d는 두 문자 a, c 사이에 있고, 세 문자는 모두 이웃하도록 나열한다.
> (나) 연속하여 나열된 세 문자 중 적어도 한 개는 a가 오도록 나열한다.

수능유형 06 같은 것이 있는 순열(3) - 여러 가지 상황에의 활용

026 대표 기출

•모평 기출•

한 개의 주사위를 한 번 던져 나온 눈의 수가 3 이하이면 나온 눈의 수를 점수로 얻고, 나온 눈의 수가 4 이상이면 0점을 얻는다. 이 주사위를 네 번 던져 나온 눈의 수를 차례로 a, b, c, d라 할 때, 얻은 네 점수의 합이 4가 되는 모든 순서쌍 (a, b, c, d)의 개수는? [4점]

① 187 ② 190 ③ 193
④ 196 ⑤ 199

핵심개념 & 연관개념

핵심개념 / 같은 것의 개수가 달라지는 경우의 수
같은 것이 있는 대상의 개수에 따라 경우를 나누어 경우의 수를 구한다.

027 변형 유제

빨간 공 1개, 노란 공 2개, 파란 공 3개 중에서 5개의 공을 택하여 5명의 학생에게 1개씩 나누어 주는 경우의 수는?

(단, 같은 색의 공은 서로 구별하지 않는다.)

① 30 ② 40 ③ 50
④ 60 ⑤ 70

028 실전 예상

1이 적힌 상자 5개, 2가 적힌 상자 2개, 3이 적힌 상자 1개를 모두 일렬로 나열할 때, 양 끝에는 서로 다른 숫자가 적힌 상자가 놓이는 경우의 수는?

(단, 같은 숫자가 적힌 상자는 서로 구별하지 않는다.)

① 100 ② 102 ③ 104
④ 106 ⑤ 108

수능유형 07 최단 경로의 수

029 대표 기출

• 학평 기출 •

그림과 같이 직사각형 모양으로 연결된 도로망이 있다. 이 도로망을 따라 A 지점에서 출발하여 P 지점을 지나 B 지점까지 최단 거리로 가는 경우의 수를 구하시오. [3점]

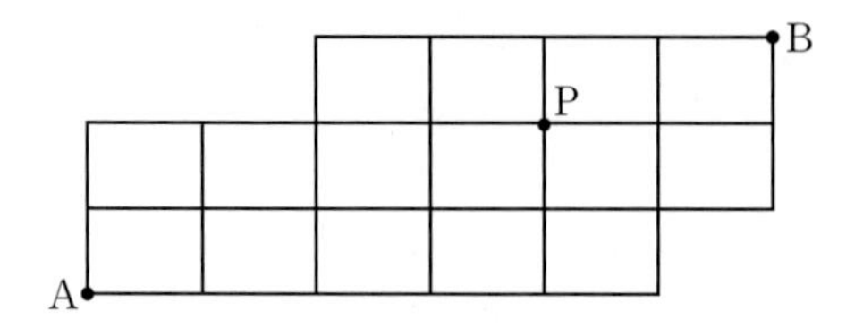

핵심개념 & 연관개념

핵심개념 / 최단 경로의 수

직사각형 모양으로 연결된 도로망에서 가로 방향으로 p칸, 세로 방향으로 q칸 이동하는 경우의 수는

$$\frac{(p+q)!}{p!q!}$$

030 변형 유제

그림과 같이 직사각형 모양으로 연결된 도로망이 있다. 이 도로망을 따라 A 지점에서 출발하여 B 지점까지 최단 거리로 가는 경우의 수는?

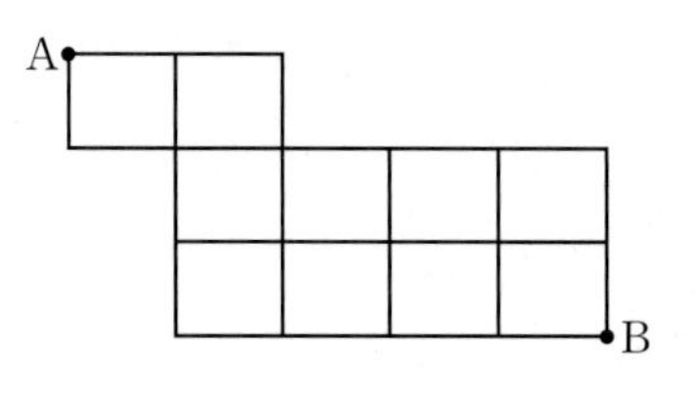

① 38 ② 39 ③ 40
④ 41 ⑤ 42

031 실전 예상

그림과 같이 직사각형 모양으로 연결된 도로망이 있다. 이 도로망을 따라 A 지점에서 출발하여 B 지점까지 최단 거리로 갈 때, C 지점을 거치지 않고 가는 경우의 수는?

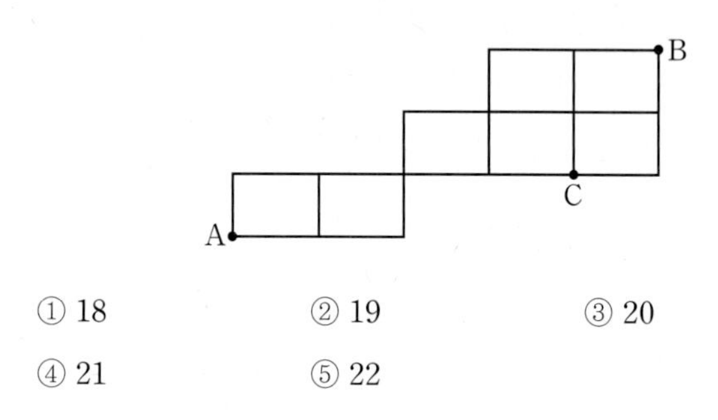

① 18 ② 19 ③ 20
④ 21 ⑤ 22

032 실전 예상

그림과 같이 정사각형 모양으로 연결된 도로망을 따라 갑은 A 지점에서 출발하여 C 지점까지, 을은 B 지점에서 출발하여 C 지점까지 각각 최단 거리로 이동한다. 갑과 을이 동시에 출발하여 서로 같은 속력으로 이동할 때, 두 사람이 C 지점이 아닌 곳에서 만나는 경우의 수를 구하시오.

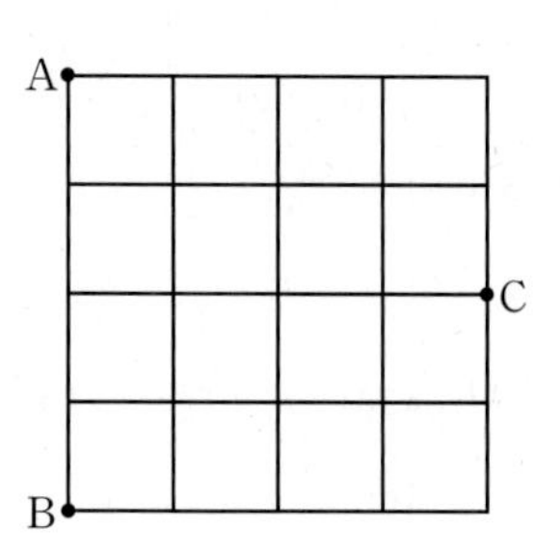

수능유형 08 중복조합 UP

033 대표 기출

• 모평 기출 •

빨간색 카드 4장, 파란색 카드 2장, 노란색 카드 1장이 있다. 이 7장의 카드를 세 명의 학생에게 남김없이 나누어 줄 때, 3가지 색의 카드를 각각 한 장 이상 받는 학생이 있도록 나누어 주는 경우의 수는? (단, 같은 색 카드끼리는 서로 구별하지 않고, 카드를 받지 못하는 학생이 있을 수 있다.) [3점]

① 78　② 84　③ 90　④ 96　⑤ 102

핵심개념 & 연관개념

핵심개념 / 중복조합의 수

서로 다른 n개에서 r개를 택하는 중복조합의 수는

$${}_{n}\mathrm{H}_{r}={}_{n+r-1}\mathrm{C}_{r}$$

034 변형 유제

파란 공 4개, 빨간 공 3개, 흰 공 7개를 두 명의 운동선수에게 남김없이 나누어 주려고 한다. 각 선수가 적어도 하나의 공을 받도록 나누어 주는 경우의 수는?

(단, 같은 색깔의 공은 서로 구별되지 않는다.)

① 152　② 154　③ 156　④ 158　⑤ 160

035 실전 예상

사과 2개, 배 3개, 복숭아 4개를 4명의 학생에게 남김없이 나누어 주려고 한다. 사과를 받은 학생은 배와 복숭아도 반드시 각각 1개 이상 받도록 나누어 주는 경우의 수는? (단, 같은 종류의 과일은 서로 구별하지 않고, 과일을 받지 못하는 학생이 있을 수 있다.)

① 840　② 1040　③ 1240　④ 1440　⑤ 1640

036 실전 예상

서로 다른 7종류의 음식을 판매하는 분식집에 온 4명이 음식을 각각 1개씩 주문하려고 할 때, 같은 종류의 음식이 2개 이상 포함되는 경우가 있도록 음식을 주문하는 경우의 수는?

(단, 같은 종류의 음식을 주문하는 것은 서로 구별하지 않는다.)

① 155　② 160　③ 165　④ 170　⑤ 175

037 실전 예상

집합 $X=\{1, 2, 3, 4, 5\}$에 대하여 다음 조건을 만족시키는 함수 $f : X \longrightarrow X$의 개수는?

(가) $f(2) \le f(3) \le f(4)$
(나) $f(1) < f(5)$

① 250 ② 300 ③ 350
④ 400 ⑤ 450

038 실전 예상

딸기 맛 사탕 4개, 포도 맛 사탕 4개가 있다. 이 8개의 사탕 중에서 4개를 선택하여 2명의 학생에게 남김없이 나누어 주는 경우의 수를 구하시오. (단, 같은 맛 사탕끼리는 서로 구별하지 않고, 사탕을 1개도 받지 못하는 학생이 있을 수 있다.)

수능유형 09 중복조합을 이용한 방정식의 해의 개수(1)

039 대표 기출

•수능 기출•

다음 조건을 만족시키는 자연수 a, b, c, d, e의 모든 순서쌍 (a, b, c, d, e)의 개수는? [3점]

(가) $a+b+c+d+e=12$
(나) $|a^2-b^2|=5$

① 30 ② 32 ③ 34
④ 36 ⑤ 38

핵심개념 & 연관개념

핵심개념 방정식의 해의 개수

방정식 $x+y+z=n$을 만족시키는 x, y, z의 순서쌍 (x, y, z)의 개수는
(1) x, y, z가 음이 아닌 정수일 때, ${}_3\mathrm{H}_n$
(2) x, y, z가 자연수일 때, ${}_3\mathrm{H}_{n-3}$ (단, $n \ge 3$)

040 변형 유제

다음 조건을 만족시키는 자연수 a, b, c, d의 모든 순서쌍 (a, b, c, d)의 개수는?

(가) $a+b+c+d=10$
(나) a, b, c, d 중에서 적어도 하나는 1이다.

① 70 ② 74 ③ 78
④ 82 ⑤ 86

041 실전 예상

방정식 $x+y+z+3w=14$를 만족시키는 자연수 x, y, z, w의 모든 순서쌍 (x, y, z, w)의 개수는?

① 68 ② 69 ③ 70
④ 71 ⑤ 72

042 실전 예상

다음 조건을 만족시키는 음이 아닌 정수 a, b, c, d, e의 모든 순서쌍 (a, b, c, d, e)의 개수는?

(가) $ab=4$
(나) $a-b+2c+2d+2e=11$

① 51 ② 53 ③ 55
④ 57 ⑤ 59

수능유형 10 중복조합을 이용한 방정식의 해의 개수 (2) - 상황으로 주어진 경우

043 대표 기출

•학평 기출•

어느 수영장에 1번부터 8번까지 8개의 레인이 있다. 3명의 학생이 서로 다른 레인의 번호를 각각 1개씩 선택할 때, 3명의 학생이 선택한 레인의 세 번호 중 어느 두 번호도 연속되지 않도록 선택하는 경우의 수를 구하시오. [4점]

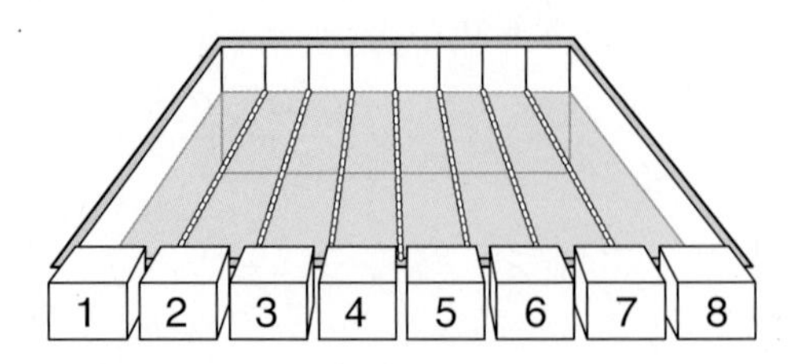

핵심개념 & 연관개념

핵심개념 / 방정식의 활용
주어진 문제에서 변수 x, y, z, …를 정하여 방정식을 세운 다음, 중복조합의 수를 이용하여 해의 개수를 구한다.

044 변형 유제

전체 인원이 10명인 어느 모임에서 대표 선출선거에 회원 중에서 4명이 후보로 등록하였다. 이 모임의 모든 회원이 대표 선출선거에 등록한 4명의 후보 중에서 1명의 후보를 택하여 무기명으로 투표할 때, 가능한 득표 결과의 경우의 수는?
(단, 기권과 무효표는 없고, 후보로 등록한 회원도 투표를 한다.)

① 278 ② 280 ③ 282
④ 284 ⑤ 286

정답과 해설 12쪽

045 실전 예상

다음 조건을 만족시키는 네 자리 자연수 N의 개수는?

> (가) N의 각 자리의 수는 모두 홀수이다.
> (나) N의 각 자리의 수의 합은 14이다.

① 50 ② 52 ③ 54
④ 56 ⑤ 58

046 실전 예상

빨간 장미 2송이와 파란 장미 7송이를 세 바구니 A, B, C에 남김없이 담을 때, 각 바구니에 장미가 2송이 이상씩 들어가도록 담는 경우의 수는?

(단, 같은 색 장미끼리는 서로 구별하지 않는다.)

① 56 ② 58 ③ 60
④ 62 ⑤ 64

047 실전 예상

등식 $abc=2^7\times3$을 만족시키는 2 이상의 자연수 a, b, c의 모든 순서쌍 (a, b, c)의 개수는?

① 54 ② 63 ③ 72
④ 81 ⑤ 90

048 실전 예상

네 명의 학생 A, B, C, D에게 같은 종류의 빵 9개와 같은 종류의 과자 7개를 다음 조건을 만족시키도록 남김없이 나누어 주는 경우의 수를 구하시오.

(단, 과자를 받지 못하는 학생이 있을 수 있다.)

> (가) 모든 학생은 빵을 1개 이상씩 받고, 학생 A가 받는 빵의 개수는 학생 B가 받는 빵의 개수의 2배이다.
> (나) 학생 D는 과자를 2개 이상 받는다.

수능유형 11 이항정리 - 다항식의 전개식

049 대표 기출

•모평 기출•

$\left(x^2+\frac{a}{x}\right)^5$의 전개식에서 $\frac{1}{x^2}$의 계수와 x의 계수가 같을 때, 양수 a의 값은? [3점]

① 1 ② 2 ③ 3 ④ 4 ⑤ 5

핵심개념 & 연관개념

핵심개념 / 이항계수

이항계수 $(a+b)^n$의 전개식에서 $a^r b^{n-r}$ $(r=0, 1, 2, \cdots, n)$의 계수는 ${}_n\mathrm{C}_r$

연관개념 / 자연수 m, n에 대하여

(1) $(x^m)^n=x^{mn}$

(2) $\frac{1}{x^n}=x^{-n}$

050 변형 유제

다항식 $\left(\frac{2}{x}-x\right)(ax+1)^5$의 전개식에서 x의 계수가 a일 때, 양수 a의 값은?

① $\frac{1}{5}$ ② $\frac{1}{4}$ ③ $\frac{1}{3}$ ④ $\frac{1}{2}$ ⑤ 1

051 실전 예상

$\left(ax^2-\frac{1}{2x}\right)^8$의 전개식에서 x의 계수가 14일 때, 상수 a의 값은?

① -4 ② -2 ③ -1 ④ 1 ⑤ 2

052 실전 예상

다항식 $(x+a)^6$의 전개식에서 x, x^2, x^3의 계수가 이 순서대로 등차수열을 이루도록 하는 모든 실수 a의 값의 합은? (단, $a\neq0$)

① 1 ② 3 ③ 5 ④ 7 ⑤ 9

수능유형 12 이항계수의 성질

053 대표 기출

•학평 기출•

자연수 n에 대하여 $f(n)=\sum_{k=1}^{n} {}_{2n+1}\mathrm{C}_{2k}$일 때, $f(n)=1023$을 만족시키는 n의 값은? [3점]

① 3 ② 4 ③ 5
④ 6 ⑤ 7

핵심개념 & 연관개념

핵심개념 / 이항계수의 성질

(1) ${}_n\mathrm{C}_0+{}_n\mathrm{C}_1+{}_n\mathrm{C}_2+{}_n\mathrm{C}_3+\cdots+{}_n\mathrm{C}_n=2^n$
(2) ${}_n\mathrm{C}_0-{}_n\mathrm{C}_1+{}_n\mathrm{C}_2-{}_n\mathrm{C}_3+\cdots+(-1)^n{}_n\mathrm{C}_n=0$

054 변형 유제

자연수 n에 대하여 $f(n)=\sum_{k=1}^{n} {}_{2n}\mathrm{C}_{2k}$일 때,

$300<f(n)<3000$을 만족시키는 모든 n의 값의 합을 구하시오.

055 실전 예상

$\log_4({}_{20}\mathrm{C}_0+7{}_{20}\mathrm{C}_1+7^2{}_{20}\mathrm{C}_2+7^3{}_{20}\mathrm{C}_3+\cdots+7^{20}{}_{20}\mathrm{C}_{20})$의 값은?

① 10 ② 15 ③ 20
④ 25 ⑤ 30

056 실전 예상

자연수 n에 대하여 $f(n)=\sum_{k=1}^{n} {}_{2n}\mathrm{C}_{2k-1}$일 때,

$a_n=\log_2 f(n)$라 하자. $\sum_{n=1}^{10} \frac{1}{a_n a_{n+1}}$의 값은?

① $\frac{10}{21}$ ② $\frac{11}{21}$ ③ $\frac{4}{7}$
④ $\frac{13}{21}$ ⑤ $\frac{2}{3}$

step 2

등급을 가르는 핵심 특강

특강1 ▷ 중복순열, 중복조합을 이용한 함수의 개수 구하기

대표 기출 • 모평 기출 •

집합 $X=\{1, 2, 3, 4, 5, 6\}$에 대하여 다음 조건을 만족시키는 함수 $f: X \longrightarrow X$의 개수는? [4점]

(가) $f(3)+f(4)$는 5의 배수이다.
(나) $f(1)<f(3)$이고 $f(2)<f(3)$이다.
(다) $f(4)<f(5)$이고 $f(4)<f(6)$이다.

① 384 ② 394 ③ 404 ④ 414 ⑤ 424

행동전략

1 선택되는 전체 대상의 개수와 선택하는 개수를 정확히 파악한다.
집합 $X=\{x_1, x_2, x_3, \cdots, x_m\}$에서 집합 $Y=\{y_1, y_2, y_3, \cdots, y_n\}$으로의 함수 f에 대하여
(1) 집합 X에서 집합 Y로의 함수 f의 개수
$_n\Pi_m=n^m$ ← 중복순열
(2) $x_i<x_j$이면 $f(x_i)\le f(x_j)$인 함수 f의 개수
$_nH_m={}_{n+m-1}C_m$ ← 중복조합

풀이

❶ 조건 (나)에 의하여 $f(3)\neq 1$
조건 (다)에 의하여 $f(4)\neq 6$
또, 조건 (가)에 의하여 $f(3)$, $f(4)$의 순서쌍 $(f(3), f(4))$는
$(2, 3)$, $(3, 2)$, $(4, 1)$, $(5, 5)$, $(6, 4)$

❷ (i) $f(3)=2$, $f(4)=3$인 경우
$f(1)=1$, $f(2)=1$이고, $f(5)$, $f(6)$의 값은 4, 5, 6 중 하나가 될 수 있으므로 함수 f의 개수는
$1\times1\times{}_3\Pi_2=1\times1\times3^2=9$

(ii) $f(3)=3$, $f(4)=2$인 경우
$f(1)$, $f(2)$의 값은 1, 2 중 하나가 될 수 있고, $f(5)$, $f(6)$의 값은 3, 4, 5, 6 중 하나가 될 수 있으므로 함수 f의 개수는
${}_2\Pi_2\times{}_4\Pi_2=2^2\times4^2=64$

(iii) $f(3)=4$, $f(4)=1$인 경우
$f(1)$, $f(2)$의 값은 1, 2, 3 중 하나가 될 수 있고, $f(5)$, $f(6)$의 값은 2, 3, 4, 5, 6 중 하나가 될 수 있으므로 함수 f의 개수는
${}_3\Pi_2\times{}_5\Pi_2=3^2\times5^2=225$

(iv) $f(3)=5$, $f(4)=5$인 경우
$f(1)$, $f(2)$의 값은 1, 2, 3, 4 중 하나가 될 수 있고, $f(5)=6$, $f(6)=6$이므로 함수 f의 개수는
${}_4\Pi_2\times1\times1=4^2\times1\times1=16$

(v) $f(3)=6$, $f(4)=4$인 경우
$f(1)$, $f(2)$의 값은 1, 2, 3, 4, 5 중 하나가 될 수 있고, $f(5)$, $f(6)$의 값은 5, 6 중 하나가 될 수 있으므로 함수 f의 개수는
${}_5\Pi_2\times{}_2\Pi_2=5^2\times2^2=100$

(i)~(v)에 의하여 구하는 함수 f의 개수는
❸ $9+64+225+16+100=414$

답 ④

내용전략

❶ 가능한 순서쌍 $(f(3), f(4))$를 모두 구하기
❷ 각 경우의 함수 f의 개수 구하기
❸ 조건을 만족시키는 함수 f의 개수 구하기

057

두 집합 $X=\{1, 2, 3, 4\}$, $Y=\{1, 2, 3, 4, 5\}$에 대하여 함수 $f: X \longrightarrow Y$ 중에서 다음 조건을 만족시키는 함수 f의 개수는?

> (가) $f(1)+f(2)=4$
> (나) $f(2) \le f(3) \le f(4)$

① 31　② 32　③ 33　④ 34　⑤ 35

058

집합 $X=\{1, 2, 3, 4, 5, 6\}$에 대하여 다음 조건을 만족시키는 함수 $f: X \longrightarrow X$의 개수는?

> (가) 집합 X의 임의의 두 원소 x_1, x_2에 대하여 $x_1 < x_2$이면 $f(x_1) \le f(x_2)$이다.
> (나) $f(2)+f(6)-f(5)=2$

① 100　② 105　③ 110　④ 115　⑤ 120

059

두 집합

$X=\{x \mid x$는 7 이하의 자연수$\}$

$Y=\{x \mid x$는 6 이하의 자연수$\}$

에 대하여 함수 $f: X \longrightarrow Y$ 중에서 다음 조건을 만족시키는 함수 f의 개수를 구하시오.

> (가) 치역의 원소의 개수는 5이다.
> (나) $f(1) < f(2)$
> (다) 집합 X의 임의의 두 원소 a, b에 대하여 $3 \le a < b$이면 $f(a) \le f(b)$

060

집합 $X=\{2, 3, 4, 5, 6, 7\}$에 대하여 함수 $f: X \longrightarrow X$ 중에서 다음 조건을 만족시키는 함수 f의 개수는?

> (가) 치역의 모든 원소의 합이 9이다.
> (나) 집합 X의 임의의 두 원소 x_1, x_2에 대하여 $x_1 < x_2$이면 $f(x_1) \ge f(x_2)$이다.

① 21　② 23　③ 25　④ 27　⑤ 29

특강 2 ⊳ 중복조합을 이용한 방정식의 해의 개수 - 해의 범위가 주어진 경우

대표 기출 •수능 기출•

다음 조건을 만족시키는 음이 아닌 정수 a, b, c, d의 모든 순서쌍 (a, b, c, d)의 개수는? [4점]

> (가) $a+b+c-d=9$
> (나) $d\le4$이고 $c\ge d$이다.

① 265 ② 270 ③ 275 ④ 280 ⑤ 285

행동전략

1 방정식을 만족시키는 미지수의 값에 대한 조건이 있을 때는 새로운 미지수를 도입하여 음이 아닌 정수에 대한 방정식으로 바꾸어 푼다.
미지수 x, y, …가 자연수 a 이상이라는 조건이 있을 때는 $x-a\ge0$, $y-a\ge0$, …이므로 $x-a=x'$, $y-a=y'$, …으로 놓고 음이 아닌 정수 x', y', …에 대한 방정식으로 바꾼다.

풀이

조건 (나)에서 $d\le4$이므로 d의 값에 따라 경우를 나누어 생각한다.

(i) ❶ $d=0$일 때: $a+b+c-d=9$에서 $a+b+c=9$
또, $c\ge d$에서 $c\ge0$
따라서 조건 (가)의 방정식을 만족시키는 음이 아닌 정수 a, b, c, d의 순서쌍 $(a, b, c, 0)$의 개수는 방정식 $a+b+c=9$를 만족시키는 음이 아닌 정수 a, b, c의 순서쌍 (a, b, c)의 개수와 같으므로
${}_3H_9={}_{11}C_9={}_{11}C_2=55$

❷ (ii) $d=1$일 때: $a+b+c-d=9$에서 $a+b+c=10$
또, $c\ge d$에서 $c\ge1$
$c-1=x$로 놓으면 $a+b+x=9$
따라서 조건 (가)의 방정식을 만족시키는 음이 아닌 정수 a, b, c, d의 순서쌍 $(a, b, c, 1)$의 개수는 방정식 $a+b+x=9$를 만족시키는 음이 아닌 정수 a, b, x의 순서쌍 (a, b, x)의 개수와 같으므로
${}_3H_9={}_{11}C_9={}_{11}C_2=55$

(iii) $d=2$일 때: $a+b+c-d=9$에서 $a+b+c=11$
또, $c\ge d$에서 $c\ge2$
$c-2=y$로 놓으면 $a+b+y=9$
따라서 조건 (가)의 방정식을 만족시키는 음이 아닌 정수 a, b, c, d의 순서쌍 $(a, b, c, 2)$의 개수는 방정식 $a+b+y=9$를 만족시키는 음이 아닌 정수 a, b, y의 순서쌍 (a, b, y)의 개수와 같으므로
${}_3H_9={}_{11}C_9={}_{11}C_2=55$

(iv) $d=3$일 때: 같은 방법으로 순서쌍 $(a, b, c, 3)$의 개수는
${}_3H_9={}_{11}C_9={}_{11}C_2=55$

(v) $d=4$일 때: 같은 방법으로 순서쌍 $(a, b, c, 4)$의 개수는
${}_3H_9={}_{11}C_9={}_{11}C_2=55$

(i)~(v)에 의하여 구하는 순서쌍 (a, b, c, d)의 개수는
❸ $55+55+55+55+55=275$

답 ③

내용전략

❶ $d=0$일 때, 조건을 만족시키는 순서쌍의 개수 구하기

❷ $d\ne0$일 때, 음이 아닌 정수해를 갖는 방정식으로 변형하여 조건을 만족시키는 순서쌍의 개수 구하기

❸ 모든 순서쌍의 개수 구하기

061

다음 조건을 만족시키는 자연수 a, b, c, d, e의 모든 순서쌍 (a, b, c, d, e)의 개수는?

> (가) a, b, c, d, e의 값 중에서 1과 2의 개수는 각각 1이다.
> (나) $a+b+c+d+e=18$

① 440 ② 480 ③ 520 ④ 560 ⑤ 600

062

다음 조건을 만족시키는 자연수 a, b, c, d, e의 모든 순서쌍 (a, b, c, d, e)의 개수는?

> (가) $a+b+c+d=14$
> (나) $d^2+e^2=25$

① 73 ② 75 ③ 77 ④ 79 ⑤ 81

063

다음 조건을 만족시키는 홀수인 자연수 a, b, c의 모든 순서쌍 (a, b, c)의 개수는?

> (가) $a+b+c$의 값은 30 이하의 5의 배수이다.
> (나) $a \neq c$

① 90 ② 92 ③ 94 ④ 96 ⑤ 98

064

$(a+b-c+d)^8$의 전개식에서 abc로 나누어지고 계수가 양수인 서로 다른 항의 개수는?

① 20 ② 22 ③ 24 ④ 26 ⑤ 28

step 3 1등급 도약하기

065

수능유형 02

그림과 같이 합동인 8개의 부채꼴로 나누어진 원 모양의 도형이 있다. 4종류의 노란색 계열의 색, 2종류의 파란색 계열의 색, 2종류의 빨간색 계열의 색을 모두 한 번씩 사용하여 8개의 부채꼴에 다음 조건을 만족시키도록 색칠하는 경우의 수는? (단, 회전하여 일치하는 것은 같은 것으로 보고, 같은 계열의 색끼리도 서로 다른 색으로 구분한다.)

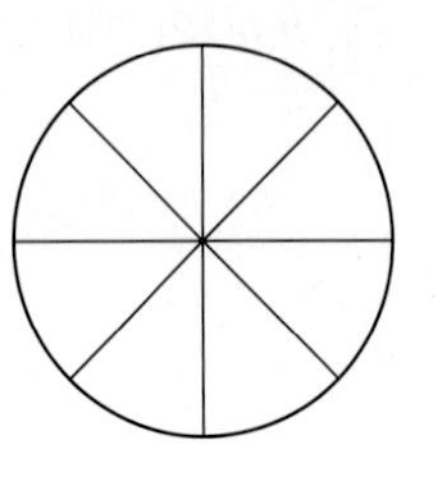

(가) 빨간색 계열의 색 사이에는 다른 색을 각각 3개씩 칠한다.
(나) 파란색 계열의 색은 모두 빨간색 계열의 색에 이웃하여 칠한다.

① 286 ② 288 ③ 290
④ 292 ⑤ 294

066

수능유형 11

$(x+y)^3\left(\frac{2}{x}+y\right)^4$의 전개식에서 xy^2의 계수는?

① 21 ② 22 ③ 23
④ 24 ⑤ 25

067

수능유형 03

5개의 숫자 1, 2, 3, 4, 5 중에서 중복을 허락하여 5개를 택해 일렬로 나열하여 만든 다섯 자리 자연수 중에서 숫자 4를 포함하고 백의 자리의 숫자가 십의 자리의 숫자보다 큰 자연수의 개수를 구하시오.

068

수능유형 06

그림과 같이 일렬로 12개의 칸으로 나누어진 진열장에 축구공 5개와 농구공 7개를 다음 조건을 만족시키도록 진열하는 경우의 수는? (단, 같은 종류의 공은 서로 구별하지 않는다.)

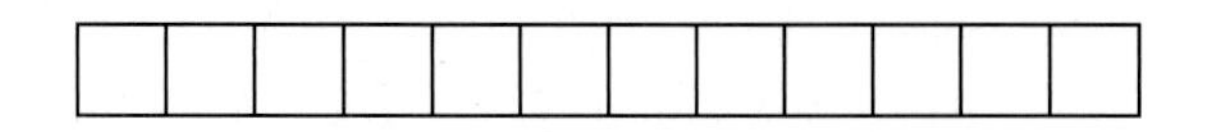

(가) 12개의 공을 각 칸마다 하나씩 모두 진열한다.
(나) 농구공은 3개 이상 연속으로 진열하지 않는다.

① 118 ② 122 ③ 126
④ 130 ⑤ 134

069

수능유형 08

딸기우유 3개와 초코우유 5개를 학생 3명에게 남김없이 나누어 줄 때, 우유를 하나도 받지 못하는 학생이 없도록 나누어 주는 경우의 수는?

(단, 같은 맛 우유끼리는 서로 구별하지 않는다.)

① 141 ② 143 ③ 145
④ 147 ⑤ 149

070

수능유형 05

비누 3개, 치약 2개, 샴푸 3개 중에서 다섯 개를 택해 선물 세트를 만들려고 한다. 샴푸는 반드시 2개 이상 포함하고, 치약끼리는 서로 이웃하지 않도록 다섯 개를 일렬로 나열하여 만들 수 있는 선물 세트의 종류의 수는?

(단, 같은 종류의 물품끼리는 서로 구분하지 않는다.)

① 91 ② 92 ③ 93
④ 94 ⑤ 95

071

수능유형 04

네 개의 숫자 0, 1, 2, 4 중에서 중복을 허락하여 4개를 택해 일렬로 나열하여 네 자리 자연수를 만들 때, 네 개의 숫자의 합이 4의 배수인 자연수의 개수는?

① 45 ② 47 ③ 49
④ 51 ⑤ 53

072

수능유형 10

A, B, C를 포함한 6명의 학생에게 같은 종류의 사탕 22개를 남김없이 모두 나누어 주려고 한다. A가 받는 사탕의 개수는 B가 받는 사탕의 개수보다 3개가 많고, C가 받는 사탕의 개수는 B가 받는 사탕의 개수의 3배가 되도록 나누어 주는 경우의 수를 구하시오. (단, 사탕을 받지 못한 학생은 없다.)

○ 정답과 해설 18쪽

073

수능유형 01

그림과 같이 1개의 큰 원과 모두 합동인 8개의 작은 원이 일정한 간격으로 그려진 그림이 있다. 8개의 작은 원에 21의 양의 약수 4개와 2, 2^2, 2^3, 2^4을 하나씩 적을 때, 다음 조건을 만족시키도록 적는 경우의 수는?

(단, 회전하여 일치하는 것은 같은 것으로 본다.)

(가) 홀수끼리는 서로 이웃하지 않는다.
(나) 마주 보는 두 수의 차는 항상 3 이상이다

① 62 ② 64 ③ 66 ④ 68 ⑤ 70

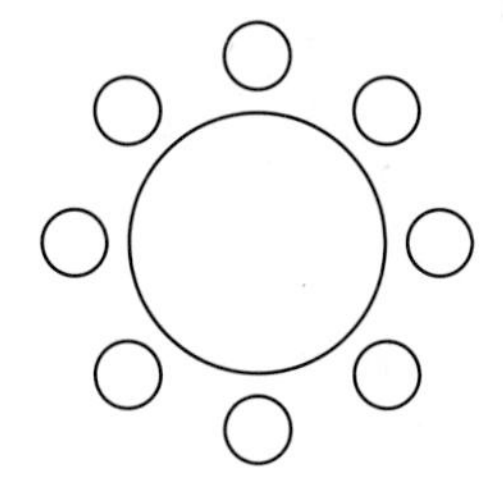

074

수능유형 10

다음 조건을 만족시키는 네 자연수 a_1, a_2, a_3, a_4의 모든 순서쌍 (a_1, a_2, a_3, a_4)의 개수는?

(가) $\sum_{k=1}^{4} \log a_k = 4$
(나) a_1과 a_3은 서로소이다.

① 350 ② 375 ③ 400 ④ 425 ⑤ 450

Ⅱ 확률

중단원명	수능유형명
01. 확률의 뜻과 활용	01 경우의 수와 확률
	02 순열과 확률
	03 조합과 확률
	04 확률의 덧셈정리
	05 여사건의 확률
02. 조건부확률	06 조건부확률
	07 확률의 곱셈정리(1) – 계산
	08 확률의 곱셈정리(2) – 문장으로 표현된 경우
	09 조건부확률과 확률의 곱셈정리
	10 독립사건의 확률
	11 독립시행의 확률
	12 다양한 시행에서의 독립시행의 확률

수능 실전 개념

① 여러 가지 사건

표본공간 S의 두 사건 A, B에 대하여

(1) 합사건($A\cup B$): A 또는 B가 일어나는 사건이다.

(2) 곱사건($A\cap B$): A와 B가 동시에 일어나는 사건이다.

(3) 배반사건: A와 B가 동시에 일어나지 않을 때, 즉 $A\cap B=\varnothing$ 일 때, A와 B는 서로 배반사건이라 한다.

(4) 여사건(A^C): A가 일어나지 않는 사건이다.

실전 전략

표본공간에서의 사건

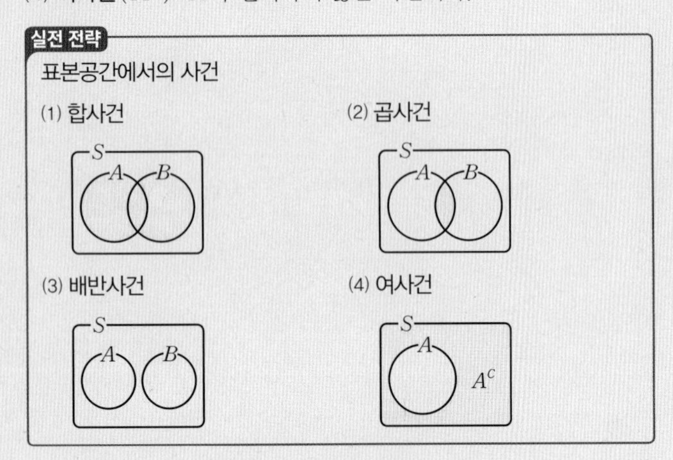

② 확률

(1) 수학적 확률

어떤 시행에서 표본공간 S가 유한 개의 근원 사건으로 이루어져 있고, 각 근원사건이 일어날 가능성이 모두 같은 정도로 기대될 때, 사건 A가 일어날 확률 $\mathrm{P}(A)$가 수학적 확률이다.

$$\mathrm{P}(A)=\frac{(\text{사건 }A\text{의 원소의 개수})}{(\text{표본공간 }S\text{의 원소의 개수})}=\frac{n(A)}{n(S)}$$

(2) 통계적 확률

같은 시행을 n번 반복하여 사건 A가 일어난 횟수를 r_n이라 하면 n이 충분히 커짐에 따라 그 상대도수 $\frac{r_n}{n}$이 일정한 값 p에 가까워질 때, p가 사건 A의 통계적 확률이다.

실전 전략

기하적 확률

표본공간의 영역 S에 포함되어 있는 영역 A에 대하여 영역 S에서 임의로 택한 점이 영역 A에 속할 확률 $\mathrm{P}(A)$는

$$\mathrm{P}(A)=\frac{(\text{영역 }A\text{의 크기})}{(\text{영역 }S\text{의 크기})}$$

③ 확률의 기본 성질

표본공간이 S인 어떤 시행에서

(1) 임의의 사건 A에 대하여 $0\le \mathrm{P}(A)\le 1$

(2) 반드시 일어나는 사건 S에 대하여 $\mathrm{P}(S)=1$

(3) 절대로 일어나지 않는 사건 $\varnothing$에 대하여 $\mathrm{P}(\varnothing)=0$

④ 확률의 덧셈정리

표본공간 S의 두 사건 A, B에 대하여

(1) 사건 A 또는 사건 B가 일어날 확률은

$$\mathrm{P}(A\cup B)=\mathrm{P}(A)+\mathrm{P}(B)-\mathrm{P}(A\cap B)$$

(2) 두 사건 A, B가 서로 배반사건이면

$$\mathrm{P}(A\cup B)=\mathrm{P}(A)+\mathrm{P}(B)$$

⑤ 여사건의 확률

표본공간 S의 사건 A와 그 여사건 A^C에 대하여

$$\mathrm{P}(A^C)=1-\mathrm{P}(A)$$

⑥ 조건부확률

확률이 0이 아닌 사건 A가 일어났다고 가정할 때 사건 B가 일어날 확률이 사건 A가 일어났을 때 사건 B의 조건부확률 $\mathrm{P}(B|A)$이다.

$$\mathrm{P}(B|A)=\frac{\mathrm{P}(A\cap B)}{\mathrm{P}(A)}\ (\text{단, }\mathrm{P}(A)>0)$$

⑦ 확률의 곱셈정리

두 사건 A, B에 대하여

(1) $\mathrm{P}(A\cap B)=\mathrm{P}(A)\mathrm{P}(B|A)$ (단, $\mathrm{P}(A)>0$)

(2) $\mathrm{P}(A\cap B)=\mathrm{P}(B)\mathrm{P}(A|B)$ (단, $\mathrm{P}(B)>0$)

⑧ 사건의 독립과 종속

(1) 독립: 두 사건 A, B에 대하여 사건 A가 일어나는 것이 사건 B가 일어날 확률에 영향을 주지 않을 때, 두 사건 A와 B는 서로 독립이다.

① $\mathrm{P}(B|A)=\mathrm{P}(B)$

② $\mathrm{P}(A\cap B)=\mathrm{P}(A)\mathrm{P}(B)$ (단, $\mathrm{P}(A)>0$, $\mathrm{P}(B)>0$)

③ $\mathrm{P}(B|A^C)=\mathrm{P}(B|A)=\mathrm{P}(B)$

실전 전략

사건의 독립

$0<\mathrm{P}(A)<1$, $0<\mathrm{P}(B)<1$인 두 사건 A, B가 서로 독립이면 A와 B^C, A^C과 B, A^C과 B^C도 각각 서로 독립이다.

(2) 종속: 두 사건 A와 B가 서로 독립이 아닐 때, 두 사건 A와 B는 서로 종속이다.

⑨ 독립시행의 확률

(1) 독립시행: 동일한 시행을 반복하는 경우에 각 시행에서 일어나는 사건이 서로 독립인 시행이다.

(2) 어떤 시행에서 사건 A가 일어날 확률이 p $(0<p<1)$일 때, 이 시행을 n번 반복하는 독립시행에서 사건 A가 r회 일어날 확률

$${}_n\mathrm{C}_r p^r(1-p)^{n-r}\ (\text{단, }r=0,\ 1,\ 2,\ \cdots,\ n)$$

step 0 기출에서 뽑은 실전 개념 OX

정답 20쪽

■ 다음 문장이 참이면 '○'표, 거짓이면 '×'표를 (　　) 안에 써넣으시오.

01 A, A, A, B, B, C의 문자가 하나씩 적혀 있는 6장의 카드를 모두 한 번씩 사용하여 일렬로 임의로 나열할 때, 양 끝 모두에 A가 적힌 카드가 나올 확률은 $\frac{1}{5}$이다. (　　)

02 흰 공 6개와 빨간 공 4개가 들어 있는 주머니에서 임의로 4개의 공을 동시에 꺼낼 때, 꺼낸 4개의 공 중에서 흰 공의 개수가 3일 확률은 $\frac{{}_6C_3 \times 4}{{}_{10}C_4}$이다. (　　)

03 일렬로 나열된 6개의 좌석에 세 쌍의 부부가 임의로 앉을 때, 부부끼리 서로 이웃하여 앉을 확률은 $\frac{1}{120}$이다. (　　)

04 두 사건 A, B에 대하여 $P(A)+P(B)=\frac{5}{9}$, $P(A\cap B)=\frac{2}{9}$이면 $P(A\cup B)=\frac{7}{9}$이다. (　　)

05 흰 공 3개, 검은 공 4개가 들어 있는 주머니에서 임의로 2개의 공을 동시에 꺼낼 때, 흰 공을 적어도 1개 이상 꺼낼 확률은 $\frac{5}{7}$이다. (　　)

06 두 사건 A, B에 대하여 $P(A)=\frac{2}{3}$, $P(B)=\frac{1}{2}$, $P(A\cap B)=\frac{2}{5}$이면 $P(B|A)=\frac{4}{5}$이다. (　　)

07 크기가 다른 주사위 2개를 동시에 던져서 나온 눈의 수를 각각 a, b라 하자. ab가 짝수일 때, a와 b가 모두 짝수일 확률은 $\frac{1}{3}$이다. (　　)

08 두 사건 A, B가 서로 독립이고 $P(A)=\frac{1}{2}$, $P(A\cap B)=\frac{1}{6}$이면 $P(B)=\frac{1}{3}$이다. (　　)

09 갑과 을이 가위바위보를 두 번 할 때, 첫 번째에서는 비기고 두 번째에서 승부가 날 확률은 $\frac{2}{3}$이다. (　　)

10 한 개의 주사위를 3번 던질 때, 4의 눈이 한 번만 나올 확률은 ${}_3C_1 \times \frac{1}{6} \times \left(\frac{5}{6}\right)^2$이다. (　　)

step 1

어려운 쉬운

3점·4점 유형 정복하기

수능유형 01 경우의 수와 확률

075 대표 기출

•모평 기출•

집합 $X=\{1, 2, 3, 4\}$의 공집합이 아닌 모든 부분집합 15개 중에서 임의로 서로 다른 세 부분집합을 뽑아 임의로 일렬로 나열하고, 나열된 순서대로 A, B, C라 할 때, $A \subset B \subset C$일 확률은? [4점]

① $\frac{1}{91}$ ② $\frac{2}{91}$ ③ $\frac{3}{91}$

④ $\frac{4}{91}$ ⑤ $\frac{5}{91}$

핵심개념 & 연관개념

핵심개념 / 수학적 확률

표본공간 S의 사건 A가 일어날 확률 $\mathrm{P}(A)$는

$$\mathrm{P}(A)=\frac{n(A)}{n(S)}=\frac{(\text{사건 } A\text{가 일어나는 경우의 수})}{(\text{일어날 수 있는 모든 경우의 수})}$$

076 변형 유제

집합 $X=\{1, 2, 3, 4\}$의 공집합이 아닌 모든 부분집합 15개 중에서 임의로 서로 다른 두 부분집합을 뽑아 임의로 일렬로 나열하고, 나열된 순서대로 A, B라 할 때, 두 집합 A, B가 서로소일 확률은?

① $\frac{1}{21}$ ② $\frac{2}{21}$ ③ $\frac{1}{7}$

④ $\frac{4}{21}$ ⑤ $\frac{5}{21}$

077 실전 예상

한 개의 주사위를 두 번 던져서 나오는 눈의 수를 차례로 a, b라 할 때, 이차함수 $y=ax^2$의 그래프와 일차함수 $y=bx-a$의 그래프가 서로 다른 두 점에서 만날 확률은?

① $\frac{1}{9}$ ② $\frac{5}{36}$ ③ $\frac{1}{6}$

④ $\frac{7}{36}$ ⑤ $\frac{2}{9}$

078 실전 예상

한 개의 주사위를 두 번 던져서 나오는 눈의 수를 차례로 a, b라 하자. 실수 x에 대한 두 조건 p, q가 다음과 같을 때, 조건 p가 조건 q이기 위한 충분조건이 될 확률은?

p: $x=|a-b|$, q: $x^2-(3+b)x+3b\le 0$

① $\frac{1}{6}$ ② $\frac{2}{9}$ ③ $\frac{5}{18}$

④ $\frac{1}{3}$ ⑤ $\frac{7}{18}$

정답과 해설 20쪽

수능유형 02 순열과 확률

079 대표 기출 • 모평 기출 •

한 개의 주사위를 네 번 던질 때 나오는 눈의 수를 차례로 a, b, c, d라 하자. 네 수 a, b, c, d의 곱 $a\times b\times c\times d$가 12일 확률은? [4점]

① $\frac{1}{36}$ ② $\frac{5}{72}$ ③ $\frac{1}{9}$

④ $\frac{11}{72}$ ⑤ $\frac{7}{36}$

핵심개념 & 연관개념

연관개념 / 여러 가지 순열

(1) 원순열: 서로 다른 n개를 원형으로 배열하는 원순열의 수는

$$\frac{n!}{n}=(n-1)!$$

(2) 중복순열: 서로 다른 n개에서 중복을 허락하여 r개를 택하여 일렬로 나열하는 중복순열의 수는

$${}_{n}\Pi_{r}=n^{r}$$

(3) 같은 것이 있는 순열: n개 중에서 같은 것이 각각 p개, q개, $\cdots$, r개 있을 때, n개를 일렬로 나열하는 순열의 수는

$$\frac{n!}{p!q!\cdots r!}\ (\text{단, } p+q+\cdots+r=n)$$

080 변형 유제

한 개의 주사위를 네 번 던질 때 나오는 눈의 수를 차례로 a, b, c, d라 하자. 네 수 a, b, c, d의 곱 $a\times b\times c\times d$가 6^3으로 나누어떨어질 확률은?

① $\frac{17}{432}$ ② $\frac{53}{1296}$ ③ $\frac{55}{1296}$

④ $\frac{19}{432}$ ⑤ $\frac{59}{1296}$

081 실전 예상

숫자 1, 2, 3, 4, 5 중에서 중복을 허락하여 4개를 택해 일렬로 나열하여 만들 수 있는 모든 네 자리 자연수 중에서 임의로 하나의 수를 선택할 때, 선택한 수가 4의 배수일 확률은?

① $\frac{3}{25}$ ② $\frac{4}{25}$ ③ $\frac{1}{5}$

④ $\frac{6}{25}$ ⑤ $\frac{7}{25}$

082 실전 예상

1학년 2명, 2학년 2명, 3학년 2명이 모두 원 모양의 식탁에 일정한 간격으로 놓인 의자 6개에 임의로 앉을 때, 같은 학년 학생들끼리는 모두 이웃하여 앉거나 모두 마주 보고 앉을 확률은? (단, 회전하여 일치하는 것은 같은 것으로 본다.)

① $\frac{1}{10}$ ② $\frac{1}{5}$ ③ $\frac{3}{10}$

④ $\frac{2}{5}$ ⑤ $\frac{1}{2}$

083 실전 예상

A, B, C, D의 4개의 문자와 1, 2, 3, 4의 4개의 숫자가 있다. 이 8개의 문자와 숫자를 일렬로 나열할 때, 다음 조건을 만족시킬 확률은?

> (가) 문자 A의 양쪽 옆에 숫자를 나열한다.
> (나) 숫자 1과 숫자 2 사이에는 문자 하나만 나열한다.

① $\frac{1}{35}$ ② $\frac{2}{35}$ ③ $\frac{3}{35}$
④ $\frac{4}{35}$ ⑤ $\frac{1}{7}$

084 실전 예상

문자 A, A, B, B, C, D가 하나씩 적혀 있는 6장의 카드와 숫자 1, 2, 3이 하나씩 적혀 있는 3장의 카드가 있다. 이 9장의 카드를 일렬로 나열할 때, 양 끝에 문자가 적혀 있는 카드가 놓일 확률은 $\frac{q}{p}$이다. $p+q$의 값을 구하시오.

(단, p와 q는 서로소인 자연수이다.)

수능유형 03 조합과 확률

085 대표 기출

• 모평 기출 •

주사위 2개와 동전 4개를 동시에 던질 때, 나오는 주사위의 눈의 수의 곱과 앞면이 나오는 동전의 개수가 같을 확률은? [3점]

① $\frac{3}{64}$ ② $\frac{5}{96}$ ③ $\frac{11}{192}$
④ $\frac{1}{16}$ ⑤ $\frac{13}{192}$

핵심개념 & 연관개념

연관개념 / 여러 가지 조합

(1) 조합: 서로 다른 n개에서 r개를 택하는 조합의 수는

$${}_{n}\mathrm{C}_{r}=\frac{{}_{n}\mathrm{P}_{r}}{n!}=\frac{n!}{r!(n-r)}$$

(2) 중복조합: 서로 다른 n개에서 중복을 허락하여 r개를 택하는 조합의 수는

$${}_{n}\mathrm{H}_{r}={}_{n+r-1}\mathrm{C}_{r}$$

086 변형 유제

주사위 2개와 동전 5개를 동시에 던질 때, 나오는 주사위의 눈의 수의 합과 앞면이 나오는 동전의 개수가 같을 확률은 $\frac{a^k}{2^m\times 3^n}$이다. $a+k+m+n$의 값은?

(단, a는 6과 서로소이고 k, m, n은 자연수이다.)

① 16 ② 17 ③ 18
④ 19 ⑤ 20

○ 정답과 해설 22쪽

087 실전 예상

주머니에 1부터 8까지의 자연수가 하나씩 적혀 있는 8개의 공이 들어 있다. 이 중 6개를 택해 3개씩 임의로 두 모둠을 만들 때, 각 모둠에 속한 공에 적혀 있는 수의 합이 모두 짝수일 확률은?

① $\frac{1}{7}$ ② $\frac{3}{14}$ ③ $\frac{2}{7}$
④ $\frac{5}{14}$ ⑤ $\frac{3}{7}$

088 실전 예상

집합 $X=\{1, 2, 3, 4, 5\}$에 대하여 X에서 X로의 함수 f 중에서 임의로 하나를 택할 때, 함수 f가 다음 조건을 만족시킬 확률은?

$$f(1)+f(3)+f(5)=7$$

① $\frac{1}{25}$ ② $\frac{2}{25}$ ③ $\frac{3}{25}$
④ $\frac{4}{25}$ ⑤ $\frac{1}{5}$

089 실전 예상

집합 $X=\{1, 2, 3, 4, 5\}$에 대하여 집합 X에서 X로의 함수 f가 다음 조건을 만족시킬 확률은 $\frac{q}{p}$이다. $p+q$의 값을 구하시오. (단, p와 q는 서로소인 자연수이다.)

(가) x가 짝수일 때, $f(x)$는 x의 약수이다.
(나) 집합 X의 임의의 두 홀수인 원소 x_1, x_2에 대하여 $x_1<x_2$이면 $f(x_1)\le f(x_2)$이다.

090 실전 예상

흰 공 4개, 검은 공 k개가 들어 있는 상자에서 동시에 3개의 공을 꺼낼 때, 검은 공이 1개 또는 2개 나올 확률을 $f(k)$라 하자. $f(k)$가 $k=m$에서 최댓값을 가질 때, 모든 m의 값의 합은?

(단, $k\ge2$)

① 6 ② 7 ③ 8
④ 9 ⑤ 10

수능유형 04 확률의 덧셈정리

091 대표 기출

•모평 기출•

어느 고등학교에는 5개의 과학 동아리와 2개의 수학 동아리 A, B가 있다. 동아리 학술 발표회에서 이 7개의 동아리가 모두 발표하도록 발표 순서를 임의로 정할 때, 수학 동아리 A가 수학 동아리 B보다 먼저 발표하는 순서로 정해지거나 두 수학 동아리의 발표 사이에는 2개의 과학 동아리만이 발표하는 순서로 정해질 확률은? (단, 발표는 한 동아리씩 하고, 각 동아리는 1회만 발표한다.) [4점]

① $\frac{4}{7}$ ② $\frac{7}{12}$ ③ $\frac{25}{42}$

④ $\frac{17}{28}$ ⑤ $\frac{13}{21}$

핵심개념 & 연관개념

핵심개념/ 확률의 덧셈정리

표본공간 S의 두 사건 A, B에 대하여 사건 A 또는 사건 B가 일어날 확률은

$\mathrm{P}(A\cup B)=\mathrm{P}(A)+\mathrm{P}(B)-\mathrm{P}(A\cap B)$

092 변형 유제

어느 고등학교에는 4개의 과학 동아리와 3개의 수학 동아리가 있다. 동아리 학술 발표회에서 이 7개의 동아리가 모두 발표하도록 발표 순서를 임의로 정할 때, 첫 번째와 7번째에 수학 동아리가 발표하도록 순서가 정해지거나 수학 동아리의 발표 사이에 적어도 1개의 과학 동아리가 발표하도록 순서가 정해질 확률은 $\frac{q}{p}$이다. $p+q$의 값을 구하시오. (단, 발표는 한 동아리씩 하고, 각 동아리는 1회만 발표하며, p와 q는 서로소인 자연수이다.)

093 실전 예상

1부터 10까지의 자연수가 하나씩 적혀 있는 10장의 카드가 들어 있는 주머니가 있다. 이 주머니에서 임의로 카드 3장을 동시에 꺼낼 때, 꺼낸 카드에 적혀 있는 세 자연수가 등차수열이나 등비수열을 이룰 확률은 $\frac{q}{p}$이다. $p+q$의 값을 구하시오.

(단, p와 q는 서로소인 자연수이다.)

094 실전 예상

집합 $X=\{1, 2, 3, 4, 5\}$에 대하여 X에서 X로의 모든 함수 f 중에서 임의로 하나를 택할 때, $f(1)\leq f(3)\leq f(5)$이거나 치역이 $\{1, 2\}$일 확률을 p라 하자. 5^5p의 값을 구하시오.

○ 정답과 해설 24쪽

수능유형 05 여사건의 확률

095 대표 기출

•수능 기출•

1부터 10까지 자연수가 하나씩 적혀 있는 10장의 카드가 들어 있는 주머니가 있다. 이 주머니에서 임의로 카드 3장을 동시에 꺼낼 때, 꺼낸 카드에 적혀 있는 세 자연수 중에서 가장 작은 수가 4 이하이거나 7 이상일 확률은? [3점]

① $\frac{4}{5}$ ② $\frac{5}{6}$ ③ $\frac{13}{15}$
④ $\frac{9}{10}$ ⑤ $\frac{14}{15}$

핵심개념 & 연관개념

핵심개념 / 여사건의 확률

두 사건 A, B와 각각의 여사건 A^C, B^C에 대하여

(1) $P(A)=1-P(A^C)$

(2) $P(A\cup B)=1-P((A\cup B)^C)=1-P(A^C\cap B^C)$

(3) $P(A\cap B)=1-P((A\cap B)^C)=1-P(A^C\cup B^C)$

096 변형 유제

1부터 10까지의 자연수가 하나씩 적혀 있는 10장의 카드가 들어 있는 주머니가 있다. 이 주머니에서 임의로 카드 3장을 동시에 꺼낼 때, 짝수가 적혀 있는 카드를 적어도 하나 포함하거나 5의 배수가 적혀 있는 카드를 적어도 하나 포함할 확률은?

① $\frac{5}{12}$ ② $\frac{13}{30}$ ③ $\frac{9}{20}$
④ $\frac{7}{15}$ ⑤ $\frac{29}{30}$

097 실전 예상

두 사건 A, B에 대하여

$$P(A)=\frac{1}{4},\ P(A^C\cap B)=\frac{3}{8}$$

일 때, $P(A^C\cap B^C)$의 값은? (단, A^C은 A의 여사건이다.)

① $\frac{1}{8}$ ② $\frac{1}{4}$ ③ $\frac{3}{8}$
④ $\frac{1}{2}$ ⑤ $\frac{5}{8}$

098 실전 예상

어느 고등학교의 학술 모임의 참가자는 모두 9명이고, 1학년 5명, 2학년 4명으로 구성되어 있다. 이 학술 모임의 학생 9명 중에서 임의로 3명을 발표자로 선택할 때, 1학년과 2학년에서 적어도 1명씩 선택될 확률은?

① $\frac{1}{6}$ ② $\frac{1}{3}$ ③ $\frac{1}{2}$
④ $\frac{2}{3}$ ⑤ $\frac{5}{6}$

099 실전 예상

네 개의 문자 A, B, C, D와 세 숫자 1, 2, 3을 모두 임의로 일렬로 나열할 때, 1이 2보다 왼쪽에 있거나 3이 2보다 오른쪽에 있을 확률은?

① $\frac{1}{2}$ ② $\frac{7}{12}$ ③ $\frac{2}{3}$
④ $\frac{3}{4}$ ⑤ $\frac{5}{6}$

100 실전 예상

1부터 10까지의 자연수가 하나씩 적혀 있는 10장의 카드가 들어 있는 주머니에서 임의로 4장의 카드를 동시에 꺼낼 때, 꺼낸 카드에 적혀 있는 수의 최댓값은 9 이상이고, 최솟값은 3 이하일 확률은?

① $\frac{11}{21}$ ② $\frac{4}{7}$ ③ $\frac{13}{21}$
④ $\frac{2}{3}$ ⑤ $\frac{5}{7}$

수능유형 06 조건부확률 UP

101 대표 기출

•모평 기출•

어느 인공지능 시스템에 고양이 사진 40장과 강아지 사진 40장을 입력한 후, 이 인공지능 시스템이 각각의 사진을 인식하는 실험을 실시하여 다음 결과를 얻었다.

(단위: 장)

입력 \ 인식	고양이 사진	강아지 사진	합계
고양이 사진	32	8	40
강아지 사진	4	36	40
합계	36	44	80

이 실험에서 입력된 80장의 사진 중에서 임의로 선택한 1장이 인공지능 시스템에 의해 고양이 사진으로 인식된 사진일 때, 이 사진이 고양이 사진일 확률은? [4점]

① $\frac{4}{9}$ ② $\frac{5}{9}$ ③ $\frac{2}{3}$
④ $\frac{7}{9}$ ⑤ $\frac{8}{9}$

핵심개념 & 연관개념

핵심개념 / 조건부확률

표본공간 S의 두 사건 A, B에 대하여

$$\mathrm{P}(B|A)=\frac{\mathrm{P}(A\cap B)}{\mathrm{P}(A)}=\frac{n(A\cap B)}{n(A)}$$

102 변형 유제

어느 카페에서 세트 메뉴를 주문한 고객 100명에 대해서 메뉴 주문 시 함께 선택한 음료에 대해 조사한 결과는 다음과 같다.

(단위: 명)

메뉴 \ 음료	쥬스	커피	합계
세트 메뉴 X	32	28	60
세트 메뉴 Y	24	16	40
합계	56	44	100

이 고객들 중 임의로 선택한 1명이 세트 메뉴 X를 선택한 고객일 때, 이 고객이 음료로 커피를 선택한 고객일 확률은 $\frac{q}{p}$이다. $p+q$의 값을 구하시오. (단, p와 q는 서로소인 자연수이다.)

103 실전 예상

어느 신문 동아리에서 건강과 관련된 특집 기사를 작성하기 위하여 학생 40명을 대상으로 운동과 음식 중 어느 주제를 더 선호하는지 조사하였다. 이 조사에 참여한 학생은 두 주제 중 하나를 선택하였고, 각각의 주제를 선택한 학생 수는 다음과 같다.

(단위: 명)

주제 / 학년	운동	음식	합계
1학년	14	10	24
2학년	12	4	16
합계	26	14	40

이 조사에 참여한 학생 40명 중에서 임의로 선택한 한 명이 음식을 주제로 선택한 학생일 때, 이 학생이 2학년일 확률은?

① $\frac{1}{14}$ ② $\frac{1}{7}$ ③ $\frac{3}{14}$
④ $\frac{2}{7}$ ⑤ $\frac{5}{14}$

104 실전 예상

각각 10개의 공이 들어 있는 두 주머니 A, B의 흰 공과 검은 공의 개수는 다음과 같다.

(단위: 개)

구분	주머니 A	주머니 B
흰 공	4	3
검은 공	6	7

두 주머니 A, B에서 임의로 1개의 공을 각각 꺼내는 시행을 한다. 이 시행에서 꺼낸 공이 모두 같은 색 공일 때, 이 공이 모두 흰 공일 확률은?

① $\frac{1}{6}$ ② $\frac{2}{9}$ ③ $\frac{5}{18}$
④ $\frac{1}{3}$ ⑤ $\frac{7}{18}$

105 실전 예상

어느 사진 편집 앱에는 서로 다른 3종류 가발과 서로 다른 2종류의 머리띠가 있다. 두 학생 A, B가 이 5가지 중 1가지씩을 임의로 선택하여 사진을 편집하려고 한다. A, B가 선택한 것이 서로 다를 때, A는 가발을, B는 머리띠를 선택했을 확률은?

① $\frac{1}{10}$ ② $\frac{1}{5}$ ③ $\frac{3}{10}$
④ $\frac{2}{5}$ ⑤ $\frac{1}{2}$

106 실전 예상

한 개의 주사위를 세 번 던져서 3의 눈이 한 번 이상 나왔을 때, 나온 세 눈의 수의 최댓값이 짝수일 확률은 $\frac{q}{p}$이다. $p+q$의 값을 구하시오. (단, p와 q는 서로소인 자연수이다.)

수능유형 07 확률의 곱셈정리 (1) - 계산

107 대표 기출

•학평 기출•

두 사건 A와 B가 서로 독립이고

$$P(A|B)=\frac{1}{3},\ P(A\cap B^C)=\frac{1}{12}$$

일 때, $P(B)$의 값은? (단, B^C은 B의 여사건이다.) [3점]

① $\frac{5}{12}$ ② $\frac{1}{2}$ ③ $\frac{7}{12}$ ④ $\frac{2}{3}$ ⑤ $\frac{3}{4}$

핵심개념 & 연관개념

핵심개념 / 사건의 독립

두 사건 A, B가 독립이면 A^C과 B, A와 B^C, A^C과 B^C도 모두 독립이고

$P(A\cap B)=P(A)P(B)$, $P(A^C\cap B)=P(A^C)P(B)$,

$P(A\cap B^C)=P(A)P(B^C)$, $P(A^C\cap B^C)=P(A^C)P(B^C)$

108 변형 유제

두 사건 A와 B는 서로 독립이고

$$P(A)=\frac{2}{5},\ P(B|A)=\frac{3}{8}$$

일 때, $P(A\cup B^C)$의 값은? (단, B^C은 B의 여사건이다.)

① $\frac{31}{40}$ ② $\frac{4}{5}$ ③ $\frac{33}{40}$ ④ $\frac{17}{20}$ ⑤ $\frac{7}{8}$

109 실전 예상

두 사건 A와 B에 대하여

$$P(A|B)=\frac{1}{4},\ P(A^C\cap B)=\frac{1}{2}$$

일 때, $P(B)$의 값은? (단, A^C은 A의 여사건이다.)

① $\frac{1}{2}$ ② $\frac{2}{3}$ ③ $\frac{3}{4}$ ④ $\frac{4}{5}$ ⑤ $\frac{5}{6}$

수능유형 08 확률의 곱셈정리 (2) - 문장으로 표현된 경우

110 대표 기출

•학평 기출•

한 개의 주사위를 세 번 던져서 나오는 눈의 수를 차례로 a, b, c라 할 때, $(a-2)^2+(b-3)^2+(c-4)^2=2$가 성립할 확률은? [3점]

① $\frac{1}{18}$ ② $\frac{1}{9}$ ③ $\frac{1}{6}$ ④ $\frac{2}{9}$ ⑤ $\frac{5}{18}$

핵심개념 & 연관개념

핵심개념 / 확률의 곱셈정리

두 사건 A, B에 대하여

$P(A\cap B)=P(A)P(B|A)=P(B)P(A|B)$

이때 A, B가 서로 독립이면

$P(A\cap B)=P(A)P(B)$

111 변형 유제

한 개의 주사위를 세 번 던져서 나오는 눈의 수를 차례로 a, b, c라 할 때,

$$(a-3)^2+(b-4)^2+(2c-5)^2=2$$

가 성립할 확률은?

① $\frac{1}{27}$ ② $\frac{1}{18}$ ③ $\frac{1}{12}$ ④ $\frac{1}{9}$ ⑤ $\frac{1}{6}$

112 실전 예상

상자 A에는 흰 공 2개와 검은 공 4개, 상자 B에는 흰 공 2개와 검은 공 3개, 상자 C에는 흰 공 1개와 검은 공 2개가 들어 있다. 상자 A에서 임의로 1개의 공을 꺼내어 흰 공이면 상자 B에, 검은 공이면 상자 C에 꺼낸 공을 넣는다. 상자 B와 상자 C에서 임의로 1개의 공을 동시에 꺼낼 때, 두 공이 모두 검은 공일 확률은?

① $\frac{11}{30}$　② $\frac{17}{45}$　③ $\frac{7}{18}$　④ $\frac{2}{5}$　⑤ $\frac{37}{90}$

113 실전 예상

상자에 A, B, C, D가 하나씩 적혀 있는 4장의 카드와 1부터 6까지의 자연수가 하나씩 적혀 있는 6장의 카드가 들어 있다. 총 10장의 카드가 들어 있는 이 상자에서 1개씩 카드를 꺼내는 시행을 계속하여 문자가 적혀 있는 카드를 모두 꺼내면 시행을 멈춘다. 첫 번째 시행에서 문자가 적혀 있는 카드를 꺼내고, 6번째 시행 후 시행을 멈출 확률은?

(단, 꺼낸 카드는 다시 주머니에 넣지 않는다.)

① $\frac{1}{70}$　② $\frac{1}{35}$　③ $\frac{3}{70}$　④ $\frac{2}{35}$　⑤ $\frac{1}{14}$

수능유형 09 조건부확률과 확률의 곱셈정리

114 대표 기출

• 모평 기출 •

주머니 A에는 흰 공 2개, 검은 공 4개가 들어 있고, 주머니 B에는 흰 공 3개, 검은 공 3개가 들어 있다. 두 주머니 A, B와 한 개의 주사위를 사용하여 다음 시행을 한다.

> 주사위를 한 번 던져
> 나온 눈의 수가 5 이상이면
> 주머니 A에서 임의로 2개의 공을 동시에 꺼내고,
> 나온 눈의 수가 4 이하이면
> 주머니 B에서 임의로 2개의 공을 동시에 꺼낸다.

이 시행을 한 번 하여 주머니에서 꺼낸 2개의 공이 모두 흰색일 때, 나온 눈의 수가 5 이상일 확률은? [3점]

① $\frac{1}{7}$　② $\frac{3}{14}$　③ $\frac{2}{7}$　④ $\frac{5}{14}$　⑤ $\frac{3}{7}$

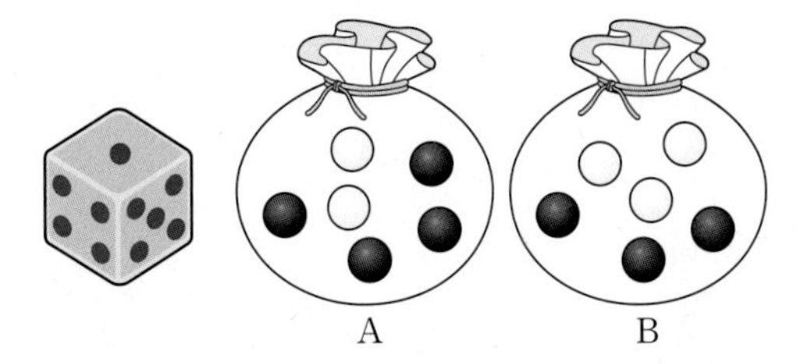

핵심개념 & 연관개념

핵심개념 / 표본공간 S의 두 사건 A, B에 대하여
$\mathrm{P}(A)=\mathrm{P}(A\cap B)+\mathrm{P}(A\cap B^C)$이므로

$$\mathrm{P}(B|A)=\frac{\mathrm{P}(A\cap B)}{\mathrm{P}(A)}=\frac{\mathrm{P}(A\cap B)}{\mathrm{P}(A\cap B)+\mathrm{P}(A\cap B^C)}$$

115 변형 유제

주머니 A에는 흰 공 2개와 검은 공 4개가 들어 있고, 주머니 B에는 흰 공 3개, 검은 공 3개가 들어 있다. 두 주머니 A, B와 두 개의 주사위를 사용하여 다음 시행을 한다.

> 두 개의 주사위를 동시에 한 번 던져
> 두 눈의 수의 합이 10 이상이면
> 주머니 A에서 임의로 3개의 공을 동시에 꺼내고,
> 나온 눈의 수의 합이 9 이하이면
> 주머니 B에서 임의로 3개의 공을 동시에 꺼낸다.

이 시행을 한 번 하여 주머니에서 꺼낸 3개의 공에 두 가지 색이 모두 나왔을 때, 눈의 수의 합이 10 이상일 확률은 $\frac{q}{p}$이다. $p+q$의 값을 구하시오. (단, p와 q는 서로소인 자연수이다.)

116 실전 예상

어느 호텔에서는 투숙객들을 대상으로 투숙일 당일 석식과 다음날 아침 조식을 제공하였다. 고객들은 매 식사 때마다 양식과 한식 중 하나를 반드시 선택하였고, 전체 고객의 80 %가 석식으로 한식을 선택하였다. 석식으로 양식을 선택한 고객의 40 %는 다음날 조식도 양식을 선택하였고, 석식으로 한식을 선택한 고객의 20 %는 다음날 조식도 한식을 선택하였다. 이 고객들 중에서 임의로 선택한 한 명이 투숙 다음날 조식으로 한식을 선택한 고객일 때, 이 고객이 투숙 당일 석식으로 양식을 선택했을 확률은 $\frac{q}{p}$이다. $p+q$의 값을 구하시오.

(단, p와 q는 서로소인 자연수이다.)

117 실전 예상

1학년과 2학년 학생들로 구성된 어느 동아리는 남학생이 60 %이고 이 동아리 남학생의 70 %는 2학년, 여학생의 20 %는 1학년이다. 이 동아리 학생 중에서 임의로 선택한 한 명이 2학년 학생일 때, 이 학생이 여학생일 확률은 $\frac{q}{p}$이다. $p+q$의 값을 구하시오. (단, p와 q는 서로소인 자연수이다.)

118 실전 예상

1부터 7까지의 자연수가 하나씩 적혀 있는 7개의 공이 들어 있는 상자와 주사위 한 개가 있다. 주사위를 던져 나온 눈의 수가 3의 배수이면 이 상자에서 임의로 2개의 공을 동시에 꺼내고, 주사위를 던져 나온 눈의 수가 3의 배수가 아니면 상자에서 임의로 3개의 공을 동시에 꺼낸다. 꺼낸 공에 적혀 있는 수의 최솟값은 3보다 작고 최댓값은 4보다 클 때, 나온 주사위는 눈의 수가 3의 배수일 확률은?

① $\frac{1}{26}$ ② $\frac{1}{13}$ ③ $\frac{3}{26}$ ④ $\frac{2}{13}$ ⑤ $\frac{5}{26}$

○ 정답과 해설 29쪽

수능유형 10 독립사건의 확률

119 대표 기출

• 수능 기출 •

한 개의 주사위를 한 번 던진다. 홀수의 눈이 나오는 사건을 A, 6 이하의 자연수 m에 대하여 m의 약수의 눈이 나오는 사건을 B라 하자. 두 사건 A와 B가 서로 독립이 되도록 하는 모든 m의 값의 합을 구하시오. [4점]

핵심개념 & 연관개념

핵심개념 / 두 사건 A, B가 서로 독립이기 위한 필요충분조건은
$\mathrm{P}(A\cap B)=\mathrm{P}(A)\mathrm{P}(B)$

120 변형 유제

한 개의 주사위를 한 번 던질 때, 6의 약수의 눈이 나오는 사건을 A, 6 이하의 자연수 m에 대하여 m의 배수의 눈이 나오는 사건을 B라 하자. 두 사건 A와 B가 서로 독립이 되도록 하는 모든 m의 값의 합을 구하시오.

121 실전 예상

주사위 2개를 동시에 던져서 나온 눈의 수의 합이 5인 사건을 A, 6 이상인 자연수 m에 대하여 눈의 수의 곱이 5 이상 m 이하인 사건을 B라 할 때, 두 사건 A와 B가 서로 독립이 되도록 하는 자연수 m의 값의 합을 구하시오.

122 실전 예상

다음은 어느 학교 남학생 160명과 여학생 120명을 대상으로 P 회사와 Q 회사에서 제작한 체육복 중 어느 회사 제품을 선호하는지를 조사한 표이다.

(단위: 명)

구분	P 회사	Q 회사
남학생	88	72
여학생	k	$120-k$

조사 대상 중 임의로 선택한 한 명이 남학생인 사건과 임의로 선택한 한 명이 Q 회사 제품을 선호하는 학생인 사건이 서로 독립일 때, k의 값을 구하시오. (단, 조사 대상인 모든 학생은 두 회사 중 한 회사만을 선택하였고, 선택하지 않은 학생은 없다.)

수능유형 11 독립시행의 확률

123 대표 기출

•수능 기출•

한 개의 동전을 7번 던질 때, 다음 조건을 만족시킬 확률은? [4점]

> (가) 앞면이 3번 이상 나온다.
> (나) 앞면이 연속해서 나오는 경우가 있다.

① $\frac{11}{16}$ ② $\frac{23}{32}$ ③ $\frac{3}{4}$
④ $\frac{25}{32}$ ⑤ $\frac{13}{16}$

핵심개념 & 연관개념

핵심개념/ 독립시행의 확률

한 번의 시행에서 사건 A가 일어날 확률이 p일 때, 이 시행을 n회 반복하는 독립시행에서 사건 A가 r번 일어날 확률은

$${}_{n}\mathrm{C}_{r}p^{r}(1-p)^{n-r}\ (r=0,\ 1,\ 2,\ \cdots,\ n)$$

124 변형 유제

한 개의 동전을 7번 던질 때, 다음 조건을 만족시킬 확률은?

> (가) 앞면이 3번 이상 나온다.
> (나) 뒷면은 최대 두 번까지 연속해서 나올 수 있다.

① $\frac{31}{64}$ ② $\frac{33}{64}$ ③ $\frac{35}{64}$
④ $\frac{37}{64}$ ⑤ $\frac{39}{64}$

125 실전 예상

한 개의 동전을 4번 던져서 앞면이 나온 횟수를 a, 뒷면이 나온 횟수를 b라 할 때, $a^2-4ab+3b^2=0$일 확률은?

① $\frac{1}{8}$ ② $\frac{1}{4}$ ③ $\frac{3}{8}$
④ $\frac{1}{2}$ ⑤ $\frac{5}{8}$

126 실전 예상

한 개의 주사위를 4번 던질 때, 나온 눈의 수의 최솟값이 2, 최댓값이 5일 확률은?

① $\frac{5}{72}$ ② $\frac{50}{648}$ ③ $\frac{55}{648}$
④ $\frac{5}{54}$ ⑤ $\frac{65}{648}$

수능유형 12 다양한 시행에서의 독립시행의 확률

127 대표 기출

•학평 기출•

A, B, C 세 사람이 한 개의 주사위를 각각 5번씩 던진 후 다음 규칙에 따라 승자를 정한다.

(가) 1의 눈이 나온 횟수가 세 사람 모두 다르면, 1의 눈이 가장 많이 나온 사람이 승자가 된다.
(나) 1의 눈이 나온 횟수가 두 사람만 같다면, 횟수가 다른 나머지 한 사람이 승자가 된다.
(다) 1의 눈이 나온 횟수가 세 사람 모두 같다면, 모두 승자가 된다.

A와 B가 각각 주사위를 5번씩 던진 후, A는 1의 눈이 2번, B는 1의 눈이 1번 나왔다. C가 주사위를 3번째 던졌을 때 처음으로 1의 눈이 나왔다. A 또는 C가 승자가 될 확률은? [4점]

① $\frac{2}{3}$　② $\frac{13}{18}$　③ $\frac{7}{9}$
④ $\frac{5}{6}$　⑤ $\frac{8}{9}$

128 변형 유제

127과 같은 규칙에 따라 승자를 정하려고 한다. A와 B가 각각 주사위를 5번씩 던진 후, A는 1의 눈이 2번, B는 1의 눈이 1번 나왔다. C가 주사위를 2번째 던졌을 때 처음으로 1의 눈이 나왔다. B 또는 C가 승자가 될 확률을 p라 할 때, 6^3p의 값을 구하시오.

129 실전 예상

한 개의 주사위를 한 번 던져서 3의 배수의 눈이 나오면 3점을 얻고 그 외의 눈이 나오면 1점을 잃는다. 한 개의 주사위를 7번 던져 얻는 점수의 합이 10점 이상일 확률을 p라 할 때 3^7p의 값을 구하시오.

130 실전 예상

좌표평면 위의 두 점 P, Q에 대하여 두 개의 동전을 동시에 던져서 모두 앞면이 나오면 점 P를 x축의 방향으로 2만큼, 뒷면이 적어도 한 개가 나오면 점 Q를 x축의 방향으로 1만큼, y축의 방향으로 1만큼 이동시킨다. 원점 O에 놓인 두 점 P, Q에 대하여 두 개의 동전을 동시에 던져서 두 점을 이동시키는 시행을 5번 할 때, 선분 PQ의 길이가 $5\sqrt{2}$일 확률은?

① $\frac{121}{512}$　② $\frac{123}{512}$　③ $\frac{125}{512}$
④ $\frac{127}{512}$　⑤ $\frac{129}{512}$

step 2

등급을 가르는 핵심 특강

특강1 ≫ 타 과목과 연계된 확률의 계산

대표 기출 • 모평 기출 •

다음 조건을 만족시키는 좌표평면 위의 점 (a, b) 중에서 임의로 서로 다른 두 점을 선택할 때, 선택된 두 점 사이의 거리가 1보다 클 확률은? [4점]

> (가) a, b는 자연수이다.
> (나) $1 \le a \le 4$, $1 \le b \le 3$

① $\frac{41}{66}$ ② $\frac{43}{66}$ ③ $\frac{15}{22}$

④ $\frac{47}{66}$ ⑤ $\frac{49}{66}$

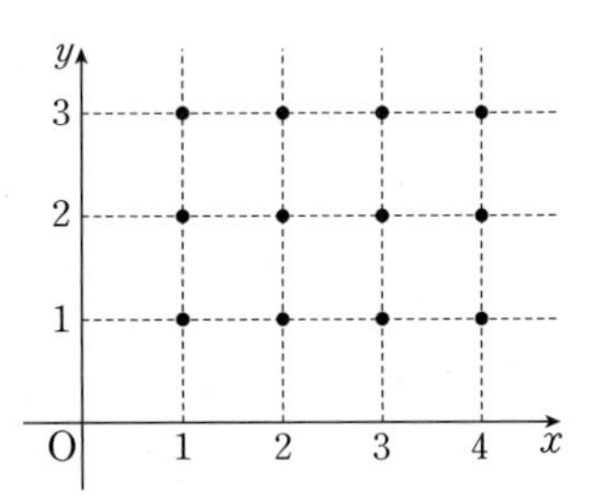

≫ 행동전략

1 순열, 중복순열, 조합, 중복조합을 이용한다.

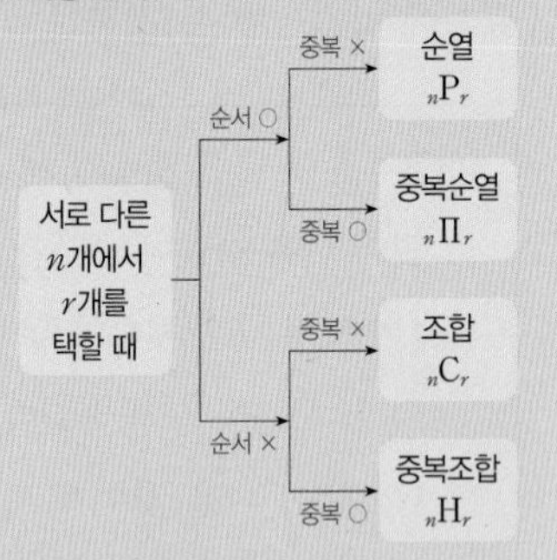

2 확률의 덧셈정리, 여사건의 확률, 조건부확률 등을 이용한다.

(1) 확률의 덧셈정리

$P(A \cup B)$
$= P(A) + P(B) - P(A \cap B)$

(2) 여사건의 확률

$P(A^C) = 1 - P(A)$

(3) 조건부확률

$P(B|A) = \frac{P(A \cap B)}{P(A)}$

(단, $P(A) > 0$)

풀이

❶ 두 점 사이의 거리가 1보다 큰 경우를 따지는 것보다는 두 점 사이의 거리가 1 이하인 경우를 따지는 것이 더 간단하므로 여사건의 확률을 이용한다.

즉, 구하는 것이 두 점 사이의 거리가 1보다 큰 확률이므로 전체 확률 1에서 두 점 사이의 거리가 1 이하일 확률을 빼 주면 된다.

이때 두 점 사이의 거리가 1보다 큰 사건을 A라 하면 A^C은 두 점 사이의 거리가 1 이하인 경우이다.

❷ 12개의 점 중에서 두 점을 선택하는 모든 경우의 수는

${}_{12}C_2 = 66$

선택된 두 점 사이의 거리가 1 이하가 되려면 x축의 방향 또는 y축의 방향으로 서로 이웃하는 두 점을 선택해야 하므로 이 경우의 수는 17이다.

즉, 이때의 확률은 $P(A^C) = \frac{17}{66}$이므로 구하는 확률은

❸ $P(A) = 1 - P(A^C) = 1 - \frac{17}{66} = \frac{49}{66}$

답 ⑤

참고 선택된 두 점 사이의 거리가 1 이하인 경우는 오른쪽 그림과 같이 세로줄, 가로줄로 나누어 구할 수 있다.
따라서 그 경우의 수는
$2 \times 4 + 3 \times 3 = 17$

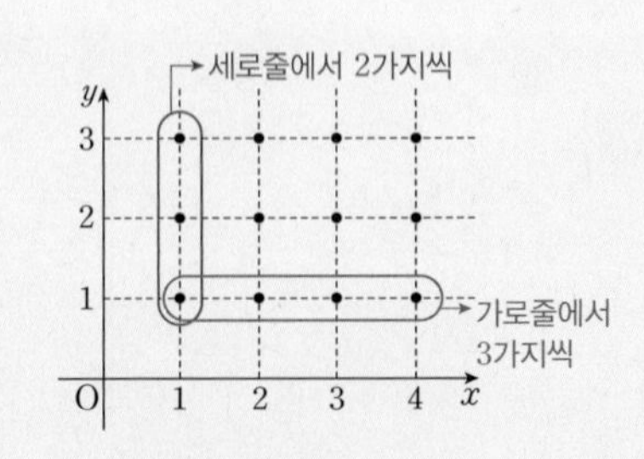

내용전략

❶ 문제 상황 이해하기

❷ 두 점 사이의 거리가 1 이하일 확률 구하기

❸ 선택된 두 점 사이의 거리가 1보다 클 확률 구하기

○ 정답과 해설 33쪽

131

1, 2, 3, 4가 하나씩 적혀 있는 4장의 카드가 들어 있는 상자에서 차례로 카드를 한 장씩 꺼내어 숫자를 확인하고 다시 넣는 시행을 3회 반복한다. 이때 나온 수를 차례로 a, b, c라 할 때, $0 \le x < 2\pi$에서 x에 대한 방정식 $a \sin bx = c$가 서로 다른 네 실근을 가질 확률은?

① $\frac{1}{32}$ ② $\frac{1}{16}$ ③ $\frac{3}{32}$

④ $\frac{1}{8}$ ⑤ $\frac{5}{32}$

132

방정식 $a+b+c+d=10$을 만족시키는 음이 아닌 정수 a, b, c, d의 모든 순서쌍 (a, b, c, d) 중에서 임의로 한 개를 선택한다. 선택한 순서쌍 (a, b, c, d)가 $(a+b-6)(d-2)=0$을 만족시킬 확률은?

① $\frac{71}{286}$ ② $\frac{36}{143}$ ③ $\frac{73}{286}$

④ $\frac{37}{143}$ ⑤ $\frac{75}{286}$

step 3 1등급 도약하기

133

수능유형 01

문자 a, b와 숫자 1, 2, 3 중에서 중복을 허락하여 임의로 5개를 택해 일렬로 나열할 때, 다음 조건을 만족시킬 확률는?

> (가) 양 끝 모두 문자가 나온다.
> (나) 3은 적어도 한 번 나온다.

① $\frac{238}{3125}$ ② $\frac{48}{625}$ ③ $\frac{242}{3125}$
④ $\frac{244}{3125}$ ⑤ $\frac{246}{3125}$

134

수능유형 04

숫자 1, 2, 3, 4, 5 중에서 서로 다른 4개를 택해 일렬로 배열하여 만들 수 있는 모든 네 자리 자연수 중에서 임의로 하나의 수를 택할 때, 택한 수가 3의 배수이거나 3200 이상일 확률은?

① $\frac{11}{20}$ ② $\frac{3}{5}$ ③ $\frac{13}{20}$
④ $\frac{7}{10}$ ⑤ $\frac{3}{4}$

135

수능유형 06

어느 출판사에서는 행사에 참여한 남녀 회원 100명에게 두 가지 도서 A, B 중 한 권을 증정하였다. 도서 한 권을 받은 100명의 회원을 대상으로 받은 도서를 조사한 결과는 다음과 같다.

(단위: 명)

구분	도서 A	도서 B
남	$27-a$	b
여	$56-2a$	$b-18$

도서를 받은 회원 100명 중에서 임의로 선택한 1명이 남자일 때, 이 회원이 도서 A를 받은 회원일 확률은 $\frac{5}{12}$이다. 도서를 받은 회원 100명 중에서 임의로 선택한 1명이 도서 B를 받은 회원일 때, 이 회원이 여자일 확률은 $\frac{q}{p}$이다. $p+q$의 값을 구하시오. (단, p와 q는 서로소인 자연수이다.)

○ 정답과 해설 34쪽

136

수능유형 12

세 개의 동전과 한 개의 주사위를 사용하여 다음 규칙에 따라 점수를 얻는 시행을 한다.

> 세 개의 동전을 던져서 앞면이 나온 동전의 개수가 n이면
> 주사위를 n회 던져서 나오는 눈의 수의 합을 점수로 한다.

이 시행을 A, B가 각각 한 번씩 하여 A는 10점, B는 2점을 얻을 확률을 p라 할 때, $2^{10}p$의 값은?

① $\frac{1}{2}$ ② 1 ③ $\frac{3}{2}$

④ $\frac{5}{2}$ ⑤ $\frac{7}{2}$

137

수능유형 09

주머니 A에는 흰 공 2개, 검은 공 4개가 들어 있고, 주머니 B에는 흰 공 3개, 검은 공 3개가 들어 있다. 두 주머니 A, B와 한 개의 주사위를 사용하여 다음 시행을 한다.

> 두 주머니에서 임의로 각각 한 개의 공을 꺼내어
> 두 공의 색깔이 같으면 주사위를 2번 던지고
> 두 눈의 수를 곱한 값을 점수로 갖는다.
> 두 공의 색깔이 다르면 주사위를 1번 던지고,
> 눈의 수의 2배를 점수로 갖는다.

이 시행을 한 번 하여 나온 점수가 6의 배수일 때, 주머니에서 꺼낸 2개의 공이 같은 색일 확률은?

① $\frac{1}{9}$ ② $\frac{2}{9}$ ③ $\frac{1}{3}$

④ $\frac{4}{9}$ ⑤ $\frac{5}{9}$

138

수능유형 09

좌표평면 위의 점 P는 한 번 이동할 때마다 다음 네 가지 방법 중 한 가지를 임의로 선택하여 이동한다.

> [방법 1] x축의 방향으로 1만큼 평행이동한다.
> [방법 2] x축의 방향으로 -1만큼 평행이동한다.
> [방법 3] y축의 방향으로 1만큼 평행이동한다.
> [방법 4] y축의 방향으로 -1만큼 평행이동한다.

원점 O에서 출발한 점 P가 9번 이동하여 점 $(-1,\ -1)$과 점 $(2,\ 1)$를 차례로 거친 후, 다시 이동하여 점 $(2,\ 1)$로 되돌아왔을 때, 출발 이후 원점을 다시 지났을 확률은?

(단, 각 방법을 선택할 확률은 같다.)

① $\frac{9}{20}$ ② $\frac{1}{2}$ ③ $\frac{11}{20}$
④ $\frac{3}{5}$ ⑤ $\frac{13}{20}$

139

수능유형 08

한 개의 주사위를 던지는 시행에서 첫 번째 시행에서 나온 눈의 수를 k라 할 때, 두 번째부터의 시행에서 k보다 작은 수가 나오면 시행을 멈춘다. 다섯 번째 시행에서 주사위의 눈이 3이 나오고, 이 시행을 멈추게 될 확률은 $\frac{q}{p}$이다. $p+q$의 값을 구하시오. (단, p와 q는 서로소인 자연수이다.)

140

수능유형 12

숫자 2, 2, 3, 3, 3이 하나씩 적혀 있는 5장의 카드가 들어 있는 주머니와 한 개의 동전을 사용하여 다음 시행을 한다.

> 주머니에서 임의로 한 장의 카드를 꺼내어 숫자를 확인한 다음 카드는 주머니에 다시 집어넣고, 꺼낸 카드에 적혀있던 숫자만큼 한 개의 동전을 던진다.

시행을 4회 반복할 때, 동전의 앞면이 나온 횟수가 9일 확률은 $\frac{3\times7\times k}{2^{10}\times5^{4}}$이다. k의 값을 구하시오.

○ 정답과 해설 36쪽

141

수능유형 06

상자에 1부터 10까지의 자연수가 하나씩 적혀 있는 10장의 카드가 들어 있다. 이 중에서 임의로 한 장을 꺼내어 적힌 수를 확인한 후 다시 집어넣는 시행을 3회 반복할 때, 나오는 수를 차례로 a, b, c라 하자. 조건 (가)를 만족시키는 a, b, c의 순서쌍 (a, b, c) 중 하나를 임의로 선택할 때, a, b, c가 조건 (나)를 만족시킬 확률은?

> (가) $a+b+c\le 10$
> (나) abc는 10의 배수이다.

① $\frac{1}{40}$ ② $\frac{3}{40}$ ③ $\frac{1}{8}$

④ $\frac{7}{40}$ ⑤ $\frac{9}{40}$

142

수능유형 12

상자 A에 4개의 공, 상자 B에 5개의 공이 들어 있고, 상자에 들어 있지 않은 공 14개가 있다. 주사위 한 개를 사용하여 상자에 추가로 공을 넣는 다음 시행을 7번 반복한다.

> 한 개의 주사위를 한 번 던져
> 4 이하의 눈이 나오면 상자 A에 공 1개를 넣고,
> 5 이상의 눈이 나오면 상자 B에 공 2개를 넣는다.

첫 번째 시행에서 두 상자에 들어 있는 공의 개수가 같고, 이후 7번째 시행에서 다시 처음으로 두 상자에 들어 있는 공의 개수가 같아질 확률을 p라 할 때, 3^6p의 값을 구하시오.

III 통계

중단원명	수능유형명
01. 확률분포	01 이산확률변수와 확률질량함수
	02 이산확률변수의 평균(기댓값), 분산, 표준편차(1) – 빈칸 추론
	03 이산확률변수의 평균(기댓값), 분산, 표준편차(2)
	04 이항분포를 이용한 평균과 분산, 표준편차
	05 이항분포를 이용한 평균과 분산, 표준편차의 활용
	06 확률밀도함수에서의 확률(1) – 함수가 1개일 때
	07 확률밀도함수에서의 확률(2) – 함수가 2개일 때
	08 정규분포와 표준정규분포(1) – 정규분포곡선의 성질 이용
	09 정규분포와 표준정규분포(2) – 확률변수가 2개일 때
	10 정규분포와 표준정규분포의 활용
02. 통계적 추정	11 표본평균의 평균, 분산, 표준편차
	12 표본평균의 확률
	13 모평균의 추정

수능 실전 개념

① 확률변수

(1) 확률질량함수 $\mathrm{P}(X=x_i)=p_i$의 성질

$i=1, 2, \cdots, n$이고, $j=1, 2, \cdots, n$일 때

① $0 \le p_i \le 1$　　② $p_1+p_2+\cdots+p_n=1$

③ $\mathrm{P}(x_i \le X \le x_j)=p_i+p_{i+1}+\cdots+p_j$ (단, $i \le j$)

(2) 확률밀도함수

연속확률변수 X에 대하여 $\alpha \le x \le \beta$에서 정의된 확률밀도함수가 $f(x)$일 때 (단, $\alpha \le a \le b \le \beta$)

① $f(x) \ge 0$

② 함수 $y=f(x)$의 그래프와 x축 및 두 직선 $x=\alpha$, $x=\beta$로 둘러싸인 도형의 넓이는 1이다.

③ $\mathrm{P}(a \le X \le b)$는 함수 $y=f(x)$의 그래프와 x축 및 두 직선 $x=a$, $x=b$로 둘러싸인 도형의 넓이와 같다.

② 확률변수의 평균, 분산, 표준편차

(1) 이산확률변수

이산확률변수 X의 확률질량함수가

$\mathrm{P}(X=x_i)=p_i$ $(i=1, 2, \cdots, n)$일 때

① 기댓값(평균): $\mathrm{E}(X)=x_1p_1+x_2p_2+\cdots+x_np_n$

② 분산: $\mathrm{V}(X)=\mathrm{E}((X-m)^2)$

$=\mathrm{E}(X^2)-\{\mathrm{E}(X)\}^2$ (단, $m=\mathrm{E}(X)$)

③ 표준편차: $\sigma(X)=\sqrt{\mathrm{V}(X)}$

(2) 확률변수 $aX+b$ ($a \ne 0$, b는 상수)에 대하여

① $\mathrm{E}(aX+b)=a\mathrm{E}(X)+b$　② $\mathrm{V}(aX+b)=a^2\mathrm{V}(X)$

③ $\sigma(aX+b)=|a|\sigma(X)$

③ 이항분포

확률변수 X가 이항분포 $\mathrm{B}(n, p)$를 따를 때

(1) X의 확률질량함수는

$\mathrm{P}(X=x)={}_n\mathrm{C}_x p^x(1-p)^{n-x}$ $(x=0, 1, 2, \cdots, n)$

(2) 평균: $\mathrm{E}(X)=np$, 분산: $\mathrm{V}(X)=npq$,

표준편차: $\sigma(X)=\sqrt{npq}$ (단, $q=1-p$)

④ 정규분포 곡선의 성질

정규분포 $\mathrm{N}(m, \sigma^2)$을 따르는 확률변수 X의 정규분포 곡선은

(1) 직선 $x=m$에 대하여 대칭이고 x축이 점근선인 종 모양의 곡선이다.

실전 전략

① σ의 값이 일정할 때, m의 값이 달라지면 대칭축의 위치는 바뀌지만 곡선의 모양은 변하지 않는다.

② m의 값이 일정할 때, σ의 값이 클수록 가운데 부분의 높이는 낮아지고 옆으로 퍼진 모양이 된다.

(2) 곡선과 x축 사이의 넓이는 1이다.

(3) 확률변수 X가 정규분포 $\mathrm{N}(m, \sigma^2)$을 따를 때, 정규분포 곡선은 직선 $x=m$에 대하여 대칭이므로

① $\mathrm{P}(X \le m)=\mathrm{P}(X \ge m)=0.5$

② $\mathrm{P}(m-\sigma \le X \le m)=\mathrm{P}(m \le X \le m+\sigma)$

⑤ 정규분포의 표준화

(1) 표준정규분포: 평균이 0, 분산이 1인 정규분포 $\mathrm{N}(0, 1)$

(2) 정규분포의 표준화: 확률변수 X가 정규분포 $\mathrm{N}(m, \sigma^2)$을 따를 때, 확률변수 $Z=\dfrac{X-m}{\sigma}$은 표준정규분포 $\mathrm{N}(0, 1)$을 따른다.

$$\mathrm{P}(a \le X \le b)=\mathrm{P}\left(\frac{a-m}{\sigma} \le Z \le \frac{b-m}{\sigma}\right)$$

(3) 이항분포와 정규분포의 관계: 확률변수 X가 이항분포 $\mathrm{B}(n, p)$를 따를 때, n이 충분히 크면 X는 근사적으로 정규분포 $\mathrm{N}(np, npq)$를 따른다. (단, $q=1-p$)

⑥ 모평균과 표본평균

(1) 확률변수 X의 모평균, 모분산, 모표준편차

① 모평균: $m=\mathrm{E}(X)$　② 모분산: $\sigma^2=\mathrm{V}(X)$

③ 모표준편차: $\sigma=\sqrt{\mathrm{V}(X)}$

(2) 표본평균의 평균, 분산, 표준편차

크기가 n인 표본을 임의추출할 때

① 표본평균: $m=\mathrm{E}(\overline{X})$　② 표본분산: $\mathrm{V}(\overline{X})=\dfrac{\sigma^2}{n}$

③ 표본표준편차: $\sigma(\overline{X})=\dfrac{\sigma}{\sqrt{n}}$

(3) 표본평균의 분포: 정규분포 $\mathrm{N}(m, \sigma^2)$을 따르는 모집단에서 크기가 n인 표본의 표본평균 $\overline{X}$는 정규분포 $\mathrm{N}\left(m, \dfrac{\sigma^2}{n}\right)$을 따른다.

실전 전략

모집단이 정규분포를 따르지 않아도 n이 충분히 크면 표본평균 $\overline{X}$는 정규분포 $\mathrm{N}\left(m, \dfrac{\sigma^2}{n}\right)$을 따른다.

⑦ 모평균의 추정

정규분포 $\mathrm{N}(m, \sigma^2)$을 따르는 모집단에서 임의추출한 크기가 n인 표본의 표본평균 $\overline{X}$의 값이 $\overline{x}$일 때

(1) 신뢰도 95 %의 신뢰구간

$$\overline{x}-1.96\times\frac{\sigma}{\sqrt{n}} \le m \le \overline{x}+1.96\times\frac{\sigma}{\sqrt{n}}$$

(2) 신뢰도 99 %의 신뢰구간

$$\overline{x}-2.58\times\frac{\sigma}{\sqrt{n}} \le m \le \overline{x}+2.58\times\frac{\sigma}{\sqrt{n}}$$

step 0 기출에서 뽑은 실전 개념 OX

○ 정답 38쪽

■ 다음 문장이 참이면 '○'표, 거짓이면 '×'표를 (　　) 안에 써넣으시오.

01 확률변수 X의 확률분포를 표로 나타내면 다음과 같을 때, $\mathrm{E}(X)=4$이면 $\mathrm{V}(X)=18$이다. (　　)

X	2	4	a	합계
$\mathrm{P}(X=x)$	b	$\frac{1}{4}$	$\frac{1}{4}$	1

02 이산확률변수 X의 확률질량함수가

$\mathrm{P}(X=x)=\frac{|x-4|}{7}$ $(x=1, 2, 3, 4, 5)$이면

$\mathrm{E}(14X+5)=35$이다. (　　)

03 확률변수 X가 이항분포 $\mathrm{B}\left(6, \frac{2}{3}\right)$를 따르면

$\mathrm{V}(-3X+2)=12$이다. (　　)

04 연속확률변수 X의 확률밀도함수가

$f(x)=\frac{1}{2}x$ $(0\le x\le 2)$이면 $\mathrm{P}(0\le X\le 1)=\frac{1}{2}$이다.

(　　)

05 정규분포 $\mathrm{N}(8, 4)$를 따르는 확률변수 X에 대하여 함수 $g(k)=\mathrm{P}(k-8\le X\le k)$는 $k=12$일 때 최댓값을 갖는다. (　　)

06 확률변수 X가 정규분포 $\mathrm{N}(100, 4^2)$을 따를 때, 오른쪽 표준정규분포표를 이용하여 구하면

z	$\mathrm{P}(0\le Z\le z)$
1.5	0.4332
2.0	0.4772
2.5	0.4938

$\mathrm{P}(94\le X\le 110)=0.9270$이다. (　　)

07 연속확률변수 X가 정규분포 $\mathrm{N}(20, 4^2)$을 따르고, 함수 $f(k)$가 $f(k)=\mathrm{P}(k-8\le X\le k)$이면

$f(12)=f(36)$이다. (　　)

08 한 개의 주사위를 72번 던져서 3의 배수의 눈이 30번 이상 36번 이하로 나올 확률은 $\frac{1}{2}\mathrm{P}(0\le Z\le 3)$이다.

(　　)

09 모표준편차가 14인 모집단에서 크기가 49인 표본을 임의추출하여 구한 표본평균을 $\overline{X}$에 대하여

$\sigma(\overline{X})=2$이다. (　　)

10 정규분포를 따르는 모집단에서 표본을 임의추출할 때, 신뢰도가 일정하면 표본의 크기가 작을수록 신뢰구간이 짧아진다. (　　)

step 1

어려운 쉬운
3점·4점 유형 정복하기

수능유형 01 이산확률변수와 확률질량함수

143 대표 기출

•학평 기출•

이산확률변수 X의 확률분포를 표로 나타내면 다음과 같다.

X	1	2	3	합계
$\mathrm{P}(X=x)$	a	$a+\frac{1}{4}$	$a+\frac{1}{2}$	1

$\mathrm{P}(X\leq 2)$의 값은? [3점]

① $\frac{1}{4}$ ② $\frac{7}{24}$ ③ $\frac{1}{3}$

④ $\frac{3}{8}$ ⑤ $\frac{5}{12}$

핵심개념 & 연관개념

핵심개념 / 확률질량함수

이산확률변수 X의 확률질량함수가
$\mathrm{P}(X=x_i)=p_i\ (i=1, 2, 3, \cdots, n)$일 때
(1) $0\leq p_i\leq 1$
(2) $p_1+p_2+p_3+\cdots+p_n=1$

144 변형 유제

이산확률변수 X가 가질 수 있는 값은 1, 2, 3, 4, 5이고

$$\mathrm{P}(X=k)=\mathrm{P}(X=k+3)\ (k=1, 2)$$

이다. $\mathrm{P}(1\leq X\leq 2)=\frac{2}{5}$, $\mathrm{P}(3\leq X\leq 4)=\frac{3}{10}$일 때, $\mathrm{P}(1<X\leq 3)$의 값은?

① $\frac{3}{10}$ ② $\frac{2}{5}$ ③ $\frac{1}{2}$

④ $\frac{3}{5}$ ⑤ $\frac{7}{10}$

145 실전 예상

주머니 속에 검은 구슬 3개, 흰 구슬 2개가 들어 있다. 이 주머니에서 임의로 3개의 구슬을 동시에 꺼내어 색을 확인한 후 다시 주머니에 넣는다. 이와 같은 시행을 2회 반복하여 꺼낸 구슬 중에 검은 구슬의 개수의 합을 X라 하자. $\mathrm{P}(X<4)$의 값은?

① $\frac{2}{5}$ ② $\frac{9}{20}$ ③ $\frac{1}{2}$

④ $\frac{11}{20}$ ⑤ $\frac{3}{5}$

146 실전 예상

1, 2, 3, 4가 하나씩 적혀 있는 공이 각각 2개씩 모두 8개의 공이 들어 있는 주머니에서 2개의 공을 임의로 동시에 꺼낼 때, 꺼낸 공에 적혀 있는 두 수 중 작지 않은 수를 확률변수 X라 하자. $\mathrm{P}(X^2-5X+4=0)$의 값은?

① $\frac{1}{6}$ ② $\frac{1}{3}$ ③ $\frac{1}{2}$

④ $\frac{2}{3}$ ⑤ $\frac{5}{6}$

수능유형 02 이산확률변수의 평균(기댓값), 분산, 표준편차(1) – 빈칸 추론

147 대표 기출

•학평 기출•

한 개의 주사위를 세 번 던질 때 나오는 눈의 수를 차례로 a, b, c라 하자. $a+b+c$의 값을 확률변수 X라 할 때, 다음은 확률변수 X의 평균 $\mathrm{E}(X)$를 구하는 과정이다.

> $3 \le a+b+c \le 18$이므로 확률변수 X가 가질 수 있는 값은 3, 4, 5, $\cdots$, 18이다.
> a, b, c가 각각 6 이하의 자연수이므로 $7-a$, $7-b$, $7-c$는 각각 6 이하의 자연수이다.
> $3 \le k \le 18$인 자연수 k에 대하여
> $a+b+c=k$일 확률 $\mathrm{P}(X=k)$와
> $(7-a)+(7-b)+(7-c)=k$일 확률
> $\mathrm{P}(X=3\times$ (가) $-k)$는 서로 같다.
> 그러므로 확률변수 X의 평균 $\mathrm{E}(X)$는
> $\mathrm{E}(X)=\sum_{k=3}^{18}\{k\times\mathrm{P}(X=k)\}$
> $=3\times\mathrm{P}(X=3)+4\times\mathrm{P}(X=4)+5\times\mathrm{P}(X=5)$
> $+\cdots+17\times\mathrm{P}(X=17)+18\times\mathrm{P}(X=18)$
> $=$ (나) $\times\sum_{k=3}^{10}\mathrm{P}(X=k)$
> 이때 확률질량함수의 성질에 의하여 $\sum_{k=3}^{18}\mathrm{P}(X=k)=1$이므로
> $\sum_{k=3}^{10}\mathrm{P}(X=k)=$ (다) 이다.
> 따라서 $\mathrm{E}(X)=$ (나) $\times$ (다)

위의 (가), (나), (다)에 알맞은 수를 각각 p, q, r라 할 때, $\frac{p+q}{r}$의 값은? [4점]

① 49　② $\frac{105}{2}$　③ 56　④ $\frac{119}{2}$　⑤ 63

핵심개념 & 연관개념

핵심개념/ 이산확률변수의 평균
이산확률변수 X의 확률질량함수가
$\mathrm{P}(X=x_i)=p_i\ (i=1, 2, 3, \cdots, n)$일 때

$$\mathrm{E}(X)=x_1p_1+x_2p_2+x_3p_3+\cdots+x_np_n=\sum_{i=1}^{n}x_ip_i$$

148 변형 유제

흰 공 2개와 검은 공 3개가 들어 있는 주머니에서 임의로 공을 한 개씩 꺼내어 공의 색을 확인한다. 흰 공 2개를 모두 꺼낼 때까지 공을 꺼냈을 때, 주머니에 남아 있는 검의 공의 개수를 확률변수 X라 하자. 다음은 $\mathrm{V}(X)$을 구하는 과정이다.

(단, 꺼낸 공은 다시 넣지 않는다.)

> 확률변수 X가 가질 수 있는 값은 0, 1, 2, 3이다.
> (i) 주머니에 검은 공이 남아 있지 않은 경우
> 네 번째까지 검은 공 3개와 흰 공 1개가 나오고 다섯 번째에 흰 공이 나오므로
> $\mathrm{P}(X=0)=\frac{{}_3\mathrm{C}_3\times{}_2\mathrm{C}_1}{{}_5\mathrm{C}_4}$
> (ii) 주머니에 검은 공이 1개 남아 있는 경우
> 세 번째까지 검은 공 2개와 흰 공 1개가 나오고 네 번째에 흰 공이 나오면 되므로
> $\mathrm{P}(X=1)=\frac{{}_3\mathrm{C}_2\times{}_2\mathrm{C}_1}{{}_5\mathrm{C}_3}\times$ (가)
> (iii) 주머니에 검은 공이 2개 남아 있는 경우
> 두 번째까지 검은 공 1개와 흰 공 1개가 나오고 세 번째에 흰 공이 나오면 되므로
> $\mathrm{P}(X=2)=$ (나)
> (iv) 주머니에 검은 공이 3개 남은 경우
> 두 번째까지 흰 공 2개가 나오면 되므로
> $\mathrm{P}(X=3)=\frac{{}_2\mathrm{C}_2}{{}_5\mathrm{C}_2}$
> 따라서 $\mathrm{V}(X)=$ (다)

위의 (가), (나), (다)에 알맞은 수를 각각 a, b, c라 할 때, $a+b+c$의 값은?

① $\frac{11}{10}$　② $\frac{13}{10}$　③ $\frac{3}{2}$　④ $\frac{17}{10}$　⑤ $\frac{19}{10}$

149 실전 예상

1부터 4까지의 자연수가 하나씩 적힌 공이 들어 있는 주머니에서 한 개의 공을 임의로 꺼내어 숫자를 확인한 후 다시 넣는 시행을 세 번 반복할 때, 꺼낸 공에 적힌 수를 차례로 a, b, c라 하고 다음과 같은 규칙으로 정해진 M의 값을 확률변수 X라 하자.

> [규칙 1] a, b, c가 모두 다르면 크기가 가장 작은 수를 M이라 한다.
> [규칙 2] a, b, c 중에서 같은 수가 있으면 그 같은 수를 M이 한다.

다음은 확률변수 X의 평균 $\mathrm{E}(X)$를 구하는 과정이다.

> 확률변수 X가 가질 수 있는 값은 1, 2, 3, 4이고 a, b, c의 값을 정하는 경우의 수는 $4^3=64$이다.
> (i) $X=1$인 사건
> [규칙 1]의 경우의 수는 18이고
> [규칙 2]의 경우의 수는 (가) 이므로
> $\mathrm{P}(X=1)=$ (나)
> (ii) $X=2$인 사건
> [규칙 1], [규칙 2]에 의하여 이 경우의 수는
> $3!+{}_3\mathrm{C}_1\times\frac{3!}{2!}+1$이므로
> $\mathrm{P}(X=2)=\frac{1}{4}$
> (iii) $X=3$인 사건
> [규칙 2]에 의하여 $\mathrm{P}(X=3)=$ (다)
> (iv) $X=4$인 사건
> (iii)과 마찬가지로 구하면 $\mathrm{P}(X=4)=$ (다)
> 따라서 $\mathrm{E}(X)=$ (라)

위의 (가), (나), (다), (라)에 알맞은 수를 각각 a, b, c, d라 할 때, $a+b+c+d$의 값은?

① $\frac{99}{8}$ ② $\frac{25}{2}$ ③ $\frac{101}{8}$ ④ $\frac{51}{4}$ ⑤ $\frac{103}{8}$

150 실전 예상

확률변수 X의 확률분포를 표로 나타내면 다음과 같다.

X	-1.425	-1.325	-1.225	-1.125	합계
$\mathrm{P}(X=x)$	a	a	$\frac{1}{2}$	b	1

다음은 $\mathrm{E}(X)=-\frac{6}{5}$일 때, $\mathrm{V}(X)$를 구하는 과정이다.

> $Y=10X+12.25$라 하자.
> 확률변수 Y의 확률분포를 표로 나타내면 다음과 같다.
>
> | Y | -2 | -1 | 0 | 1 | 합계 |
> |---|---|---|---|---|---|
> | $\mathrm{P}(Y=y)$ | a | a | $\frac{1}{2}$ | b | 1 |
>
> $Y=10X+12.25$에서
> $\mathrm{E}(Y)=$ (가) 이므로 $\mathrm{V}(Y)=$ (나) 이다.
> 한편, $\mathrm{V}(Y)=$ (다) $\times\mathrm{V}(X)$이므로
> $\mathrm{V}(X)=\frac{1}{(다)}\times$ (나) 이다.

위의 (가), (나), (다)에 알맞은 수를 각각 p, q, r라 할 때, $(p+q)\times r$의 값은? (단, a, b는 상수이다.)

① $\frac{335}{4}$ ② 84 ③ $\frac{337}{4}$ ④ $\frac{169}{2}$ ⑤ $\frac{339}{4}$

수능유형 03 이산확률변수의 평균(기댓값), 분산, 표준편차 (2)

151 대표 기출

• 모평 기출 •

두 이산확률변수 X, Y의 확률분포를 표로 나타내면 각각 다음과 같다.

X	1	3	5	7	9	합계
$\mathrm{P}(X=x)$	a	b	c	b	a	1

Y	1	3	5	7	9	합계
$\mathrm{P}(Y=y)$	$a+\frac{1}{20}$	b	$c-\frac{1}{10}$	b	$a+\frac{1}{20}$	1

$\mathrm{V}(X)=\frac{31}{5}$일 때, $10\times\mathrm{V}(Y)$의 값을 구하시오. [4점]

핵심개념 & 연관개념

핵심개념 / (1) 이산확률변수 X의 분산과 표준편차

$\mathrm{V}(X)=\mathrm{E}(X^2)-\{\mathrm{E}(X)\}^2$, $\sigma(X)=\sqrt{\mathrm{V}(X)}$

(2) 확률변수 $aX+b$의 평균, 분산, 표준편차

확률변수 X와 임의의 두 상수 a, b $(a\neq0)$에 대하여

$\mathrm{E}(aX+b)=a\mathrm{E}(X)+b$

$\mathrm{V}(aX+b)=a^2\mathrm{V}(X)$

$\sigma(aX+b)=|a|\sigma(X)$

152 변형 유제

두 확률변수 X, Y의 확률분포를 표로 나타내면 각각 다음과 같다.

X	1	2	3	4	합계
$\mathrm{P}(X=x)$	a	b	c	d	1

Y	8	11	14	17	합계
$\mathrm{P}(Y=y)$	d	c	b	a	1

$\mathrm{E}(X)=2$, $\mathrm{V}(Y)=45$일 때, $\mathrm{E}(Y)+\mathrm{E}(X^2)$의 값은?

① 21 ② 23 ③ 25 ④ 27 ⑤ 29

153 실전 예상

두 이산확률변수 X와 Y가 갖는 값이 각각 1부터 10까지의 자연수이고

$$\mathrm{P}(Y=k)=a\,\mathrm{P}(X=k)+b\ (k=1,\ 2,\ 3,\ \cdots,\ 10)$$

이다. $\mathrm{E}(X)=4$, $\mathrm{E}(Y)=3$일 때, $a+b$의 값은?

(단, a, b는 상수이다.)

① $\frac{22}{15}$ ② $\frac{23}{15}$ ③ $\frac{8}{5}$ ④ $\frac{5}{3}$ ⑤ $\frac{26}{15}$

154 실전 예상

1학년 4명과 2학년 2명을 임의로 한 줄로 세우고 앞에서부터 1, 2, 3, 4, 5, 6의 번호를 부여한다고 한다. 1학년이 받은 번호 중 가장 작은 수를 X라 할 때, $\mathrm{E}(aX-3)=4$가 되도록 하는 상수 a의 값은?

① 1 ② 2 ③ 3 ④ 4 ⑤ 5

수능유형 04 이항분포를 이용한 평균과 분산, 표준편차

155 대표 기출

•학평 기출•

이항분포 $\mathrm{B}\left(n,\ \frac{1}{2}\right)$을 따르는 확률변수 X에 대하여 $\mathrm{V}(2X+1)=15$일 때, n의 값을 구하시오. [3점]

핵심개념 & 연관개념

핵심개념 / (1) 이항분포

한 번의 시행에서 사건 A가 일어날 확률이 p로 일정할 때, n번의 독립시행에서 사건 A가 일어나는 횟수를 X라 하면 확률변수 X가 가질 수 있는 값은 0, 1, 2, $\cdots$, n이고, 그 확률질량함수는 다음과 같다.

$$\mathrm{P}(X=x)={}_{n}\mathrm{C}_{x}p^{x}q^{n-x}$$

(단, $x=0,\ 1,\ 2,\ \cdots,\ n$, $q=1-p$)

이와 같은 확률분포를 이항분포라 하고 기호로 $\mathrm{B}(n,\ p)$와 같이 나타낸다.

(2) 이항분포를 따르는 확률변수의 평균, 분산, 표준편차

확률변수 X가 이항분포 $\mathrm{B}(n,\ p)$를 따를 때

① 평균: $\mathrm{E}(X)=np$

② 분산: $\mathrm{V}(X)=npq$ (단, $q=1-p$)

③ 표준편차: $\sigma(X)=\sqrt{npq}$ (단, $q=1-p$)

156 변형 유제

이항분포 $\mathrm{B}\left(n,\ \frac{1}{4}\right)$을 따르는 확률변수 X에 대하여 $\mathrm{V}\left(\frac{2}{3}X+2\right)=3$일 때, $\mathrm{E}(X)$의 값은?

① 8 ② 9 ③ 10 ④ 10 ⑤ 11

157 실전 예상

확률변수 X의 확률질량함수가

$$\mathrm{P}(X=x)={}_{80}\mathrm{C}_{x}\left(\frac{1}{4}\right)^{x}\left(\frac{3}{4}\right)^{80-x}\ (x=0,\ 1,\ 2,\ \cdots,\ 80)$$

일 때, $\sum_{k=0}^{80}(k^2-k)\mathrm{P}(X=k)$의 값을 구하시오.

158 실전 예상

확률변수 X가 이항분포 $\mathrm{B}(5,\ p)$를 따를 때,

$$\mathrm{V}(X)=125\,\mathrm{P}(X=1)$$

이 성립한다. $\mathrm{E}(aX+3)=5$일 때, 상수 a의 값은?

(단, $0<p<1$)

① $\frac{1}{2}$ ② 1 ③ $\frac{3}{2}$ ④ 2 ⑤ $\frac{5}{2}$

○ 정답과 해설 42쪽

수능유형 05 이항분포를 이용한 평균과 분산, 표준편차의 활용

159 대표 기출

•수능 기출•

동전 2개를 동시에 던지는 시행을 10회 반복할 때, 동전 2개 모두 앞면이 나오는 횟수를 확률변수 X라고 하자. 확률변수 $4X+1$의 분산 $\mathrm{V}(4X+1)$의 값을 구하시오. [3점]

핵심개념 & 연관개념

핵심개념 / 이항분포의 활용

한 번의 시행에서 어떤 사건이 일어날 확률이 p일 때, n번의 독립시행에서 이 사건이 일어나는 횟수를 확률변수 X라 하면 X는 이항분포 $\mathrm{B}(n, p)$를 따른다.

160 변형 유제

사과 맛 음료수 3병, 포도 맛 음료수 4병으로 구성된 선물 상자 98개가 있다. 각 선물 상자에서 임의로 음료수 2병씩 선택할 때, 사과 맛 음료수만 선택된 선물 상자의 수를 확률변수 X라 하자. $\sigma(X)$의 값은?

① 2 ② $\sqrt{6}$ ③ $2\sqrt{2}$
④ $\sqrt{10}$ ⑤ $2\sqrt{3}$

161 실전 예상

각 면에 1부터 4까지의 자연수가 하나씩 적혀 있는 정사면체 모양의 주사위 2개가 있다. 이 2개의 주사위를 동시에 던지는 시행을 128회 반복할 때, 각 주사위의 바닥에 놓인 면에 적힌 수의 합이 4의 배수가 되는 횟수를 확률변수 X라 하자.
$\mathrm{E}\left(\frac{1}{2}X\right)+\mathrm{V}\left(\frac{1}{2}X\right)$의 값은?

① 20 ② 21 ③ 22
④ 23 ⑤ 24

162 실전 예상

36명의 학생이 각각 주사위 한 개를 동시에 한 번씩 던지는 시행을 한다. 이 시행에서 5의 약수의 눈이 나오면 3점을 얻고, 그렇지 않으면 -2점을 얻는다. 이 시행을 한 번 한 후 36명의 학생이 얻은 점수의 합을 확률변수 X라 할 때, $\mathrm{V}(X)$의 값을 구하시오.

수능유형 06 확률밀도함수에서의 확률(1) - 함수가 1개일 때

163 대표 기출

•수능 기출•

연속확률변수 X가 갖는 값의 범위는 $0\le X\le 2$이고, X의 확률밀도함수의 그래프가 그림과 같을 때, $\mathrm{P}\left(\frac{1}{3}\le X\le a\right)$의 값은?

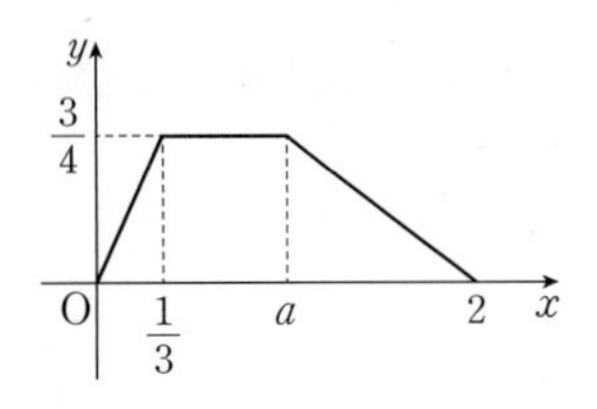

(단, a는 상수이다.) [3점]

① $\frac{11}{16}$ ② $\frac{5}{8}$ ③ $\frac{9}{16}$

④ $\frac{1}{2}$ ⑤ $\frac{7}{16}$

핵심개념 & 연관개념

핵심개념/ 확률밀도함수의 성질

$a\le x\le b$에서 정의된 확률밀도함수 $f(x)$에 대하여

(1) 함수 $y=f(x)$의 그래프와 x축 및 두 직선 $x=a$, $x=b$로 둘러싸인 부분의 넓이는 1이다.

(2) $\mathrm{P}(\alpha\le X\le\beta)$는 함수 $y=f(x)$의 그래프와 x축 및 두 직선 $x=\alpha$, $x=\beta$로 둘러싸인 부분의 넓이와 같다.

(단, $a\le\alpha\le\beta\le b$)

164 변형 유제

양수 a에 대하여 연속확률변수 X가 갖는 값의 범위가 $0\le X\le a+3$이고 확률변수 X의 확률밀도함수 $y=f(x)$의 그래프가 그림과 같다.

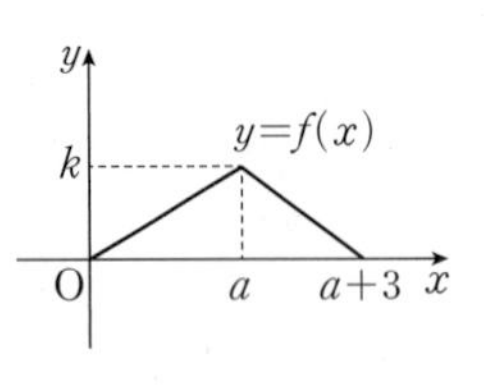

$\mathrm{P}\left(\frac{a}{2}\le X\le a\right)=\frac{9}{16}$일 때, $a+k$의 값은? (단, k는 상수이다.)

① $\frac{43}{6}$ ② $\frac{23}{3}$ ③ $\frac{49}{6}$

④ $\frac{26}{3}$ ⑤ $\frac{55}{6}$

수능유형 07 확률밀도함수에서의 확률(2) - 함수가 2개일 때

165 대표 기출

•수능 기출•

두 연속확률변수 X와 Y가 갖는 값의 범위는 $0\le X\le 6$, $0\le Y\le 6$이고, X와 Y의 확률밀도함수는 각각 $f(x)$, $g(x)$이다. 확률변수 X의 확률밀도함수 $f(x)$의 그래프는 그림과 같다.

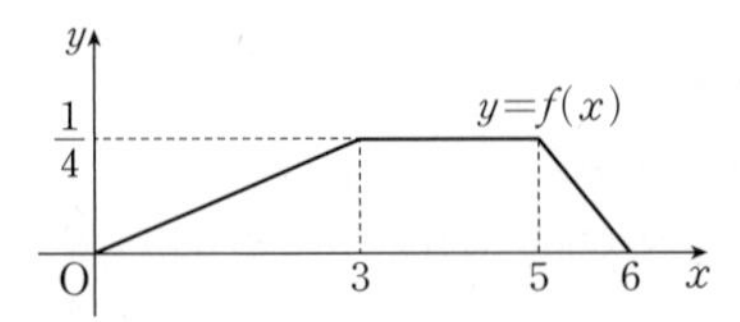

$0\le x\le 6$인 모든 x에 대하여

$f(x)+g(x)=k$ (k는 상수)

를 만족시킬 때, $\mathrm{P}(6k\le Y\le 15k)=\frac{q}{p}$이다. $p+q$의 값을 구하시오. (단, p와 q는 서로소인 자연수이다.) [4점]

핵심개념 & 연관개념

핵심개념/ 확률밀도함수에서의 확률

확률밀도함수에서의 확률을 구할 때는 함수의 그래프와 직선으로 둘러싸인 부분의 넓이를 구하기 쉬운 다각형으로 나누어 넓이의 합을 구한다.

166 변형 유제

두 연속확률변수 X와 Y가 갖는 값의 범위가 $0\le X\le 2$, $0\le Y\le 2$이고, X와 Y의 확률밀도함수는 각각 $f(x)$, $g(x)$이다.

$$f(x)=\begin{cases} x & (0\le x<1) \\ -x+2 & (1\le x\le 2) \end{cases}$$

이고 $0\le x\le 2$인 모든 x에 대하여 $f(x)+g(x)=a$가 성립할 때, $\mathrm{P}\left(k\le X\le k+\frac{1}{2}\right)-\mathrm{P}\left(k\le Y\le k+\frac{1}{2}\right)$의 최댓값은 $\frac{q}{p}$이다. $p+q$의 값을 구하시오.

(단, a, k는 상수이고, p와 q는 서로소인 자연수이다.)

수능유형 08 정규분포와 표준정규분포(1) - 정규분포곡선의 성질 이용

167 대표 기출

•학평 기출•

확률변수 X가 정규분포 $\mathrm{N}(5,\ 2^2)$을 따를 때, 등식

$$\mathrm{P}(X\le 9-2a)=\mathrm{P}(X\ge 3a-3)$$

을 만족시키는 상수 a에 대하여 $\mathrm{P}(9-2a\le X\le 3a-3)$의 값을 오른쪽 표준정규분포표를 이용하여 구한 것은? [3점]

z	$\mathrm{P}(0\le Z\le z)$
1.0	0.3413
1.5	0.4332
2.0	0.4772
2.5	0.4938

① 0.7745 ② 0.8664 ③ 0.9104 ④ 0.9544 ⑤ 0.9876

핵심개념 & 연관개념

핵심개념 / 정규분포의 표준화

확률변수 X가 정규분포 $\mathrm{N}(m,\ \sigma^2)$ $(\sigma>0)$을 따를 때,

확률변수 $Z=\dfrac{X-m}{\sigma}$은 표준정규분포 $\mathrm{N}(0,\ 1)$을 따르므로

$$\mathrm{P}(a\le X\le b)=\mathrm{P}\left(\frac{a-m}{\sigma}\le Z\le \frac{b-m}{\sigma}\right)$$

168 변형 유제

확률변수 X는 평균이 32, 표준편차가 σ인 정규분포를 따르고, 확률변수 Z는 표준정규분포를 따른다.

$\mathrm{P}(X\le 40)=\mathrm{P}(Z\ge -2)$일 때, $\mathrm{P}(X\le 26)$의 값을 오른쪽 표준정규분포표를 이용하여 구한 것은?

z	$\mathrm{P}(0\le Z\le z)$
1.0	0.3413
1.5	0.4332
2.0	0.4772
2.5	0.4938

① 0.0062 ② 0.0228 ③ 0.0456 ④ 0.0668 ⑤ 0.1587

169 실전 예상

확률변수 X가 평균이 6인 정규분포를 따를 때, $\sum_{k=0}^{12}\mathrm{P}(X\ge k)$의 값은?

① $\dfrac{9}{2}$ ② 5 ③ $\dfrac{11}{2}$ ④ 6 ⑤ $\dfrac{13}{2}$

170 실전 예상

확률변수 X가 정규분포 $\mathrm{N}(m,\ \sigma^2)$을 따르고, 다음 조건을 만족시킨다.

> (가) $\mathrm{P}(X\le 85)=\mathrm{P}(X\ge 115)$
> (나) $\mathrm{P}(X\le 106)=0.8413$

$\mathrm{P}(97\le X\le 112)$의 값을 오른쪽 표준정규분포표를 이용하여 구한 것은?

z	$\mathrm{P}(0\le Z\le z)$
0.5	0.1915
1.0	0.3413
1.5	0.4332
2.0	0.4772

① 0.5328 ② 0.6247 ③ 0.6687 ④ 0.7745 ⑤ 0.8185

수능유형 09 정규분포와 표준정규분포 (2) - 확률변수가 2개일 때

171 대표 기출

•수능 기출•

확률변수 X는 평균이 8, 표준편차가 3인 정규분포를 따르고, 확률변수 Y는 평균이 m, 표준편차가 σ인 정규분포를 따른다. 두 확률변수 X, Y가 $P(4 \le X \le 8) + P(Y \ge 8) = \frac{1}{2}$을 만족시킬 때, $P\left(Y \le 8 + \frac{2\sigma}{3}\right)$의 값을 오른쪽 표준정규분포표를 이용하여 구한 것은? [4점]

z	$P(0 \le Z \le z)$
1.0	0.3413
1.5	0.4332
2.0	0.4772
2.5	0.4938

① 0.8351 ② 0.8413 ③ 0.9332 ④ 0.9772 ⑤ 0.9938

핵심개념 & 연관개념

핵심개념 정규분포를 따르는 두 확률변수의 표준화

확률변수 X, Y가 각각 정규분포 $N(m_1, \sigma_1)$, $N(m_2, \sigma_2)$를 따를 때,

$$Z_X = \frac{X - m_1}{\sigma_1},\ Z_Y = \frac{Y - m_2}{\sigma_2}$$

로 각각 표준화하면 Z_X, Z_Y는 모두 표준정규분포를 따름을 이용하여 확률을 구한다.

172 변형 유제

어느 공장에서 생산되는 건전지 A의 수명은 평균이 m, 표준편차가 2인 정규분포를 따르고, 건전지 B의 수명은 평균이 $2m$, 표준편차가 4인 정규분포를 따른다. 건전지 A의 수명과 건전지 B의 수명을 각각 확률변수 X, Y라 할 때,

$$P(X \ge 48) + P(Y \ge 48) = 1$$

을 만족시킨다. $P(Y \ge 80)$의 값을 오른쪽 표준정규분포표를 이용하여 구한 것은? (단, 건전지의 수명의 단위는 시간이다.)

z	$P(0 \le Z \le z)$
1.0	0.3413
1.5	0.4332
2.0	0.4772
2.5	0.4938

① 0.0062 ② 0.0228 ③ 0.0668 ④ 0.1587 ⑤ 0.1742

173 실전 예상

확률변수 X는 정규분포 $N(3, 2^2)$, 확률변수 Y는 정규분포 $N(5, \sigma^2)$을 따른다.

$$P(0 \le X \le 5) = P(3 \le Y \le 8)$$

을 만족시키는 양수 σ의 값은?

① 1 ② $\frac{3}{2}$ ③ 2 ④ $\frac{5}{2}$ ⑤ 3

174 실전 예상

확률변수 X는 정규분포 $N(16, a^2)$을 따르고, 확률변수 Y는 정규분포 $N(20, b^2)$을 따를 때, 두 확률변수 X, Y가 다음 조건을 만족시킨다.

(가) $P(10 \le X \le 16) = P(20 \le Y \le 23)$
(나) $P(16 \le X \le 28) + P(14 \le Y \le 20) = 0.8664$

$P(16 \le X \le 16 + b) + P(20 \le Y \le 20 + a)$의 값을 다음 표준정규분포표를 이용하여 구한 것은? (단, a, b는 양수이다.)

z	$P(0 \le Z \le z)$
0.5	0.1915
1.0	0.3413
1.5	0.4332
2.0	0.4772

① 0.6687 ② 0.7745 ③ 0.8185 ④ 0.8664 ⑤ 0.9104

○ 정답과 해설 44쪽

수능유형 10 정규분포와 표준정규분포의 활용

175 대표 기출

• 수능 기출 •

어느 농장에서 수확하는 파프리카 1개의 무게는 평균이 180 g, 표준편차가 20 g인 정규분포를 따른다고 한다. 이 농장에서 수확한 파프리카 중에서 임의로 선택한 파프리카 1개의 무게가 190 g 이상이고 210 g 이하일 확률을 오른쪽 표준정규분포표를 이용하여 구한 것은? [3점]

z	$\mathrm{P}(0 \le Z \le z)$
0.5	0.1915
1.0	0.3413
1.5	0.4332
2.0	0.4772

① 0.0440 ② 0.0919 ③ 0.1359
④ 0.1498 ⑤ 0.2417

핵심개념 & 연관개념

핵심개념 / 정규분포와 표준정규분포의 실생활에의 활용
주어진 상황에서 확률변수 X와 X가 따르는 정규분포를 구한 다음 표준정규분포를 따르는 확률변수 Z로 표준화하여 확률을 구한다.

176 변형 유제

어느 공장에서 생산하는 자전거 1대의 무게는 평균이 6.8 kg, 표준편차가 0.2 kg인 정규분포를 따른다고 한다. 이 공장에서 생산한 자전거 중 임의로 1대를 선택할 때, 이 자전거의 무게가 6.6 kg 이상이고 7.2 kg 이하일 확률을 오른쪽 표준정규분포표를 이용하여 구한 것은?

z	$\mathrm{P}(0 \le Z \le z)$
0.5	0.1915
1.0	0.3413
1.5	0.4332
2.0	0.4772

① 0.5328 ② 0.6247 ③ 0.6687
④ 0.7745 ⑤ 0.8185

177 실전 예상

어느 농장에서 재배하여 수확한 고구마 1개의 무게는 평균이 100 g, 표준편차가 8 g인 정규분포를 따른다고 한다. 이 농장에서 수확한 고구마 중에서 임의로 1개를 선택할 때, 이 고구마의 무게가 108 g 이상이고 a g 이하일 확률이 0.1525이다. 상수 a의 값을 오른쪽 표준정규분포표를 이용하여 구한 것은?

z	$\mathrm{P}(0 \le Z \le z)$
1.0	0.3413
1.5	0.4332
2.0	0.4772
2.5	0.4938

① 112 ② 116 ③ 120
④ 124 ⑤ 128

178 실전 예상

학생이 200명인 어느 고등학교의 각 학생의 수학 성적은 평균이 75점, 표준편차가 5점인 정규분포를 따른다고 한다. 이 고등학교의 학생 200명의 수학 성적을 높은 점수부터 낮은 점수 순으로 차례대로 순서를 매겨 32명의 학생에게 A학점을 주려 한다. A학점을 받은 학생들의 최저 점수를 오른쪽 표준정규분포표를 이용하여 구한 것은?

z	$\mathrm{P}(0 \le Z \le z)$
1.0	0.34
1.5	0.43
2.0	0.80

① 78점 ② 80점 ③ 82점
④ 84점 ⑤ 86점

수능유형 11 표본평균의 평균, 분산, 표준편차

179 대표 기출

•모평 기출•

어느 모집단의 확률변수 X의 확률분포가 다음 표와 같다.

X	0	2	4	합계
$\mathrm{P}(X=x)$	$\frac{1}{6}$	a	b	1

$\mathrm{E}(X^2)=\frac{16}{3}$일 때, 이 모집단에서 임의추출한 크기가 20인 표본의 표본평균 $\overline{X}$에 대하여 $\mathrm{V}(\overline{X})$의 값은? [3점]

① $\frac{1}{60}$ ② $\frac{1}{30}$ ③ $\frac{1}{20}$ ④ $\frac{1}{15}$ ⑤ $\frac{1}{12}$

핵심개념 & 연관개념

핵심개념 / 표본평균의 평균, 분산, 표준편차

모평균이 m, 모표준편차가 σ인 모집단에서 크기가 n인 표본을 임의추출할 때, 표본평균 $\overline{X}$에 대하여

$$\mathrm{E}(\overline{X})=m,\ \mathrm{V}(\overline{X})=\frac{\sigma^2}{n},\ \sigma(\overline{X})=\frac{\sigma}{\sqrt{n}}$$

180 변형 유제

어느 모집단의 확률분포를 표로 나타내면 다음과 같다.

X	-2	0	1	합계
$\mathrm{P}(X=x)$	a	$\frac{1}{3}$	b	1

$\mathrm{E}(X)=\frac{1}{6}$일 때, 이 모집단에서 크기가 4인 표본을 임의추출하여 구한 표본평균 $\overline{X}$에 대하여 $\mathrm{V}(\overline{X})$의 값은?

① $\frac{41}{144}$ ② $\frac{7}{24}$ ③ $\frac{43}{144}$ ④ $\frac{11}{36}$ ⑤ $\frac{5}{16}$

181 실전 예상

모평균이 양수이고 모표준편차가 8인 모집단에서 임의추출한 크기가 16인 표본의 표본평균을 $\overline{X}$라 하자. 모집단의 확률변수를 X라 할 때, $\mathrm{E}(X^2)+\mathrm{E}(\overline{X})=84$이다. $\mathrm{E}(\overline{X}^2)$의 값은?

① 12 ② 14 ③ 16 ④ 18 ⑤ 20

182 실전 예상

주머니에 숫자 2가 적혀 있는 공이 1개, 숫자 4가 적혀 있는 공이 2개, 숫자 6이 적혀 있는 공이 5개 들어 있다. 이 주머니에서 임의로 1개의 공을 꺼내어 공에 적혀 있는 수를 확인하고 다시 넣는 시행을 한다. 이 시행을 8번 반복할 때, 확인한 8개의 공에 적혀 있는 수의 평균을 $\overline{X}$라 하자. $\mathrm{V}(2\overline{X})$의 값은?

① $\frac{1}{2}$ ② 1 ③ $\frac{3}{2}$ ④ 2 ⑤ $\frac{5}{2}$

수능유형 12 표본평균의 확률 UP

183 대표 기출

• 모평 기출 •

어느 지역 신생아의 출생 시 몸무게 X가 정규분포를 따르고

$$P(X \geq 3.4)=\frac{1}{2},\ P(X \leq 3.9)+P(Z \leq -1)=1$$

이다. 이 지역 신생아 중에서 임의추출한 25명의 출생 시 몸무게의 표본평균을 $\overline{X}$라 할 때, $P(\overline{X} \geq 3.55)$의 값을 오른쪽 표준정규분포표를 이용하여 구한 것은? (단, 몸무게의 단위는 kg이고, Z는 표준정규분포를 따르는 확률변수이다.) [4점]

z	$P(0 \leq Z \leq z)$
1.0	0.3413
1.5	0.4332
2.0	0.4772
2.5	0.4938

① 0.0062 ② 0.0228 ③ 0.0668
④ 0.1587 ⑤ 0.3413

핵심개념 & 연관개념

핵심개념 / 표본평균의 분포

정규분포 $N(m, \sigma^2)$을 따르는 모집단에서 임의추출한 크기가 n인 표본의 표본평균 $\overline{X}$는 정규분포 $N\left(m, \frac{\sigma^2}{n}\right)$을 따른다.

184 변형 유제

어느 독서실 이용객의 이용 시간 X가 평균이 자연수인 정규분포를 따르고 $P(X \leq 3)+P(4 \leq X \leq 5)=\frac{1}{2}$,

$P(X \leq 3.5)+P(Z \geq -0.25)=1$이다. 이 독서실 이용객 중 임의추출한 16명의 독서실 이용 시간의 표본평균을 $\overline{X}$라 할 때, $P(\overline{X} \geq 3.75)$의 값을 오른쪽 표준정규분포표를 이용하여 구한 것은? (단, 이용 시간의 단위는 시간이고, Z는 표준정규분포를 따르는 확률변수이다.)

z	$P(0 \leq Z \leq z)$
0.5	0.1915
1.0	0.3413
1.5	0.4332
2.0	0.4772

① 0.6915 ② 0.8185 ③ 0.8413
④ 0.9332 ⑤ 0.9772

185 실전 예상

어느 식당의 대기 시간은 평균이 32분, 표준편차가 4분인 정규분포를 따른다고 한다. 이 식당의 손님 중 임의추출한 4명의 대기 시간의 평균이 36분 이상일 확률을 오른쪽 표준정규분포표를 이용하여 구한 것은?

z	$P(0 \leq Z \leq z)$
0.5	0.1915
1.0	0.3413
1.5	0.4332
2.0	0.4772

① 0.0228 ② 0.0668 ③ 0.1587
④ 0.1915 ⑤ 0.3085

186 실전 예상

어느 농장에서 생산되는 자두 1개의 무게는 평균이 194 g, 표준편차가 8 g인 정규분포를 따른다고 한다. 이 농장에서는 자두 4개를 한 상자에 담아 상품으로 판매한다. 이 농장에서 생산하는 자두 상자 중에서 임의로 택한 한 상자의 무게가 800 g 이하일 확률을 오른쪽 표준정규분포표를 이용하여 구한 것은? (단, 상자의 무게는 고려하지 않는다.)

z	$P(0 \leq Z \leq z)$
0.5	0.1915
1.0	0.3413
1.5	0.4332
2.0	0.4772

① 0.6915 ② 0.7745 ③ 0.8413
④ 0.9104 ⑤ 0.9332

187 실전 예상

어느 커피 전문점을 방문하는 고객들이 매장 내에서 머무르는 시간은 평균이 m시간, 표준편차가 0.5시간인 정규분포를 따른다고 한다. 고객 중 임의추출한 25명이 매장 내에서 머무는 시간의 표본평균이 2.4시간 이상일 확률을 오른쪽 표준정규분포표를 이용하여 구한 값이 0.9772일 때, m의 값은?

z	$\mathrm{P}(0 \le Z \le z)$
0.5	0.1915
1.0	0.3413
1.5	0.4332
2.0	0.4772

① 2.5 ② 2.6 ③ 2.7
④ 2.8 ⑤ 2.9

188 실전 예상

어느 디저트 가게에서 만든 요거트 한 통의 무게는 평균이 m, 표준편차가 10인 정규분포를 따른다고 한다. 이 디저트 가게에서 만든 요거트 중 n통을 임의추출하여 얻은 표본평균을 $\overline{X}$라 할 때, $\mathrm{P}(|\overline{X}-m| \le 5) \ge 0.95$가 성립하도록 하는 자연수 n의 최솟값은? (단, 무게의 단위는 g이고, Z가 표준정규분포를 따르는 확률변수일 때, $\mathrm{P}(|Z| \le 1.96) = 0.95$로 계산한다.)

① 12 ② 14 ③ 16
④ 18 ⑤ 20

수능유형 13 모평균의 추정

189 대표 기출

•학평 기출•

어느 회사가 생산하는 약품 한 병의 무게는 평균이 m g, 표준편차가 1 g인 정규분포를 따른다고 한다. 이 회사가 생산한 약품 중 n병을 임의추출하여 얻은 표본평균을 이용하여, 모평균 m에 대한 신뢰도 95 %의 신뢰구간을 구하면 $a \le m \le b$이다. $100(b-a)=49$일 때, 자연수 n의 값을 구하시오. (단, Z가 표준정규분포를 따르는 확률변수일 때, $\mathrm{P}(|Z| \le 1.96) = 0.95$로 계산한다.) [3점]

핵심개념 & 연관개념

핵심개념 / 모평균의 신뢰구간

정규분포 $\mathrm{N}(m, \sigma^2)$을 따르는 모집단에서 크기가 n인 표본을 임의추출하여 구한 표본평균 $\overline{X}$의 값이 $\overline{x}$일 때

(1) 신뢰도 95 %의 신뢰구간

$$\overline{x}-1.96\times\frac{\sigma}{\sqrt{n}} \le m \le \overline{x}+1.96\times\frac{\sigma}{\sqrt{n}}$$

(2) 신뢰도 99 %의 신뢰구간

$$\overline{x}-2.58\times\frac{\sigma}{\sqrt{n}} \le m \le \overline{x}+2.58\times\frac{\sigma}{\sqrt{n}}$$

190 변형 유제

어느 회사가 생산하는 두루마리 화장지 1개의 길이는 정규분포 $\mathrm{N}(m, 10^2)$을 따른다고 한다. 이 회사가 생산하는 두루마리 화장지 중 n개를 임의추출하여 얻은 표본평균을 이용하여 모평균 m에 대한 신뢰도 99 %의 신뢰구간을 구하면 $a \le m \le b$이다. $40(b-a)=344$일 때, 자연수 n의 값을 구하시오. (단, 길이의 단위는 cm이고, Z가 표준정규분포를 따르는 확률변수일 때, $\mathrm{P}(|Z| \le 2.58) = 0.99$로 계산한다.)

○ 정답과 해설 48쪽

191 실전 예상

어느 샌드위치 가게에서 만드는 샌드위치 한 개의 무게는 평균이 m, 표준편차가 9인 정규분포를 따른다고 한다. 이 가게에서 만든 샌드위치 중 36개를 임의추출하여 얻은 표본평균을 이용하여, 이 가게에서 만드는 샌드위치 한 개의 무게의 평균 m에 대한 신뢰도 95 %의 신뢰구간을 구하면 $a \le m \le b$이다. $b-a$의 값은? (단, 무게의 단위는 g이고, Z가 표준정규분포를 따르는 확률변수일 때, $\mathrm{P}(|Z| \le 1.96)=0.95$로 계산한다.)

① 5.84 ② 5.88 ③ 5.92
④ 5.94 ⑤ 5.98

192 실전 예상

어느 제과점에서 생산하는 식빵 1개의 무게는 평균이 m, 표준편차가 5인 정규분포를 따른다고 한다. 이 제과점에서 생산한 식빵 n개를 임의추출하여 얻은 표본평균을 이용하여 구한 식빵 1개의 무게의 평균 m에 대한 신뢰도 95 %의 신뢰구간이 $a \le m \le b$이다. $b-a \le 4$를 만족시키는 자연수 n의 최솟값은? (단, 무게의 단위는 g이고, Z가 표준정규분포를 따르는 확률변수일 때, $\mathrm{P}(|Z| \le 1.96)=0.95$로 계산한다.)

① 21 ② 23 ③ 25
④ 27 ⑤ 29

193 실전 예상

모평균이 m, 모표준편차가 σ인 정규분포를 따르는 모집단에서 크기가 9인 표본을 임의추출하여 구한 모평균 m에 대한 신뢰도 99 %의 신뢰구간이 $a \le m \le b$이다. 또, 이 모집단에서 크기가 n인 표본을 임의추출하여 구한 모평균 m에 대한 신뢰도 95 %의 신뢰구간이 $c \le m \le d$이다. $b-a \ge 8.6(d-c)$를 만족시키는 자연수 n의 최솟값을 구하시오. (단, Z가 표준정규분포를 따르는 확률변수일 때, $\mathrm{P}(|Z| \le 1.96)=0.95$, $\mathrm{P}(|Z| \le 2.58)=0.99$로 계산한다.)

194 실전 예상

어느 고등학교 학생 1명의 점심 식사에 걸리는 시간은 표준편차가 σ인 정규분포를 따른다고 한다. 이 고등학교 학생 중에서 n명을 임의추출하여 얻은 표본평균을 이용하여 구한 모평균 m에 대한 신뢰도 95 %의 신뢰구간이 $a \le m \le b$, 신뢰도 99 %의 신뢰구간이 $c \le m \le d$이다.

이 고등학교 학생 중에서 25명을 임의추출하여 얻은 표본평균을 $\overline{X}$라 할 때, $\mathrm{P}\left(\frac{(d-c)\sqrt{n}}{12} \le \overline{X}-m \le \frac{(b-a)\sqrt{n}}{8}\right)$의 값을 오른쪽 표준정규분포표를 이용하여 구한 것은? (단, 시간의 단위는 분이고, Z가 표준정규분포를 따르는 확률변수일 때, $\mathrm{P}(|Z| \le 1.96)=0.95$, $\mathrm{P}(|Z| \le 2.58)=0.99$로 계산한다.)

z	$\mathrm{P}(0 \le Z \le z)$
2.15	0.4842
2.25	0.4878
2.35	0.4906
2.45	0.4929

① 0.0023 ② 0.0036 ③ 0.0051
④ 0.0064 ⑤ 0.0087

step 2

등급을 가르는 핵심 특강

특강1 ≫ 정규분포 곡선의 대칭성의 활용

대표 기출 •수능 기출•

확률변수 X는 정규분포 $N(10,\ 2^2)$, 확률변수 Y는 정규분포 $N(m,\ 2^2)$을 따르고, 확률변수 X와 Y의 확률밀도함수는 각각 $f(x)$와 $g(x)$이다.

$f(12) \le g(20)$

을 만족시키는 m에 대하여 $P(21 \le Y \le 24)$의 최댓값을 오른쪽 표준정규분포표를 이용하여 구한 것은? [4점]

z	$P(0 \le Z \le z)$
0.5	0.1915
1.0	0.3413
1.5	0.4332
2.0	0.4772

① 0.5328 ② 0.6247 ③ 0.7745 ④ 0.8185 ⑤ 0.9104

≫ 행동전략

1 정규분포 곡선의 대칭성을 이용하여 확률을 비교한다.
정규분포 $N(m,\ \sigma^2)$을 따르는 확률변수 X의 정규분포 곡선은 직선 $x=m$에 대하여 대칭이다.

2 정규분포를 따르는 연속확률변수 X에 대한 확률은 표준화하여 구한다.
확률변수 X가 정규분포 $N(m,\ \sigma^2)$을 따를 때, 확률변수 $Z=\frac{X-m}{\sigma}$은 표준정규분포 $N(0,\ 1)$을 따르므로
$P(a \le X \le b)$
$=P\left(\frac{a-m}{\sigma} \le Z \le \frac{b-m}{\sigma}\right)$

풀이

❶ 두 확률변수 X, Y의 표준편차가 2로 같으므로 두 확률변수에 대한 정규분포 곡선, 즉 두 확률밀도함수 $y=f(x)$, $y=g(x)$의 그래프는 x축의 방향으로의 평행이동에 의하여 완전히 일치한다.

이때 $f(12) \le g(20)$인 두 함수 $y=f(x)$, $y=g(x)$의 그래프는 오른쪽 그림과 같다.

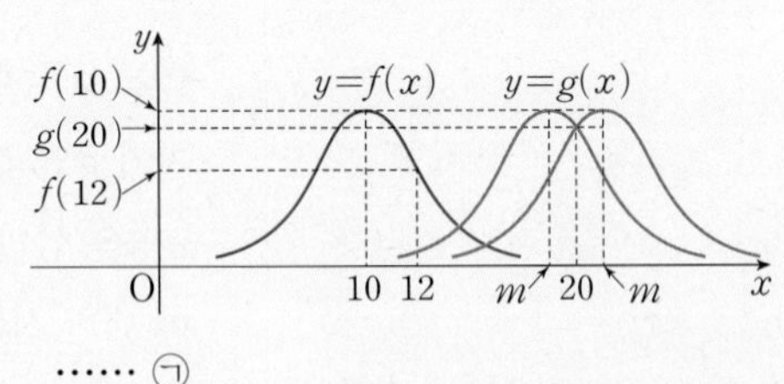

즉, $|m-20| \le |10-12|$이므로

$-2 \le m-20 \le 2$

$\therefore 18 \le m \le 22$ …… ㉠

❷ 한편, $P(21 \le Y \le 24)$의 값이 최대가 되려면 확률변수 Y의 평균 m은 $21 \le x \le 24$의 양 끝 값의 한가운데 값 $\frac{21+24}{2}=\frac{45}{2}$에 가장 가까워야 한다. …… ㉡

㉠, ㉡에 의하여 $P(21 \le Y \le 24)$의 값이 최대가 되도록 하는 Y의 평균은 $m=22$이므로

$Z=\frac{Y-22}{2}$로 놓으면 확률변수 Z는 표준정규분포 $N(0,\ 1)$을 따른다.

따라서 구하는 확률의 최댓값은

❸ $P(21 \le Y \le 24)=P\left(\frac{21-22}{2} \le Z \le \frac{24-22}{2}\right)=P(-0.5 \le Z \le 1)$

$=P(-0.5 \le Z \le 0)+P(0 \le Z \le 1)=P(0 \le Z \le 0.5)+P(0 \le Z \le 1)$

$=0.1915+0.3413=0.5328$

답 ①

참고 정규분포 $N(m,\ \sigma^2)$을 따르는 확률변수 Y의 정규분포 곡선은 직선 $x=m$에 대하여 대칭인 종 모양의 곡선으로, $x=m$에서 가장 높다.

따라서 $P(a \le Y \le b)$의 값은 평균 m의 값이 $\frac{a+b}{2}$에 가까울수록 커진다.

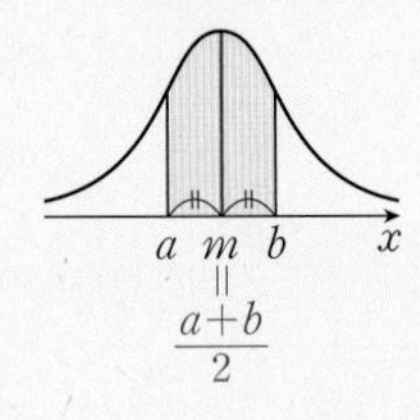

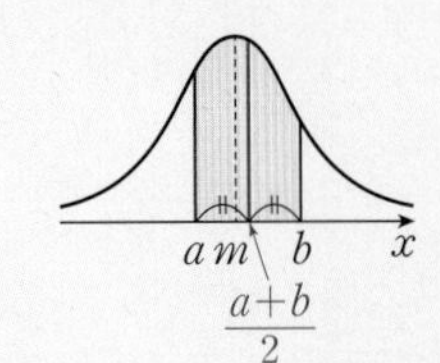

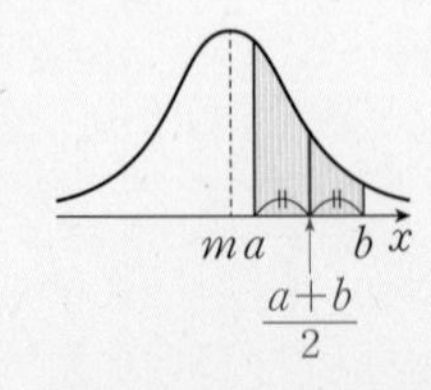

내용전략

❶ 정규분포 곡선의 성질을 이용하여 확률변수 Y의 평균 m의 값의 범위 구하기

❷ $P(21 \le Y \le 24)$의 값이 최대가 되도록 하는 Y의 평균 m의 값 구하기

❸ 표준화하여 확률의 최댓값 구하기

○ 정답과 해설 49쪽

195

모집단의 확률변수 X가 모표준편차가 5인 정규분포를 따르고, 확률변수 X의 확률밀도함수의 그래프는 직선 $x=40$에 대하여 대칭이다. 이 모집단에서 크기가 n인 표본을 임의추출하여 구한 표본평균을 $\overline{X}$라 할 때, $\mathrm{P}(X\le 44)=\mathrm{P}(\overline{X}\ge 39)$가 되도록 하는 자연수 n의 값은?

① 4　② 9　③ 16　④ 25　⑤ 36

196

확률변수 X가 정규분포 $\mathrm{N}(m,\ \sigma^2)$을 따르고, X의 확률밀도함수 $f(x)$가 다음 조건을 만족시킨다.

> (가) $f(18)>f(24)$
> (나) 곡선 $y=f(x)$와 두 직선 $x=18$, $x=24$ 및 x축으로 둘러싸인 부분의 넓이는 0.0606이다.

오른쪽 표준정규분포표를 이용하여

$$\mathrm{P}(m\le X\le k)=0.3413$$

을 만족시키는 상수 k의 값을 구하시오.

z	$\mathrm{P}(0\le Z\le z)$
1.0	0.3413
1.5	0.4332
2.0	0.4772
2.5	0.4938

197

m_1, m_2가 자연수일 때, 정규분포 $\mathrm{N}(m_1,\ \sigma^2)$을 따르는 확률변수 X와 정규분포 $\mathrm{N}(m_2,\ \sigma^2)$을 따르는 확률변수 Y가 다음 조건을 만족시킨다. m_1+m_2의 값을 구하시오.

> (가) $\mathrm{P}(X\le 5)<\mathrm{P}(X\ge 8)<0.5$
> (나) $\mathrm{P}(X\le 5)+\mathrm{P}(Y\ge 22)=1$

198

정규분포를 따르는 두 확률변수 X, Y의 확률밀도함수를 각각 $f(x)$, $g(x)$라 할 때, 두 함수 $f(x)$, $g(x)$가 다음 조건을 만족시킨다.

> (가) 확률변수 X의 평균 m은 자연수이다.
> (나) $f(10)>f(16)$, $f(4)<f(18)$
> (다) 모든 실수 x에 대하여 $g(x)=f(x-a)$이다.
> (라) 두 함수 $y=f(x)$, $y=g(x)$의 그래프는 $x=15$에서 만난다.

$\mathrm{P}(X\le a)=0.1587$일 때, $\mathrm{P}(Y\ge 30)$의 값을 오른쪽 표준정규분포표를 이용하여 구한 것은? (단, a는 상수이다.)

z	$\mathrm{P}(0\le Z\le z)$
0.5	0.1915
1.0	0.3413
1.5	0.4332
2.0	0.4772

① 0.0228　② 0.0668　③ 0.1587　④ 0.1915　⑤ 0.3085

step 3 1등급 도약하기

199

수능유형 11

모집단의 확률변수 X의 확률분포를 표로 나타내면 다음과 같다. 이 모집단에서 크기가 2인 표본을 임의추출하여 구한 표본평균을 $\overline{X}$라 할 때, $\mathrm{P}(\overline{X}\leq 0)+\mathrm{E}\left(\frac{1}{a}\overline{X}\right)$의 값은?

(단, a는 상수이다.)

X	-1	0	1	합계
$\mathrm{P}(X=x)$	$\frac{1}{3}$	a	$\frac{1}{6}$	1

① $\frac{11}{36}$ ② $\frac{13}{36}$ ③ $\frac{5}{12}$ ④ $\frac{17}{36}$ ⑤ $\frac{19}{36}$

200

수능유형 06

연속확률변수 X가 갖는 값의 범위는 $-1\leq X\leq 3$이고, 확률변수 X의 확률밀도함수 $f(x)$는 다음과 같다.

$$f(x)=\begin{cases} a|x|-a & (-1\leq x\leq 1) \\ bf(2-x) & (1\leq x\leq 3) \end{cases}$$

$\mathrm{P}(-1\leq X\leq 0)=\frac{2}{5}$일 때, $\mathrm{P}(a\leq X\leq 8b)$의 값은?

(단, a, b는 상수이다.)

① $\frac{221}{250}$ ② $\frac{223}{250}$ ③ $\frac{9}{10}$ ④ $\frac{227}{250}$ ⑤ $\frac{229}{250}$

○ 정답과 해설 50쪽

201

수능유형 12

어느 공장에서 생산하는 우유 1팩의 무게는 평균이 120 g, 표준편차가 3 g인 정규분포를 따른다고 한다. 이 공장에서 생산된 우유 9개를 한 상자에 담아 판매하는데 이 공장에서 생산된 우유 상자 중에서 임의로 두 개의 상자를 택했을 때, 두 상자 모두 그 무게가 1074.6 g 이상 1089.9 g 이하일 확률을 오른쪽 표준정규분포표를 이용하여 구한 것은? (단, 상자 자체의 무게는 고려하지 않는다.)

z	$\mathrm{P}(0\le Z\le z)$
0.60	0.2257
1.03	0.3485
1.10	0.3643
1.24	0.3925

① 0.3432　② 0.3481　③ 0.4851
④ 0.4838　⑤ 0.6962

202

수능유형 13

어느 식품업체에서 만드는 주먹밥 1개의 무게는 평균이 m g, 표준편차가 5 g인 정규분포를 따른다고 한다. 이 식품업체에서 만든 주먹밥 중에서 크기가 n인 표본을 임의추출하여 얻은 표본평균의 값이 정수일 때, 이 표본평균의 값을 이용하여 구한 평균 m에 대한 신뢰도 95 %의 신뢰구간에 포함된 정수의 개수가 7이 되도록 하는 자연수 n의 개수는? (단, Z가 표준정규분포를 따르는 확률변수일 때, $\mathrm{P}(|Z|\le 1.96)=0.95$로 계산한다.)

① 3　② 4　③ 5
④ 6　⑤ 7

203

수능유형 12

어느 과수원에서 생산되는 포도 한 송이의 무게는 평균이 852 g, 표준편차가 12 g인 정규분포를 따른다고 한다. 이 과수원에서는 포도 4송이를 한 상자에 담아 판매하고 상자에 담긴 포도의 무게의 합이 M kg 이상이면 1등급으로 판정한다. 이 과수원에서 판매하는 포도 상자 1개를 임의로 선택할 때, 선택한 상자가 1등급으로 판정될 확률이 0.0668이다. 오른쪽 표준정규분포표를 이용하여 M의 값을 구한 것은? (단, 상자 자체의 무게는 고려하지 않는다.)

z	$\mathrm{P}(0\le Z\le z)$
0.5	0.1915
1.0	0.3413
1.5	0.4332
2.0	0.4772

① 3428　② 3432　③ 3436
④ 3440　⑤ 3444

204

수능유형 03

이산확률변수 X가 갖는 값이 1, 2, 3이고 이산확률변수 Y가 갖는 값이 2, 4, 6일 때,

$$P(Y=2x)=a\times P(X=x)+\frac{a}{(2x-1)(2x+1)} \quad (x=1,\ 2,\ 3)$$

가 성립한다. $E(X)=\frac{12}{5}$일 때, $E\left(3Y+\frac{3}{5}\right)$의 값은? (단, a는 상수이다.)

① 10 ② 12 ③ 13 ④ 14 ⑤ 15

205

수능유형 13

모평균이 m, 모표준편차가 σ인 정규분포를 따르는 모집단에서 크기가 16인 표본을 임의추출하여 구한 모평균 m에 대한 신뢰도 95 %의 신뢰구간은 $a\le m\le b$이고, 이 모집단에서 크기가 n인 표본을 임의추출하여 구한 모평균 m에 대한 신뢰도 99 %의 신뢰구간은 $c\le m\le d$이다. $\frac{d-c}{b-a}=\frac{43}{49}$일 때, n의 값은?

(단, Z가 표준정규분포를 따르는 확률변수일 때, $P(|Z|\le 1.96)=0.95$, $P(|Z|\le 2.58)=0.99$로 계산한다.)

① 25 ② 36 ③ 49 ④ 64 ⑤ 81

206

특강 1

모집단의 확률변수 X가 평균이 m, 표준편차가 σ인 정규분포를 따른다. 모집단에서 임의추출한 크기가 n인 표본의 표본평균을 $\overline{X}$라 할 때, 두 확률변수 X, $\overline{X}$가 다음 조건을 만족시킨다.

(가) $P(X\ge 14)+P(\overline{X}\ge 14)=1$
(나) $P(X\ge 20)+P(\overline{X}\ge 12)=1$
(다) $P(\overline{X}\ge 13)=0.8413$

$P(\overline{X}\ge 16)$의 값을 오른쪽 표준정규분포표를 이용하여 구한 것은?

z	$P(0\le Z\le z)$
0.5	0.1915
1.0	0.3413
1.5	0.4332
2.0	0.4772

① 0.0228 ② 0.0668 ③ 0.1587 ④ 0.1915 ⑤ 0.3085

○ 정답과 해설 52쪽

207

수능유형 10

A 농장의 수박 1개의 무게는 평균이 7.8 kg, 표준편차가 0.4 kg인 정규분포를 따르고, B 농장의 수박 1개의 무게는 평균이 8.2 kg, 표준편차가 0.6 kg인 정규분포를 따른다고 한다. A 농장에서는 7 kg 이하인 수박은 주스용으로 분류하고, B 농장에서는 7.3 kg 이하인 것을 주스용으로 분류한다. 임의로 A, B 두 농장 중 한 군데에서 구매한 수박 1개가 주스용 수박일 때, 이 수박이 A 농장의 수박일 확률은? (단, Z가 표준정규분포를 따르는 확률변수일 때, $\mathrm{P}(0\le Z\le 1.5)=0.43$, $\mathrm{P}(0\le Z\le 2)=0.48$로 계산한다.)

① $\frac{2}{9}$　② $\frac{1}{3}$　③ $\frac{4}{9}$　④ $\frac{5}{9}$　⑤ $\frac{2}{3}$

208

수능유형 10

1부터 9까지의 자연수가 하나씩 적혀 있는 9장의 카드가 들어 있는 상자가 있다. 이 상자에서 임의로 3장의 카드를 동시에 꺼내어 카드에 적혀 있는 수를 확인한 후 다시 상자에 카드를 넣는 시행을 한다. 이 시행을 980번 반복할 때, 다음 조건을 만족시키는 횟수를 확률변수 X라 하자.

> 상자에서 꺼낸 3장의 카드에 적혀 있는 수를 a, b, c라 할 때, abc는 4의 배수이다.

$\mathrm{P}(624\le X\le 657)$의 값을 오른쪽 표준정규분포표를 이용하여 구한 것은?

z	$\mathrm{P}(0\le Z\le z)$
0.4	0.1554
0.9	0.3159
1.3	0.4032
1.8	0.4641

① 0.4713　② 0.5586　③ 0.6195　④ 0.7800　⑤ 0.8673

수능엔유형

미니 모의고사

총10회

• 문제 풀이 강의 서비스 제공 •

수능엔유형 어피셜

1회 미니 모의고사

제한 시간: 45분			
시작 시각	:	종료 시각	:

1

주머니 속에 1, 2, 3이 하나씩 적힌 공이 각각 3개씩 9개의 공이 들어 있다. 이 주머니에서 임의로 3개의 공을 동시에 꺼낼 때, 꺼낸 세 공에 적힌 수의 곱이 짝수일 확률은?

① $\frac{5}{7}$ ② $\frac{16}{21}$ ③ $\frac{17}{21}$

④ $\frac{6}{7}$ ⑤ $\frac{19}{21}$

2

• 학평 기출 •

숫자 1, 2, 3, 4, 5에서 중복을 허락하여 7개를 선택할 때, 짝수가 두 개가 되는 경우의 수를 구하시오. [4점]

3

• 학평 기출 •

어느 고등학교 학생 200명을 대상으로 휴대폰 요금제에 대한 선호도를 조사하였다. 이 조사에 참여한 200명의 학생은 휴대폰 요금제 A와 B 중 하나를 선택하였고, 각각의 휴대폰 요금제를 선택한 학생의 수는 다음과 같다.

(단위: 명)

구분	휴대폰 요금제 A	휴대폰 요금제 B
남학생	$10a$	b
여학생	$48-2a$	$b-8$

이 조사에 참여한 학생 중에서 임의로 선택한 1명이 남학생일 때, 이 학생이 휴대폰 요금제 A를 선택한 학생일 확률은 $\frac{5}{8}$이다. $b-a$의 값은? (단, a, b는 상수이다.) [3점]

① 32 ② 36 ③ 40

④ 44 ⑤ 48

4

어느 고등학교 학생들의 하루 수면 시간은 평균이 m시간, 표준편차가 σ시간인 정규분포를 따른다고 한다. 이 학교 학생 중에서 n명을 임의추출하여 얻은 하루 수면 시간의 모평균 m에 대한 신뢰도 95 %의 신뢰구간이 $6.6608 \le m \le 6.9389$일 때, 이 학교 학생 중에서 $9n$명을 임의추출하여 얻은 하루 수면 시간의 모평균 m에 대한 신뢰도 95 %의 신뢰구간은 $\alpha \le m \le \beta$이다. $\beta-\alpha$의 값은? (단, Z가 표준정규분포를 따르는 확률변수일 때, $\mathrm{P}(|Z| \le 1.96)=0.95$로 계산한다.)

① 0.0907　② 0.0917　③ 0.0927　④ 0.0937　⑤ 0.0947

5

• 학평 기출 •

확률변수 X는 정규분포 $\mathrm{N}(m_1, \sigma_1^2)$, 확률변수 Y는 정규분포 $\mathrm{N}(m_2, \sigma_2^2)$을 따르고, 확률변수 X, Y의 확률밀도함수는 각각 $f(x)$, $g(x)$이다. $\sigma_1=\sigma_2$이고 $f(24)=g(28)$일 때, 확률변수 X, Y는 다음 조건을 만족시킨다.

(가) $\mathrm{P}(m_1 \le X \le 24)+\mathrm{P}(28 \le Y \le m_2)=0.9544$
(나) $\mathrm{P}(Y \ge 36)=1-\mathrm{P}(X \le 24)$

$\mathrm{P}(18 \le X \le 21)$의 값을 오른쪽 표준정규분포표를 이용하여 구한 것은? [4점]

z	$\mathrm{P}(0 \le Z \le z)$
0.5	0.1915
1.0	0.3413
1.5	0.4332
2.0	0.4772

① 0.3830　② 0.5328　③ 0.6247　④ 0.6826　⑤ 0.7745

6

• 수능 예시 •

집합 $X=\{1, 2, 3, 4\}$에 대하여 다음 조건을 만족시키는 모든 함수 $f: X \longrightarrow X$의 개수는? [3점]

> (가) $f(1)+f(2)+f(3) \geq 3f(4)$
> (나) $k=1, 2, 3$일 때 $f(k) \neq f(4)$이다.

① 41 ② 45 ③ 49 ④ 53 ⑤ 57

7

1부터 6까지의 자연수 중 서로 다른 네 수를 임의로 택해 일렬로 나열하여 네 자리 자연수를 만들 때, 일의 자리의 수와 십의 자리의 수의 곱이 6이거나 십의 자리의 수와 백의 자리의 수의 합이 6인 자연수가 될 확률은?

① $\frac{1}{8}$ ② $\frac{1}{7}$ ③ $\frac{1}{6}$ ④ $\frac{1}{5}$ ⑤ $\frac{1}{4}$

8

$\frac{(1+x)^m(1+x^2)^4}{x^2}$의 전개식에서 $\frac{1}{x}$의 계수가 5일 때, x의 계수는? (단, m은 3 이상의 자연수이다.)

① 30 ② 35 ③ 40 ④ 45 ⑤ 50

정답과 해설 55쪽

9

•학평 기출•

숫자 1, 2, 3 중에서 모든 숫자가 한 개 이상씩 포함되도록 중복을 허락하여 6개를 선택한 후, 일렬로 나열하여 만들 수 있는 여섯 자리의 자연수 중 일의 자리의 수와 백의 자리의 수가 같은 자연수의 개수를 구하시오. [4점]

10

어느 면접 장소에 1, 2, 3, 4의 좌석 번호가 붙은 의자 4개가 일렬로 배열되어 있다. 면접 순서가 각각 1번, 2번, 3번, 4번인 4명의 학생이 임의로 한 의자에 한 명씩 앉는다. 면접 순서가 1번인 학생이 홀수가 적힌 의자에 앉았을 때, 앉은 좌석에 붙은 번호와 면접 순서가 일치하는 학생 수를 확률변수 X라 하자. $\mathrm{V}(X)$의 값은?

① $\frac{8}{9}$　② 1　③ $\frac{10}{9}$　④ $\frac{11}{9}$　⑤ $\frac{4}{3}$

2회 미니 모의고사

제한 시간: 45분			
시작 시각	:	종료 시각	:

1

두 주사위 A, B를 동시에 던져서 나오는 눈의 수를 각각 a, b라 할 때, $10a+b$가 4의 배수가 되는 사건을 E라 하자. 두 주사위 A, B를 동시에 던지는 시행을 n번 반복하였을 때, 사건 E가 일어나는 횟수를 확률변수 X라 하자.

$\mathrm{E}(X)+\mathrm{V}(X)=112$일 때, n의 값은?

① 169 ② 196 ③ 225
④ 256 ⑤ 289

2

• 모평 기출 •

다음 조건을 만족시키는 음이 아닌 정수 x, y, z의 모든 순서쌍 (x, y, z)의 개수는? [4점]

> (가) $x+y+z=10$
> (나) $0<y+z<10$

① 39 ② 44 ③ 49
④ 54 ⑤ 59

3

흰 공 4개, 검은 공 5개가 들어 있는 주머니에서 임의로 3개의 공을 동시에 꺼내 공의 색을 확인한 후 꺼낸 공을 주머니에 넣는 시행을 두 번 반복한다. 첫 번째 시행에서 모두 검은 색의 공을 꺼내고, 두 번째 시행에서 검은 공을 적어도 1개 꺼낼 확률은 $\frac{q}{p}$일 때, $p+q$의 값을 구하시오.

(단, p와 q는 서로소인 자연수이다.)

4

1부터 9까지의 자연수가 하나씩 적힌 9장의 카드를 임의로 일렬로 나열할 때, 처음과 마지막에 나열된 카드에 적힌 두 수의 합이 짝수일 확률은?

① $\frac{1}{9}$　② $\frac{2}{9}$　③ $\frac{1}{3}$

④ $\frac{4}{9}$　⑤ $\frac{5}{9}$

5

•학평 기출•

주머니에 1부터 8까지의 자연수가 하나씩 적힌 8개의 공이 들어 있다. 이 주머니에서 임의로 3개의 공을 동시에 꺼낼 때, 꺼낸 3개의 공에 적힌 수를 a, b, c $(a<b<c)$라 하자.
$a+b+c$가 짝수일 때, a가 홀수일 확률은? [4점]

① $\frac{3}{7}$　② $\frac{1}{2}$　③ $\frac{4}{7}$

④ $\frac{9}{14}$　⑤ $\frac{5}{7}$

6

어느 고등학교 학생들의 키는 평균이 m cm, 표준편차가 10 cm인 정규분포를 따른다고 한다. 이 고등학교 학생 25명을 임의추출하여 키를 조사한 표본평균의 값이 $\overline{x_1}$일 때, 모평균 m에 대한 신뢰도 99 %의 신뢰구간이 $175-a \le m \le 175+a$이었다. 또, 이 고등학교 학생 36명을 임의추출하여 키를 조사한 표본평균의 값이 $\overline{x_2}$일 때, 모평균 m에 대한 신뢰도 99 %의 신뢰구간은 $\frac{126}{125}\overline{x_1}-ka \le m \le \frac{126}{125}\overline{x_1}+ka$이다. 이때 $k \times \overline{x_2}$의 값은? (단, Z가 표준정규분포를 따르는 확률변수일 때, $\mathrm{P}(0 \le Z \le 2.58)=0.495$로 계산한다.)

① 147 ② 148 ③ 149
④ 150 ⑤ 151

7

•학평 기출•

세 문자 A, B, C에서 중복을 허락하여 각각 홀수 개씩 모두 7개를 선택하여 일렬로 나열하는 경우의 수를 구하시오.
(단, 모든 문자는 한 개 이상씩 선택한다.) [4점]

8

집합 $X=\{1, 2, 3, 4\}$에서 집합 $Y=\{-4, -2, 1, 2, 4\}$로의 함수 f 중에서 임의로 선택한 한 함수가 $f(3)f(4)=-8$ 또는 $|f(1)f(3)|=4$인 함수일 확률은?

① $\frac{2}{5}$ ② $\frac{52}{125}$ ③ $\frac{54}{125}$
④ $\frac{56}{125}$ ⑤ $\frac{58}{125}$

9

•학평 기출•

확률변수 X는 평균이 m, 표준편차가 σ인 정규분포를 따르고 $F(x)=\mathrm{P}(X\le x)$라 하자.

m이 자연수이고

$$0.5\le F\left(\frac{11}{2}\right)\le 0.6915,$$

$$F\left(\frac{13}{2}\right)=0.8413$$

일 때, $F(k)=0.9772$를 만족시키는 상수 k의 값을 오른쪽 표준정규분포표를 이용하여 구하시오. [4점]

z	$\mathrm{P}(0\le Z\le z)$
0.5	0.1915
1.0	0.3413
1.5	0.4332
2.0	0.4772

10

•학평 기출•

그림과 같이 합동인 9개의 정사각형으로 이루어진 색칠판이 있다.

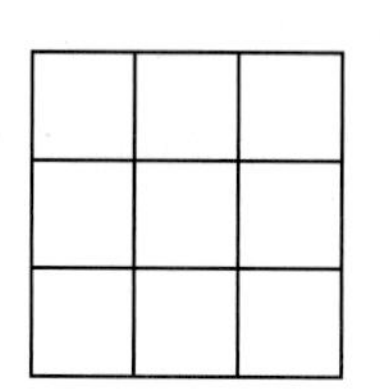

빨간색과 파란색을 포함하여 총 9가지의 서로 다른 색으로 이 색칠판을 다음 조건을 만족시키도록 칠하려고 한다.

> (가) 주어진 9가지의 색을 모두 사용하여 칠한다.
> (나) 한 정사각형에는 한 가지 색만을 칠한다.
> (다) 빨간색과 파란색이 칠해진 두 정사각형은 꼭짓점을 공유하지 않는다.

색칠판을 칠하는 경우의 수는 $k\times 7!$이다. k의 값을 구하시오.

(단, 회전하여 일치하는 것은 같은 것으로 본다.) [4점]

3회 미니 모의고사

제한 시간: 45분			
시작 시각	:	종료 시각	:

1

•학평 기출•

그림과 같이 주머니에 숫자 1이 적힌 흰 공과 검은 공이 각각 2개, 숫자 2가 적힌 흰 공과 검은 공이 각각 2개가 들어 있고, 비어 있는 8개의 칸에 1부터 8까지의 자연수가 하나씩 적혀 있는 진열장이 있다.

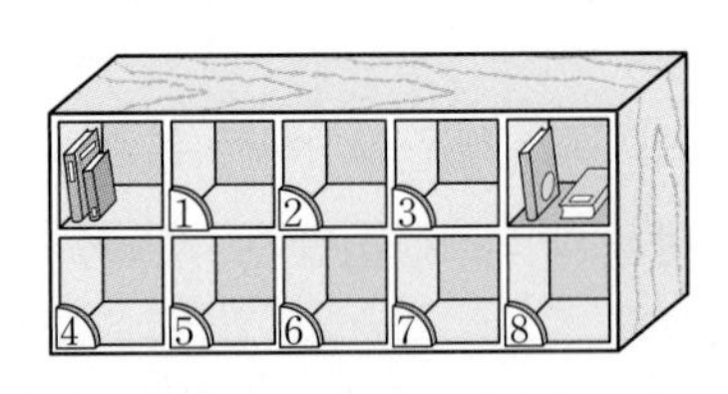

숫자가 적힌 8개의 칸에 주머니 안의 공을 한 칸에 한 개씩 모두 넣을 때, 숫자 4, 5, 6이 적힌 칸에 넣는 세 개의 공이 적힌 수의 합이 5이고 모두 같은 색이 되도록 하는 경우의 수를 구하시오. (단, 모든 공은 크기와 모양이 같다.) [4점]

2

1학년 3명과 2학년 6명이 있다. 이 9명의 학생 중에서 임의로 5명을 뽑을 때, 1학년 학생과 2학년 학생을 각각 2명 이상씩 뽑을 확률은?

① $\frac{4}{7}$ ② $\frac{25}{42}$ ③ $\frac{13}{21}$

④ $\frac{9}{14}$ ⑤ $\frac{2}{3}$

3

•학평 기출•

네 개의 자연수 2, 3, 5, 7 중에서 중복을 허락하여 8개를 선택할 때, 선택된 8개의 수의 곱이 60의 배수가 되도록 하는 경우의 수를 구하시오. [4점]

4

•수능 기출•

숫자 1, 2, 3, 4가 하나씩 적혀 있는 흰 공 4개와 숫자 4, 5, 6이 하나씩 적혀 있는 검은 공 3개가 있다. 이 7개의 공을 임의로 일렬로 나열할 때, 같은 숫자가 적혀 있는 공이 서로 이웃하지 않게 나열될 확률은 $\frac{q}{p}$이다. $p+q$의 값을 구하시오.

(단, p와 q는 서로소인 자연수이다.) [4점]

5

•수능 기출•

좌표평면의 원점에 점 P가 있다. 한 개의 주사위를 사용하여 다음 시행을 한다.

> 주사위를 한 번 던져 나온 눈의 수가
> 2 이하이면 점 P를 x축의 양의 방향으로 3만큼,
> 3 이상이면 점 P를 y축의 양의 방향으로 1만큼
> 이동시킨다.

이 시행을 15번 반복하여 이동된 점 P와 직선 $3x+4y=0$ 사이의 거리를 확률변수 X라 하자. $\mathrm{E}(X)$의 값은? [4점]

① 13　② 15　③ 17
④ 19　⑤ 21

6

정규분포 $N(m, \sigma^2)$을 따르는 확률변수 X와 표준정규분포를 따르는 확률변수 Z는 다음 조건을 만족시킨다.

> (가) $P(X \le 13) = P(X \ge 17)$
> (나) $P(11 \le X \le 19) = 2P(0 \le Z \le 2)$

$P(13 \le X \le 18)$의 값을 오른쪽 표준정규분포표를 이용하여 구한 것은?

z	$P(0 \le Z \le z)$
1.0	0.3413
1.5	0.4332
2.0	0.4772
2.5	0.4938

① 0.5228 ② 0.6826 ③ 0.7745 ④ 0.8664 ⑤ 0.9544

7

1부터 7까지의 자연수가 하나씩 적힌 7개의 공이 들어 있는 상자가 있다. 이 상자에서 임의로 1개씩 공을 차례로 모두 뽑을 때, 두 번째와 세 번째에 뽑힌 두 공에 적힌 수의 합이 7일 확률은? (단, 이미 뽑은 공은 상자에 다시 넣지 않는다.)

① $\frac{1}{9}$ ② $\frac{1}{8}$ ③ $\frac{1}{7}$ ④ $\frac{1}{6}$ ⑤ $\frac{1}{5}$

8

집합 $X=\{1, 2, 3\}$에서 집합 $Y=\{-3, -2, -1, 0, 1\}$로의 함수 중에서 한 함수를 $f(x)$라 하자. $f(1)f(2)f(3)<0$일 때, $f(1)=1$일 확률은?

① $\frac{1}{2}$ ② $\frac{5}{12}$ ③ $\frac{1}{3}$ ④ $\frac{1}{4}$ ⑤ $\frac{1}{6}$

정답과 해설 60쪽

9

•학평 기출•

주머니에 1이 적힌 공이 n개, 2가 적힌 공이 $(n-1)$개, 3이 적힌 공이 $(n-2)$개, $\cdots$, n이 적힌 공이 1개가 들어 있다. 이 주머니에서 임의로 꺼낸 한 개의 공에 적힌 수를 확률변수 X라 하자. 다음은 $\mathrm{E}(X) \geq 5$가 되도록 하는 자연수 n의 최솟값을 구하는 과정이다.

> n 이하의 자연수 k에 대하여 k가 적힌 공의 개수는 $(n-k+1)$이므로
>
> $$\mathrm{P}(X=k)=\frac{2(n-k+1)}{\boxed{(가)}} \quad (k=1,\ 2,\ 3,\ \cdots,\ n)$$
>
> 확률변수 X의 평균은
>
> $$\begin{aligned}\mathrm{E}(X)&=\sum_{k=1}^{n} k\mathrm{P}(X=k)\\&=\frac{2}{\boxed{(가)}}\times\sum_{k=1}^{n} k(n-k+1)\\&=\boxed{(나)}\end{aligned}$$
>
> $\mathrm{E}(X) \geq 5$에서 n의 최솟값은 $\boxed{(다)}$이다.

위의 (가), (나)에 알맞은 식을 각각 $f(n)$, $g(n)$이라 하고, (다)에 알맞은 수를 a라 할 때, $f(7)+g(7)+a$의 값은? [4점]

① 72 ② 74 ③ 76
④ 78 ⑤ 80

10

갑과 을을 포함하여 9명의 부원이 있는 동아리에서 다음 조건을 만족시키도록 두 개의 소모임 A, B를 만들려고 한다. 두 소모임 A, B를 정하는 경우의 수를 구하시오.

> (가) 소모임 A, B에 동시에 속하는 사람은 갑과 을뿐이다.
>
> (나) 소모임 A 또는 B에 속하는 부원은 7명이다.

4회 미니 모의고사

제한 시간: 45분			
시작 시각	:	종료 시각	:

1

이산확률변수 X의 확률분포를 표로 나타내면 다음과 같다.

X	1	2	3	4	합계
$\mathrm{P}(X=x)$	$\frac{1}{6}$	a	b	$\frac{1}{3}$	1

$\mathrm{E}(X)=\frac{17}{6}$일 때, $\mathrm{E}(aX+b)$의 값은?

(단, a, b는 상수이다.)

① $\frac{3}{4}$ ② $\frac{7}{9}$ ③ $\frac{29}{36}$

④ $\frac{5}{6}$ ⑤ $\frac{31}{36}$

2

어느 가게에서 사과 주스 3병, 포도 주스 5병을 임의로 일렬로 진열할 때, 포도 주스는 적어도 2병 이상씩 서로 이웃하게 진열할 확률은? (단, 같은 종류의 주스끼리는 구분하지 않는다.)

① $\frac{1}{7}$ ② $\frac{2}{7}$ ③ $\frac{3}{7}$

④ $\frac{4}{7}$ ⑤ $\frac{5}{7}$

3

연속확률변수 X가 갖는 값의 범위는 $0\le X\le 4$이고, X의 확률밀도함수의 그래프가 그림과 같다. $\mathrm{P}(k\le X\le k+2)$의 최댓값을 b라 할 때, $\mathrm{P}(b\le X\le 2b)$의 값은?

(단, a는 상수이고, $0\le k\le 2$이다.)

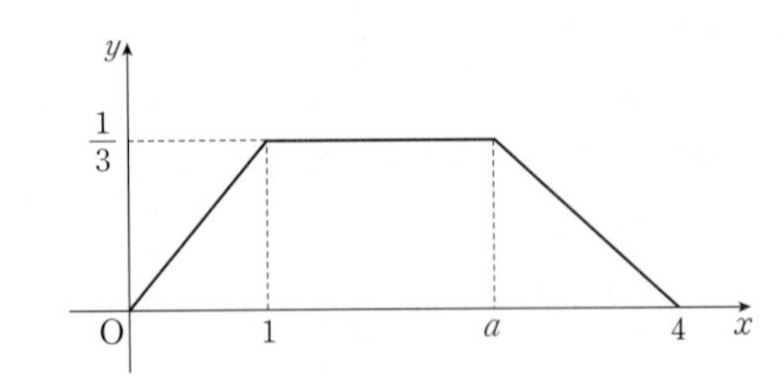

① $\frac{11}{54}$ ② $\frac{2}{9}$ ③ $\frac{13}{54}$

④ $\frac{7}{27}$ ⑤ $\frac{5}{18}$

정답과 해설 61쪽

4

• 모평 기출 •

상자 A와 상자 B에 각각 6개의 공이 들어 있다. 동전 1개를 사용하여 다음 시행을 한다.

> 동전을 한 번 던져
> 앞면이 나오면 상자 A에서 공 1개를 꺼내어 상자 B에 넣고,
> 뒷면이 나오면 상자 B에서 공 1개를 꺼내어 상자 A에 넣는다.

위의 시행을 6번 반복할 때, 상자 B에 들어 있는 공의 개수가 6번째 시행 후 처음으로 8이 될 확률은? [4점]

① $\frac{1}{64}$　② $\frac{3}{64}$　③ $\frac{5}{64}$

④ $\frac{7}{64}$　⑤ $\frac{9}{64}$

5

• 모평 기출 •

숫자 1, 2, 3, 4, 5, 6, 7이 하나씩 적혀 있는 7장의 카드가 있다. 이 7장의 카드를 모두 한 번씩 사용하여 일렬로 임의로 나열할 때, 다음 조건을 만족시킬 확률은? [4점]

> (가) 4가 적혀 있는 카드의 바로 양옆에는 각각 4보다 큰 수가 적혀 있는 카드가 있다.
> (나) 5가 적혀 있는 카드의 바로 양옆에는 각각 5보다 작은 수가 적혀 있는 카드가 있다.

① $\frac{1}{28}$　② $\frac{1}{14}$　③ $\frac{3}{28}$

④ $\frac{1}{7}$　⑤ $\frac{5}{28}$

6

5개의 숫자 1, 2, 3, 4, 5 중에서 중복을 허용하여 5개를 택해 일렬로 나열하여 다섯 자리 자연수를 만들 때, 다음 조건을 만족시키도록 만들 수 있는 자연수의 개수를 구하시오.

> (가) 홀수는 적어도 한 번 이상 사용해야 한다.
> (나) 만의 자리와 일의 자리의 수는 짝수이다.

7

• 모평 기출 •

숫자 1, 2, 3, 4, 5 중에서 서로 다른 4개를 택해 일렬로 나열하여 만들 수 있는 모든 네 자리의 자연수 중에서 임의로 하나의 수를 택할 때, 택한 수가 5의 배수 또는 3500 이상일 확률은? [4점]

① $\frac{9}{20}$ ② $\frac{1}{2}$ ③ $\frac{11}{20}$
④ $\frac{3}{5}$ ⑤ $\frac{13}{20}$

8

• 학평 기출 •

그림과 같이 직사각형 모양으로 연결된 도로망이 있다. 이 도로망을 따라 A 지점에서 출발하여 P 지점을 지나 B 지점으로 갈 때, 한 번 지난 도로는 다시 지나지 않으면서 최단 거리로 가는 경우의 수는? [4점]

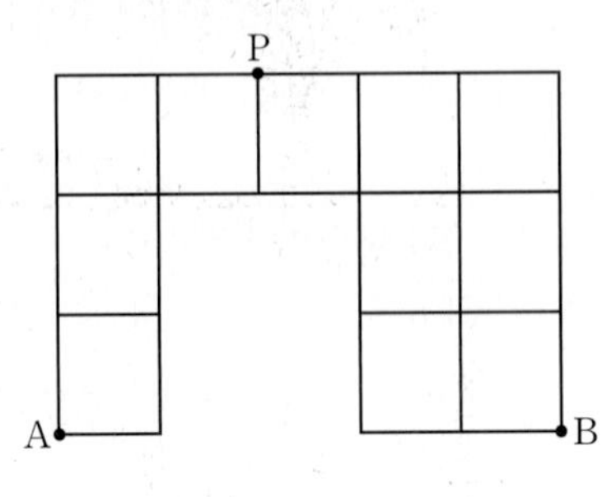

① 78 ② 82 ③ 86
④ 90 ⑤ 94

9

어느 공장에서 생산되는 A 제품 한 개의 무게를 X g이라 할 때, 확률변수 X는 평균이 58 g, 표준편차가 4 g인 정규분포를 따른다고 한다. 이 공장에서 생산한 A 제품 중 임의추출한 64개의 A 제품의 표본평균을 $\overline{X}$ g이라 하자.

$\mathrm{P}(X \le 66) = \mathrm{P}(\overline{X} \ge a)$일 때, $\mathrm{P}(\overline{X} \le a+0.5)$의 값을 오른쪽 표준정규분포표를 이용하여 구한 것은?

z	$\mathrm{P}(0 \le Z \le z)$
0.5	0.1915
1.0	0.3413
1.5	0.4332
2.0	0.4772

① 0.0228　② 0.0668
③ 0.1587　④ 0.2255
⑤ 0.3085

10

• 모평 기출 •

집합 $X = \{1, 2, 3, 4, 5\}$에 대하여 다음 조건을 만족시키는 함수 $f : X \longrightarrow X$의 개수를 구하시오. [4점]

(가) $f(f(1)) = 4$
(나) $f(1) \le f(3) \le f(5)$

5회 미니 모의고사

제한 시간: 45분			
시작 시각	:	종료 시각	:

1

• 학평 기출 •

여학생 3명과 남학생 6명이 원탁에 같은 간격으로 둘러앉으려고 한다. 각각의 여학생 사이에는 1명 이상의 남학생이 앉고 각각의 여학생 사이에 앉은 남학생의 수는 모두 다르다. 9명의 학생이 모두 앉는 경우의 수가 $n \times 6!$일 때, 자연수 n의 값은?

(단, 회전하여 일치하는 것들은 같은 것으로 본다.) [4점]

① 10 ② 12 ③ 14 ④ 16 ⑤ 18

2

정의역이 $X=\{1, 2, 3, 4\}$, 공역이 $Y=\{1, 2, 3, 4, 6\}$인 함수 f 중에서 임의로 선택한 한 함수가
$f(1)+f(2)+f(3)=f(4)$를 만족시킬 확률은?

① $\frac{18}{625}$ ② $\frac{17}{625}$ ③ $\frac{16}{625}$ ④ $\frac{3}{125}$ ⑤ $\frac{14}{625}$

3

• 학평 기출 •

집합 $\{x \mid x$는 10 이하의 자연수$\}$의 원소의 개수가 4인 부분집합 중 임의로 하나의 집합을 택하여 X라 할 때, 집합 X가 다음 조건을 만족시킬 확률은? [4점]

> 집합 X의 서로 다른 세 원소의 합은 항상 3의 배수가 아니다.

① $\frac{3}{14}$ ② $\frac{2}{7}$ ③ $\frac{5}{14}$ ④ $\frac{3}{7}$ ⑤ $\frac{1}{2}$

4

어느 가게에서 판매하는 수박 한 개의 무게는 평균이 8 kg, 표준편차가 0.2 kg인 정규분포를 따른다고 한다. 이 가게에서 판매하는 수박 중에서 임의로 추출한 n개의 무게의 표본평균을 $\overline{X}$ kg이라 할 때,

$$\mathrm{P}(7.96 \le \overline{X} \le 8.04) \le 0.95$$

를 만족시키는 자연수 n의 최댓값을 오른쪽 표준정규분포표를 이용하여 구한 것은?

z	$\mathrm{P}(0 \le Z \le z)$
1.28	0.400
1.64	0.450
1.96	0.475
2.58	0.495

① 90 ② 92 ③ 94 ④ 96 ⑤ 98

5

•학평 기출•

두 집합

$$X=\{1, 2, 3, 4, 5\},\ Y=\{2, 4, 6, 8, 10, 12\}$$

에 대하여 X에서 Y로의 함수 f 중에서 다음 조건을 만족시키는 함수의 개수는? [4점]

> (가) $f(2)<f(3)<f(4)$
> (나) $f(1)>f(3)>f(5)$

① 100 ② 102 ③ 104 ④ 106 ⑤ 108

6

•학평 기출•

주머니 속에 숫자 1, 2, 3, 4가 각각 하나씩 적혀 있는 4개의 공이 들어 있다. 이 주머니에서 임의로 1개의 공을 꺼내어 공에 적혀 있는 수를 확인한 후 다시 넣는다. 이 과정을 2번 반복할 때, 꺼낸 공에 적혀 있는 수를 차례로 a, b라 하자. $a-b$의 값을 확률변수 X라 할 때, 확률변수 $Y=2X+1$의 분산 $\mathrm{V}(Y)$의 값을 구하시오. [4점]

7

다음 조건을 만족시키는 음이 아닌 정수 a, b, c, d, e의 모든 순서쌍 (a, b, c, d, e)의 개수를 구하시오.

(가) $a+b+c+d+e=7$
(나) $a+b+c\leq 5$

8

•학평 기출•

확률변수 X는 정규분포 $\mathrm{N}(m, 2^2)$, 확률변수 Y는 정규분포 $\mathrm{N}(m, \sigma^2)$을 따른다. 상수 a에 대하여 두 확률변수 X, Y가 다음 조건을 만족시킨다.

(가) $Y=3X-a$
(나) $\mathrm{P}(X\leq 4)=\mathrm{P}(Y\geq a)$

$\mathrm{P}(Y\geq 9)$의 값을 오른쪽 표준정규분포표를 이용하여 구한 것은? [4점]

z	$\mathrm{P}(0\leq Z\leq z)$
0.5	0.1915
1.0	0.3413
1.5	0.4332
2.0	0.4772

① 0.0228 ② 0.0668 ③ 0.1587 ④ 0.2417 ⑤ 0.3085

정답과 해설 65쪽

9

1부터 4까지의 자연수가 하나씩 적힌 흰 공 4개와 숫자가 적혀 있지 않은 빨간 공 5개가 있다. 이 9개의 공을 일렬로 나열할 때, 자연수가 적힌 흰 공끼리는 서로 이웃하지 않을 확률은?

(단, 빨간 공은 서로 구분하지 않는다.)

① $\frac{1}{14}$ ② $\frac{2}{21}$ ③ $\frac{5}{42}$

④ $\frac{1}{7}$ ⑤ $\frac{1}{6}$

10

좌표평면 위의 점 P가 원점을 출발하여 다음 규칙에 따라 이동한다.

> 한 개의 주사위를 던져
> 1 또는 2의 눈이 나오면 x축의 방향으로 2만큼 이동하고,
> 3의 눈이 나오면 y축의 방향으로 1만큼 이동하고,
> 4 이상의 눈이 나오면 이동하지 않는다.

주사위를 4번 던져 이동시킨 점 P가 직선 $y=\frac{1}{2}x+1$ 위의 점일 확률은?

① $\frac{1}{18}$ ② $\frac{1}{12}$ ③ $\frac{1}{9}$

④ $\frac{5}{36}$ ⑤ $\frac{1}{6}$

6회 미니 모의고사

제한 시간: 45분			
시작 시각	:	종료 시각	:

1

두 사건 A, B가 서로 독립이고

$$\mathrm{P}(B|A)=\frac{1}{4},\ \mathrm{P}(A|B^C)=\frac{2}{3}$$

일 때, $\mathrm{P}(A\cup B)$의 값은?

① $\frac{7}{12}$ ② $\frac{2}{3}$ ③ $\frac{3}{4}$
④ $\frac{5}{6}$ ⑤ $\frac{11}{12}$

2

다항식 $(x+2)(3x+2)^5$의 전개식에서 x^2의 계수는?

① 1620 ② 1640 ③ 1660
④ 1680 ⑤ 1700

3

• 모평 기출 •

1학년 학생 2명, 2학년 학생 2명, 3학년 학생 3명이 있다. 이 7명의 학생이 일정한 간격을 두고 원 모양의 탁자에 모두 둘러앉을 때, 1학년 학생끼리 이웃하고 2학년 학생끼리 이웃하게 되는 경우의 수는?

(단, 회전하여 일치하는 것은 같은 것으로 본다.) [3점]

① 96 ② 100 ③ 104
④ 108 ⑤ 112

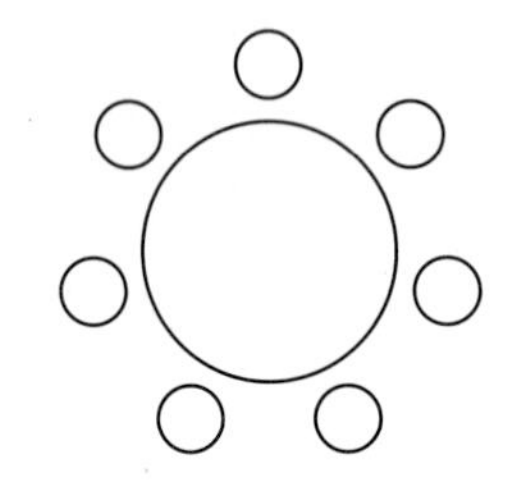

4

• 모평 기출 •

어느 회사에서 일하는 플랫폼 근로자의 일주일 근무 시간은 평균이 m시간, 표준편차가 5시간인 정규분포를 따른다고 한다. 이 회사에서 일하는 플랫폼 근로자 중에서 임의추출한 36명의 일주일 근무 시간의 표본평균이 38시간 이상일 확률을 오른쪽 표준정규분포표를 이용하여 구한 값이 0.9332일 때, m의 값은? [3점]

z	$P(0 \le Z \le z)$
0.5	0.1915
1.0	0.3413
1.5	0.4332
2.0	0.4772

① 38.25 ② 38.75 ③ 39.25
④ 39.75 ⑤ 40.25

5

• 수능 기출 •

서로 다른 공 4개를 남김없이 서로 다른 상자 4개에 나누어 넣으려고 할 때, 넣은 공의 개수가 1인 상자가 있도록 넣는 경우의 수는? (단, 공을 하나도 넣지 않은 상자가 있을 수 있다.) [4점]

① 220 ② 216 ③ 212
④ 208 ⑤ 204

6

•모평 기출•

두 이산확률변수 X, Y의 확률분포를 표로 나타내면 각각 다음과 같다.

X	1	2	3	4	합계
$\mathrm{P}(X=x)$	a	b	c	d	1

Y	11	21	31	41	합계
$\mathrm{P}(Y=y)$	a	b	c	d	1

$\mathrm{E}(X)=2$, $\mathrm{E}(X^2)=5$일 때, $\mathrm{E}(Y)+\mathrm{V}(Y)$의 값을 구하시오. [4점]

7

숫자 1, 2, 3, 4 중에서 중복을 허락하여 4개를 뽑아 만들 수 있는 네 자리 자연수 중 임의로 하나를 선택할 때, 선택한 수가 다음 조건을 만족시킬 확률은?

> (가) 9의 배수이다.
> (나) 각 자리의 수의 곱은 2^2으로 나누어떨어진다.

① $\frac{1}{64}$　② $\frac{3}{64}$　③ $\frac{5}{64}$
④ $\frac{7}{64}$　⑤ $\frac{9}{64}$

8

정규분포를 따르는 두 확률변수 X, Y의 확률밀도함수를 각각 $f(x)$, $g(x)$라 할 때, 두 함수 $f(x)$, $g(x)$가 다음 조건을 만족시킨다.

> (가) $f(12)=f(18)$
> (나) 모든 실수 x에 대하여 $g(x)=f(x+3)$

$\mathrm{P}(12 \le X \le 18)=0.6826$일 때, $\mathrm{P}(X \ge 21)=\mathrm{P}(Y \le k)$를 만족시키는 상수 k의 값을 오른쪽 표준정규분포표를 이용하여 구한 것은?

z	$\mathrm{P}(0 \le Z \le z)$
0.5	0.1915
1.0	0.3413
1.5	0.4332
2.0	0.4772

① 6　② 8　③ 10
④ 12　⑤ 14

9

• 모평 기출 •

주머니에 숫자 1, 2, 3, 4가 하나씩 적혀 있는 흰 공 4개와 숫자 3, 4, 5, 6이 하나씩 적혀 있는 검은 공 4개가 들어 있다. 이 주머니에서 임의로 4개의 공을 동시에 꺼내는 시행을 한다. 이 시행에서 꺼낸 공에 적혀 있는 수가 같은 것이 있을 때, 꺼낸 공 중 검은 공이 2개일 확률은 $\frac{q}{p}$이다. $p+q$의 값을 구하시오.

(단, p와 q는 서로소인 자연수이다.) [4점]

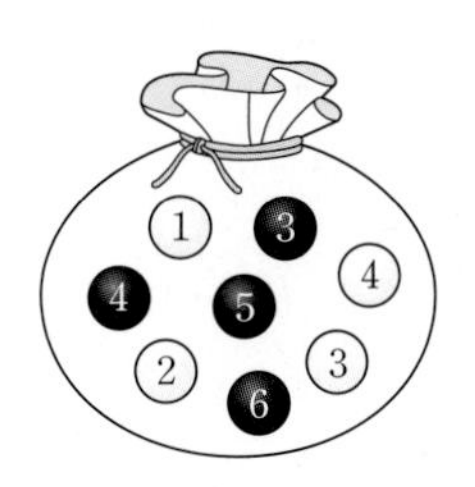

10

세 자리 자연수 N 중에서 임의로 하나의 수를 선택할 때,

$N=a_1\times10^2+a_2\times10+a_3$

($1\le a_1\le9$, $0\le a_2\le9$, $0\le a_3\le9$인 정수)

이라 하자. $a_1>a_3$이거나 $a_2>a_3$일 확률을 $\frac{q}{p}$라 할 때, $p+q$의 값을 구하시오. (단, p와 q는 서로소인 자연수이다.)

7회 미니 모의고사

제한 시간: 45분			
시작 시각	:	종료 시각	:

1

•모평 기출•

어느 동아리의 학생 20명을 대상으로 진로활동 A와 진로활동 B에 대한 선호도를 조사하였다. 이 조사에 참여한 학생은 진로활동 A와 진로활동 B 중 하나를 선택하였고, 각각의 진로활동을 선택한 학생 수는 다음과 같다.

(단위: 명)

구분	진로활동 A	진로활동 B	합계
1학년	7	5	12
2학년	4	4	8
합계	11	9	20

이 조사에 참여한 학생 20명 중에서 임의로 선택한 한 명이 진로활동 B를 선택한 학생일 때, 이 학생이 1학년일 확률은? [3점]

① $\frac{1}{2}$ ② $\frac{5}{9}$ ③ $\frac{3}{5}$

④ $\frac{7}{11}$ ⑤ $\frac{2}{3}$

2

1, 2, 2, 3, 3, 3의 숫자가 하나씩 적혀 있는 6장의 카드가 있다. 이 6장의 카드 중에서 5장의 카드를 택하여 다섯 자리 자연수를 만들 때, 이 수가 홀수인 경우의 수는?

① 34 ② 36 ③ 38

④ 40 ⑤ 42

3

•학평 기출•

확률변수 X는 평균이 m, 표준편차가 4인 정규분포를 따르고, 확률변수 X의 확률밀도함수 $f(x)$가

$$f(8)>f(14),\ f(2)<f(16)$$

을 만족시킨다. m이 자연수일 때, $\mathrm{P}(X\le 6)$의 값을 오른쪽 표준정규분포표를 이용하여 구한 것은? [3점]

z	$\mathrm{P}(0\le Z\le z)$
1.0	0.3413
1.5	0.4332
2.0	0.4772
2.5	0.4938

① 0.0062 ② 0.0228 ③ 0.0668

④ 0.1525 ⑤ 0.1587

4

어느 회사가 생산하는 화장품 한 병의 무게는 평균이 m g, 표준편차가 2 g인 정규분포를 따른다고 한다. 이 회사가 생산한 화장품 중 n병을 임의추출하여 얻은 표본평균의 값 $\overline{x}$를 이용하여, 모평균 m에 대한 신뢰도 95 %의 신뢰구간을 구하면 $a \le m \le b$이다. $a+b=240$, $100(b-a)=98$일 때, $n+\overline{x}$의 값을 구하시오. (단, Z가 표준정규분포를 따르는 확률변수일 때, $\mathrm{P}(|Z| \le 1.96)=0.95$로 계산한다.)

5

•모평 기출•

두 이산확률변수 X와 Y가 가지는 값이 각각 1부터 5까지의 자연수이고

$$\mathrm{P}(Y=k)=\frac{1}{2}\mathrm{P}(X=k)+\frac{1}{10}\ (k=1,\ 2,\ 3,\ 4,\ 5)$$

이다. $\mathrm{E}(X)=4$일 때, $\mathrm{E}(Y)$의 값은? [4점]

① $\frac{5}{2}$ ② $\frac{7}{2}$ ③ $\frac{9}{2}$
④ $\frac{11}{2}$ ⑤ $\frac{13}{2}$

6

어느 회화 동아리 회원인 A, B, C, D 4명이 전시회를 위해 대형 작품 3개와 소품 4개를 개인 작품으로 출품하기로 하였다. 소품을 출품하는 사람은 반드시 대형 작품을 출품해야 하고, A가 소품을 2개 이상 출품하기로 할 때, 회원 A, B, C, D가 출품해야 할 작품 수를 정하는 경우의 수를 구하시오.

(단, 작품을 출품하지 않는 회원이 있을 수 있다.)

7

• 모평 기출 •

대중교통을 이용하여 출근하는 어느 지역 직장인의 월 교통비는 평균이 8이고 표준편차가 1.2인 정규분포를 따른다고 한다. 대중교통을 이용하여 출근하는 이 지역 직장인 중 임의추출한 n명의 월 교통비의 표본평균을 $\overline{X}$라 할 때,

$$P(7.76 \leq \overline{X} \leq 8.24) \geq 0.6826$$

이 되기 위한 n의 최솟값을 오른쪽 표준정규분포표를 이용하여 구하시오. (단, 교통비의 단위는 만 원이다.) [4점]

z	$P(0 \leq Z \leq z)$
0.5	0.1915
1.0	0.3413
1.5	0.4332
2.0	0.4772

8

• 모평 기출 •

흰 공 3개, 검은 공 4개가 들어 있는 주머니가 있다. 이 주머니에서 임의로 3개의 공을 동시에 꺼내어, 꺼낸 흰 공과 검은 공의 개수를 각각 m, n이라 하자. 이 시행에서 $2m \geq n$일 때, 꺼낸 흰 공의 개수가 2일 확률은 $\frac{q}{p}$이다. $p+q$의 값을 구하시오.

(단, p와 q는 서로소인 자연수이다.) [4점]

정답과 해설 70쪽

9

집합 $X=\{1, 2, 3, 4, 5\}$에 대하여 다음 조건을 만족시키는 함수 $f: X \longrightarrow X$의 개수를 구하시오.

> (가) $f(i) \neq i$ ($i=1, 2, 3, 4, 5$)
> (나) $f(f(1))=3$
> (다) $f(1)+f(2)+f(3)>2f(4)$

10

세 집합

$A=\{x \mid x$는 20 이하의 자연수$\}$,

$B=\{x \mid x$는 10 이하의 짝수$\}$,

$C=\{x \mid x$는 10 이하의 3의 배수$\}$

에 대하여 집합 A의 모든 부분집합 중에서 임의로 선택한 한 집합을 X라 할 때, 집합 X가 다음 조건을 만족시킬 확률은?

> (가) 집합 X의 원소의 개수는 짝수이다.
> (나) 집합 X와 집합 B는 서로소가 아니다.
> (다) 집합 X와 집합 C는 서로소가 아니다.

① $\frac{107}{256}$ ② $\frac{109}{256}$ ③ $\frac{111}{256}$
④ $\frac{113}{256}$ ⑤ $\frac{115}{256}$

8회 미니 모의고사

제한 시간: 45분			
시작 시각	:	종료 시각	:

1

•학평 기출•

정규분포 $\mathrm{N}(m, 4)$를 따르는 확률변수 X에 대하여 함수

$$g(k)=\mathrm{P}(k-8\le X\le k)$$

는 $k=12$일 때 최댓값을 갖는다. 상수 m의 값을 구하시오.

[3점]

2

7개의 문자 a, a, a, b, b, c, d를 모두 일렬로 나열할 때, 문자 a는 서로 이웃하지 않고, c는 항상 d보다 앞에 나열되는 경우의 수는?

① 52 ② 54 ③ 56 ④ 58 ⑤ 60

3

세 수 1, 2, 3 중에서 중복을 허락하여 임의로 3개의 수를 택해 차례대로 a, b, c라 할 때, $(a-b)(a+b-c)=0$이 성립할 확률은?

① $\frac{11}{27}$ ② $\frac{4}{9}$ ③ $\frac{13}{27}$ ④ $\frac{14}{27}$ ⑤ $\frac{5}{9}$

4

•학평 기출•

확률변수 X는 정규분포 $\mathrm{N}(8,\ 2^2)$, 확률변수 Y는 정규분포 $\mathrm{N}(12,\ 2^2)$을 따르고, 확률변수 X와 Y의 확률밀도함수는 각각 $f(x)$와 $g(x)$이다.

두 함수 $y=f(x)$, $y=g(x)$의 그래프가 만나는 점의 x좌표를 a라 할 때, $\mathrm{P}(8\le Y\le a)$의 값을 오른쪽 표준정규분포표를 이용하여 구한 것은? [3점]

z	$\mathrm{P}(0\le Z\le z)$
0.5	0.1915
1.0	0.3413
1.5	0.4332
2.0	0.4772

① 0.1359 ② 0.1587 ③ 0.2417
④ 0.2857 ⑤ 0.3085

5

집합 $X=\{1,\ 2,\ 3,\ 4,\ 5\}$에 대하여 다음 조건을 만족시키는 함수 $f: X \longrightarrow X$의 개수는?

(가) $f(2)+f(3)=4$
(나) 집합 X의 두 원소 $a,\ b$에 대하여 $a<b$이면 $f(a)\le f(b)$이다.

① 20 ② 22 ③ 24
④ 26 ⑤ 28

6

•모평 기출•

다음 조건을 만족시키는 음이 아닌 정수 a, b, c, d의 모든 순서쌍 (a, b, c, d)의 개수를 구하시오. [4점]

> (가) $a+b+c+d=6$
> (나) a, b, c, d 중에서 적어도 하나는 0이다.

7

•수능 기출•

어느 회사 직원들의 어느 날의 출근 시간은 평균이 66.4분, 표준편차가 15분인 정규분포를 따른다고 한다. 이 날 출근 시간이 73분 이상인 직원들 중에서 40 %, 73분 미만인 직원들 중에서 20 %가 지하철을 이용하였고, 나머지 직원들은 다른 교통수단을 이용하였다. 이 날 출근한 이 회사 직원들 중 임의로 선택한 1명이 지하철을 이용하였을 확률은? (단, Z가 표준정규분포를 따르는 확률변수일 때, $\mathrm{P}(0 \le Z \le 0.44) = 0.17$로 계산한다.) [4점]

① 0.306　② 0.296　③ 0.286
④ 0.276　⑤ 0.266

8

흰 공 3개와 검은 공 4개가 들어 있는 주머니가 있다. 이 주머니에서 임의로 2개의 공을 동시에 꺼내어 같은 색 공이 나오면 이 주머니에서 다시 임의로 3개의 공을 동시에 꺼내고, 다른 색 공이 나오면 이 주머니에서 다시 임의로 2개의 공을 동시에 꺼낸다. 두 번째 꺼낸 공 중 적어도 한 개가 흰 공일 확률은?

(단, 꺼낸 공은 다시 넣지 않는다.)

① $\frac{27}{35}$　② $\frac{4}{5}$　③ $\frac{29}{35}$
④ $\frac{6}{7}$　⑤ $\frac{31}{35}$

9

• 모평 기출 •

좌표평면 위에 두 점 $\mathrm{A}(0,\ 4)$, $\mathrm{B}(0,\ -4)$가 있다. 한 개의 주사위를 두 번 던질 때 나오는 눈의 수를 차례로 m, n이라 하자. 점 $\mathrm{C}\left(m\cos\frac{n\pi}{3},\ m\sin\frac{n\pi}{3}\right)$에 대하여 삼각형 ABC의 넓이가 12보다 작을 확률은? [4점]

① $\frac{1}{2}$ ② $\frac{5}{9}$ ③ $\frac{11}{18}$

④ $\frac{2}{3}$ ⑤ $\frac{13}{18}$

10

모집단의 확률변수 X는 정수 m에 대하여 정규분포 $\mathrm{N}(m,\ \sigma^2)$을 따르고 다음 조건을 만족시킨다.

(가) $\mathrm{P}(X\geq 10)\leq \mathrm{P}(X\leq 16)$
(나) $\mathrm{P}(X\leq 12)\leq \mathrm{P}(X\geq 8)$

이 모집단에서 크기가 16인 표본을 임의추출하여 구한 표본평균을 $\overline{X_1}$라 할 때,

$$\mathrm{P}(\overline{X_1}\leq 9)>\mathrm{P}(X\geq 15)$$

이고, 이 모집단에서 크기가 4인 표본을 임의추출하여 구한 표본평균을 $\overline{X_2}$라 할 때,

$$\mathrm{P}(\overline{X_1}\leq m-1)+\mathrm{P}(\overline{X_2}\geq m+1)=0.4672$$

이다. $m+\sigma$의 값을 오른쪽 표준정규분포표를 이용하여 구한 것은? (단, $\sigma>0$)

z	$\mathrm{P}(0\leq Z\leq z)$
0.5	0.1915
1.0	0.3413
1.5	0.4332
2.0	0.4772

① 11 ② 12

③ 13 ④ 14

⑤ 15

9회 미니 모의고사

제한 시간: 45분			
시작 시각	:	종료 시각	:

1

•학평 기출•

다섯 개의 숫자 1, 2, 3, 4, 5 중에서 중복을 허용하여 3개의 숫자를 뽑아 세 자리의 자연수를 만들 때, 홀수의 개수를 구하시오. [3점]

2

어느 모집단의 확률분포를 표로 나타내면 다음과 같다.

X	0	1	2	합계
$\mathrm{P}(X=x)$	$\frac{1}{3}$	a	b	1

이 모집단에서 크기가 9인 표본을 임의추출하여 구한 표본평균을 $\overline{X}$라 하자. $\mathrm{E}(\overline{X})=\frac{3}{4}$일 때, $\mathrm{V}\left(\frac{1}{b}\overline{X}+a\right)$의 값은?

① 5 ② $\frac{16}{3}$ ③ $\frac{17}{3}$

④ 6 ⑤ $\frac{19}{3}$

3

서로 독립인 두 사건 A, B에 대하여 $\mathrm{P}(A)$, $\mathrm{P}(B)$가 이차방정식 $3ax^2-7x+a=0$의 두 근이고

$$\mathrm{P}(A\cup B)=\frac{5}{6},\ \mathrm{P}(A)<\mathrm{P}(B)$$

일 때, $\mathrm{P}(A\cap B^C)$의 값은? (단, a는 상수이다.)

① $\frac{1}{12}$ ② $\frac{1}{6}$ ③ $\frac{1}{4}$

④ $\frac{1}{3}$ ⑤ $\frac{5}{12}$

4

•수능 기출•

어느 자동차 회사에서 생산하는 전기 자동차의 1회 충전 주행 거리는 평균이 m이고 표준편차가 σ인 정규분포를 따른다고 한다. 이 자동차 회사에서 생산한 전기 자동차 100대를 임의추출하여 얻은 1회 충전 주행 거리의 표본평균이 $\overline{x_1}$일 때, 모평균 m에 대한 신뢰도 95 %의 신뢰구간이 $a \le m \le b$이다. 이 자동차 회사에서 생산한 전기 자동차 400대를 임의추출하여 얻은 1회 충전 주행 거리의 표본평균이 $\overline{x_2}$일 때, 모평균 m에 대한 신뢰도 99 %의 신뢰구간이 $c \le m \le d$이다. $\overline{x_1} - \overline{x_2} = 1.34$이고 $a = c$일 때, $b - a$의 값은? (단, 주행 거리의 단위는 km이고, Z가 표준정규분포를 따르는 확률변수일 때
$\mathrm{P}(|Z| \le 1.96) = 0.95$, $\mathrm{P}(|Z| \le 2.58) = 0.99$로 계산한다.)

[3점]

① 5.88 ② 7.84 ③ 9.80 ④ 11.76 ⑤ 13.72

5

$\dfrac{(1+x)^4}{x} + \dfrac{(1+x)^5}{x^2} + \dfrac{(1+x)^6}{x^3} + \cdots + \dfrac{(1+x)^{10}}{x^7}$의 전개식에서 x의 계수는?

① 161 ② 162 ③ 163 ④ 164 ⑤ 165

6

•수능 기출•

좌표평면의 원점에 점 A가 있다. 한 개의 동전을 사용하여 다음 시행을 한다.

> 동전을 한 번 던져
> 앞면이 나오면 점 A를 x축의 양의 방향으로 1만큼,
> 뒷면이 나오면 점 A를 y축의 양의 방향으로 1만큼
> 이동시킨다.

위의 시행을 반복하여 점 A의 x좌표 또는 y좌표가 처음으로 3이 되면 이 시행을 멈춘다. 점 A의 y좌표가 처음으로 3이 되었을 때, 점 A의 x좌표가 1일 확률은? [4점]

① $\frac{1}{4}$　② $\frac{5}{16}$　③ $\frac{3}{8}$
④ $\frac{7}{16}$　⑤ $\frac{1}{2}$

7

•모평 기출•

다음 조건을 만족시키는 음이 아닌 정수 x_1, x_2, x_3, x_4의 모든 순서쌍 (x_1, x_2, x_3, x_4)의 개수는? [4점]

> (가) $n=1, 2, 3$일 때, $x_{n+1}-x_n \ge 2$이다.
> (나) $x_4 \le 12$

① 210　② 220　③ 230
④ 240　⑤ 250

8

어느 회사의 신입사원 선발 시험의 점수는 평균이 72점, 표준편차가 4점인 정규분포를 따르고, 선발시험의 점수가 76점 이상이면 합격한다. 이 회사의 신입사원 선발시험에 응시한 지원자 중 임의로 택한 1명이 선발시험에서 합격했을 때, 이 지원자의 점수가 78점 이상일 확률을 p_1, 불합격했을 때 이 지원자의 점수가 64점 이하일 확률을 p_2라 하자. $\frac{p_1}{p_2}$의 값을 오른쪽 표준정규분포표를 이용하여 구한 것은?

z	$P(0 \le Z \le z)$
0.5	0.19
1.0	0.34
1.5	0.43
2.0	0.48

① $\frac{141}{8}$　② $\frac{143}{8}$　③ $\frac{145}{8}$
④ $\frac{147}{8}$　⑤ $\frac{149}{8}$

정답과 해설 76쪽

9

상자에 1, 2, 2, 3, 3, 3, 4, 4, 4, 4가 하나씩 적혀 있는 10장의 카드가 들어 있다. 이 상자에서 카드를 임의로 한 장씩 꺼내어 적혀 있는 수를 더해 나갈 때 더한 수의 합이 6 이상이 될 때까지 꺼낸 카드의 개수를 확률변수 X라 하자. $\mathrm{E}(360X)$의 값은? (단, 꺼낸 카드는 다시 넣지 않는다.)

① 851 ② 854 ③ 857 ④ 860 ⑤ 863

10

• 학평 기출 •

집합 $X=\{x\,|\,x$는 8 이하의 자연수$\}$에 대하여 X에서 X로의 함수 f 중에서 임의로 하나를 선택한다. 선택한 함수 f가 4 이하의 모든 자연수 n에 대하여 $f(2n-1)<f(2n)$일 때, $f(1)=f(5)$일 확률은? [4점]

① $\frac{1}{7}$ ② $\frac{5}{28}$ ③ $\frac{3}{14}$ ④ $\frac{1}{4}$ ⑤ $\frac{2}{7}$

10회 미니 모의고사

제한 시간: 45분			
시작 시각	:	종료 시각	:

1

•모평 기출•

다항식 $(x+2)^{19}$의 전개식에서 x^k의 계수가 x^{k+1}의 계수보다 크게 되는 자연수 k의 최솟값은? [3점]

① 4　② 5　③ 6　④ 7　⑤ 8

2

6개의 숫자 1, 2, 3, 4, 5, 6을 모두 일렬로 나열할 때, 1과 2 사이에 적어도 두 숫자가 나열될 확률은?

① $\frac{1}{10}$　② $\frac{1}{5}$　③ $\frac{3}{10}$　④ $\frac{2}{5}$　⑤ $\frac{1}{2}$

3

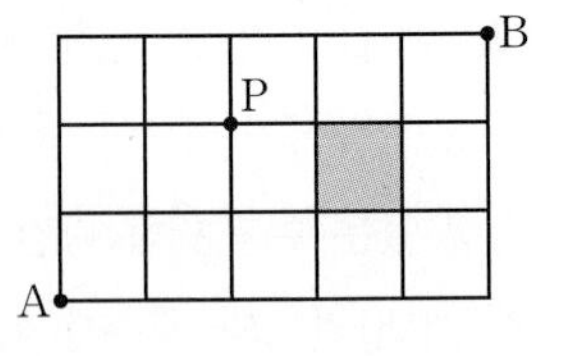

그림과 같이 정사각형 모양의 도로망 위에 세 지점 A, B, P가 있다. 이 도로망을 따라 A 지점에서 출발하여 B 지점까지 최단 거리로 갈 때, 다음 조건을 만족시키는 경우의 수를 구하시오.

> (가) 색칠된 사각형을 둘러싼 도로를 한 부분이라도 반드시 지난다.
> (나) P 지점은 지나지 않는다.

4

•모평 기출•

어느 회사에서 생산하는 초콜릿 한 개의 무게는 평균이 m, 표준편차가 σ인 정규분포를 따른다고 한다. 이 회사에서 생산하는 초콜릿 중에서 임의추출한, 크기가 49인 표본을 조사하였더니 초콜릿 무게의 표본평균의 값이 $\bar{x}$이었다. 이 결과를 이용하여, 이 회사에서 생산하는 초콜릿 한 개의 무게의 평균 m에 대한 신뢰도 95 %의 신뢰구간을 구하면 $1.73 \le m \le 1.87$이다.

$\frac{\sigma}{\bar{x}}=k$일 때, $180k$의 값을 구하시오. (단, 무게의 단위는 g이고, Z가 표준정규분포를 따르는 확률변수일 때, $\mathrm{P}(0 \le Z \le 1.96)=0.475$로 계산한다.) [4점]

5

연속확률변수 X가 갖는 값의 범위는 $0 \le X \le 5$이고, X의 확률밀도함수 $f(x)$의 그래프는 그림과 같다. 또한, 연속확률변수 Y가 갖는 값의 범위는 $0 \le Y \le 10$이고, Y의 확률밀도함수 $g(x)$는

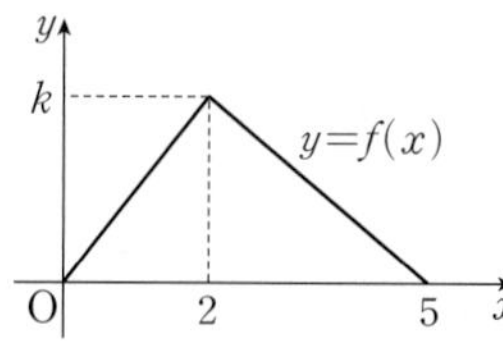

$$g(x)=\begin{cases} 2af(x) & (0 \le x < 5) \\ af(x-5) & (5 \le x \le 10) \end{cases}$$

일 때, $\mathrm{P}(3 \le Y \le 7)$의 값은? (단, k, a는 상수이다.)

① $\frac{11}{45}$　② $\frac{4}{15}$　③ $\frac{13}{45}$　④ $\frac{14}{45}$　⑤ $\frac{3}{9}$

6

흰 공 2개, 검은 공 4개가 들어 있는 주머니가 있다. 주사위 한 개를 던져서 나오는 눈의 수가 4 이하이면 주머니에 흰 공을 2개 넣고, 그렇지 않으면 주머니에 검은 공을 1개 넣는다. n번째 시행 후 흰 공의 개수를 a_n, 검은 공의 개수를 b_n이라 한다. $a_4 \ge b_4$인 사건을 A, $a_1 < b_1$, $a_2 < b_2$, $a_3 \ge b_3$을 모두 만족시키는 사건을 B라 할 때, $\mathrm{P}(B|A)$의 값은?

(단, 흰 공과 검은 공은 충분히 많이 있다.)

① $\frac{1}{6}$　② $\frac{1}{4}$　③ $\frac{1}{3}$　④ $\frac{5}{12}$　⑤ $\frac{1}{2}$

7

• 모평 기출 •

지역 A에 살고 있는 성인들의 1인 하루 물 사용량을 확률변수 X, 지역 B에 살고 있는 성인들의 1인 하루 물 사용량을 확률변수 Y라 하자. 두 확률변수 X, Y는 정규분포를 따르고 다음 조건을 만족시킨다.

> (가) 두 확률변수 X, Y의 평균은 각각 220과 240이다.
> (나) 확률변수 Y의 표준편차는 확률변수 X의 표준편차의 1.5배이다.

지역 A에 살고 있는 성인 중 임의추출한 n명의 1인 하루 물 사용량의 표본평균을 $\overline{X}$, 지역 B에 살고 있는 성인 중 임의추출한 $9n$명의 1인 하루 물 사용량의 표본평균을 $\overline{Y}$라 하자.

$\mathrm{P}(\overline{X} \le 215) = 0.1587$

일 때, $\mathrm{P}(\overline{Y} \ge 235)$의 값을 오른쪽 표준정규분포표를 이용하여 구한 것은?

(단, 물 사용량의 단위는 L이다.) [3점]

z	$\mathrm{P}(0 \le Z \le z)$
0.5	0.1915
1.0	0.3413
1.5	0.4332
2.0	0.4772

① 0.6915　② 0.7745　③ 0.8185　④ 0.8413　⑤ 0.9772

정답과 해설 79쪽

8

• 모평 기출 •

방정식 $a+b+c=9$를 만족시키는 음이 아닌 정수 a, b, c의 모든 순서쌍 (a, b, c) 중에서 임의로 한 개를 선택할 때, 선택한 순서쌍 (a, b, c)가

$a<2$ 또는 $b<2$

를 만족시킬 확률은 $\frac{q}{p}$이다. $p+q$의 값을 구하시오.

(단, p와 q는 서로소인 자연수이다.) [4점]

9

충분히 큰 자연수 n에 대하여 이항분포 $\mathrm{B}(n, p)$를 따르는 확률변수 X가 다음 조건을 만족시킨다.

(가) $\sum_{k=0}^{n} k\,{}_{n}\mathrm{C}_{k}p^{k}(1-p)^{n-k}=20$

(나) $\sum_{k=0}^{n} k^{2}\,{}_{n}\mathrm{C}_{k}p^{k}(1-p)^{n-k}=416$

z	$\mathrm{P}(0\le Z\le z)$
0.5	0.1915
1.0	0.3413
1.5	0.4332
2.0	0.4772

이때 $\frac{\mathrm{P}(X=10)}{\mathrm{P}(X=9)}+\sum_{k=14}^{n} {}_{n}\mathrm{C}_{k}p^{k}(1-p)^{n-k}$의 값을 위의 표준정규분포표를 이용하여 구한 것은?

① 3.1163 ② 3.1198 ③ 3.2082
④ 3.2265 ⑤ 3.2522

10

• 수능 기출 •

두 집합 $X=\{1, 2, 3, 4, 5\}$, $Y=\{1, 2, 3, 4\}$에 대하여 다음 조건을 만족시키는 X에서 Y로의 함수 f의 개수는? [4점]

(가) 집합 X의 모든 원소 x에 대하여 $f(x)\ge\sqrt{x}$이다.
(나) 함수 f의 치역의 원소의 개수는 3이다.

① 128 ② 138 ③ 148
④ 158 ⑤ 168

3/4점 기출 집중 공략엔

수능엔유형

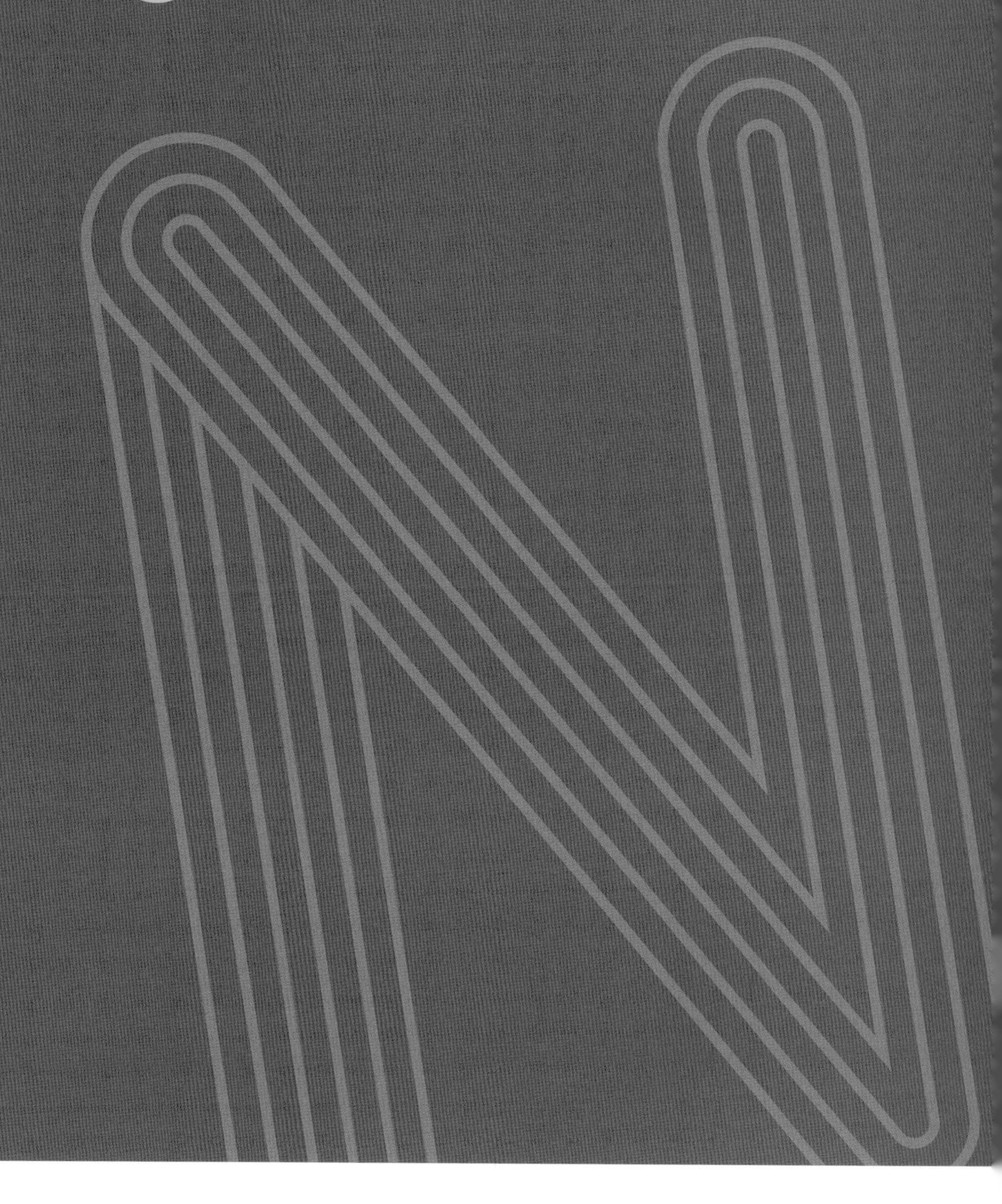

정답과 해설

확률과 통계

3/4점 기출 집중 공략엔

수능엔유형

확률과 통계

정답과 해설

빠른 정답

Ⅰ 순열과 조합

001	③	002	③	003	②	004	④	005	⑤	006	①	007	840	008	③	009	②	010	④
011	④	012	729	013	⑤	014	④	015	③	016	①	017	①	018	④	019	④	020	⑤
021	④	022	③	023	④	024	①	025	32	026	⑤	027	④	028	②	029	45	030	③
031	①	032	100	033	③	034	④	035	②	036	⑤	037	③	038	35	039	①	040	②
041	⑤	042	①	043	120	044	⑤	045	②	046	③	047	②	048	392	049	②	050	②
051	②	052	③	053	③	054	11	055	⑤	056	①	057	①	058	②	059	900	060	③
061	④	062	⑤	063	⑤	064	②	065	②	066	④	067	866	068	③	069	①	070	④
071	③	072	109	073	②	074	⑤												

Ⅱ 확률

075	②	076	⑤	077	③	078	④	079	①	080	④	081	③	082	②	083	②	084	17
085	①	086	③	087	②	088	③	089	667	090	②	091	③	092	47	093	143	094	891
095	③	096	⑤	097	③	098	⑤	099	⑤	100	①	101	⑤	102	22	103	④	104	②
105	③	106	139	107	⑤	108	①	109	②	110	①	111	①	112	⑤	113	②	114	①
115	61	116	10	117	53	118	⑤	119	8	120	3	121	33	122	66	123	①	124	⑤
125	⑤	126	③	127	②	128	91	129	99	130	⑤	131	⑤	132	③	133	④	134	③
135	24	136	⑤	137	⑤	138	④	139	217	140	607	141	④	142	64				

Ⅲ 통계

143	⑤	144	③	145	②	146	③	147	③	148	④	149	③	150	①	151	78	152	②
153	③	154	⑤	155	15	156	②	157	395	158	①	159	30	160	⑤	161	③	162	200
163	④	164	⑤	165	31	166	11	167	④	168	④	169	⑤	170	③	171	④	172	②
173	③	174	①	175	⑤	176	⑤	177	③	178	②	179	④	180	①	181	⑤	182	②
183	③	184	①	185	①	186	⑤	187	②	188	③	189	64	190	36	191	②	192	③
193	385	194	⑤	195	③	196	15	197	31	198	①	199	④	200	①	201	②	202	②
203	⑤	204	③	205	②	206	①	207	①	208	③								

미니 모의고사

1회

1 ②	2 63	3 ③	4 ③	5 ②
6 ⑤	7 ⑤	8 ①	9 150	10 ④

2회

1 ④	2 ④	3 491	4 ④	5 ⑤
6 ①	7 546	8 ③	9 8	10 8

3회

1 180	2 ②	3 35	4 12	5 ③
6 ③	7 ③	8 ⑤	9 ①	10 672

4회

1 ③	2 ②	3 ①	4 ③	5 ②
6 468	7 ④	8 ⑤	9 ③	10 115

5회

1 ②	2 ⑤	3 ①	4 ④	5 ③
6 10	7 238	8 ⑤	9 ③	10 ④

6회

1 ③	2 ④	3 ①	4 ③	5 ②
6 121	7 ④	8 ①	9 46	10 49

7회

1 ②	2 ④	3 ⑤	4 184	5 ②
6 37	7 25	8 43	9 162	10 ②

8회

1 8	2 ⑤	3 ①	4 ①	5 ④
6 74	7 ⑤	8 ①	9 ④	10 ④

9회

1 75	2 ③	3 ②	4 ②	5 ①
6 ③	7 ①	8 ④	9 ①	10 ②

10회

1 ③	2 ④	3 26	4 25	5 ④
6 ①	7 ⑤	8 89	9 ③	10 ①

I 순열과 조합

step 0 기출에서 뽑은 실전 개념 OX

본문 9쪽

01 ×	02 ×	03 ○	04 ○	05 ○
06 ×	07 ○	08 ×	09 ○	10 ×

step 1 3점·4점 유형 정복하기

(어려운 / 쉬운)

본문 10~23쪽

001

A, B가 이웃하여 원 모양의 탁자에 앉는 경우의 수는

$2!=2$

C가 나머지 4개의 자리 중 B와 이웃하지 않는 3개의 자리에 앉는 경우의 수는

${}_3C_1=3$

나머지 3명이 나머지 3개의 자리에 앉는 경우의 수는

$3!=6$

따라서 구하는 경우의 수는

$2\times3\times6=36$ 답 ③

다른 풀이 6명의 학생을 A, B, C, D, E, F라 하자.

조건 (가)에서 A와 B는 이웃하므로 A와 B를 묶어 X라 하면 X, C, D, E, F가 원 모양의 탁자에 둘러앉는 경우의 수는

$(5-1)!=4!=24$

이때 A, B가 서로 자리를 바꾸는 경우의 수는 $2!=2$이므로

A, B가 이웃하고 C, D, E, F와 원 모양의 탁자에 둘러앉는 경우의 수는

$24\times2=48$

이 중에서 A, B가 이웃하고 C가 B와 이웃하여 A, B, C 또는 C, B, A의 순서대로 원 모양의 탁자에 둘러앉는 경우를 제외해야 한다.

A, B, C (또는 C, B, A)를 이 순서대로 Y라 놓고, Y, D, E, F가 원 모양의 탁자에 둘러앉는 경우의 수는

$2\times(4-1)!=2\times6=12$

따라서 구하는 경우의 수는

$48-12=36$

002

3명의 1학년 학생 중 2명, 3명의 2학년 학생 중 2명을 뽑는 경우의 수는

${}_3C_2\times{}_3C_2={}_3C_1\times{}_3C_1=3\times3=9$

1학년 학생 2명과 2학년 학생 2명을 각각 한 학생으로 생각하여 5명의 학생을 원형으로 배열하는 경우의 수는

$(5-1)!=4!=24$

1학년 학생 2명이 서로 자리를 바꾸는 경우의 수는 $2!$

2학년 학생 2명이 서로 자리를 바꾸는 경우의 수는 $2!$

따라서 구하는 경우의 수는

$9\times24\times2!\times2!=864$ 답 ③

003

5명을 원형으로 둘러앉히는 경우의 수는

$(5-1)!=4!=24$

이 각각에 대하여 (홀수, 짝수, 홀수, 짝수, 홀수)가 적힌 카드를 나열하는 경우의 수는

$3!\times2!=12$

따라서 구하는 경우의 수는

$24\times12=288$ 답 ②

004

8명의 학생 중 원탁에 앉을 여학생 2명과 남학생 3명을 정하는 경우의 수는

${}_3C_2\times{}_5C_3={}_3C_1\times{}_5C_2=3\times10=30$

5명의 학생이 원탁에 둘러앉는 경우의 수는

$(5-1)!=4!=24$

한편, 여학생끼리 이웃하는 경우의 수는

여학생 2명을 묶어서 한 명으로 생각하면

$(4-1)!=3!=6$

이때 여학생 2명이 서로 자리를 바꾸는 경우의 수 $2!$이므로 여학생끼리 이웃하여 원탁에 둘러앉는 경우의 수는

$6\times2=12$

따라서 구하는 경우의 수는

$30\times(24-12)=360$ 답 ④

다른 풀이 3명의 남학생이 원탁에 둘러앉는 경우의 수는

$(3-1)!=2!=2$

원탁에 앉은 3명의 남학생 사이사이의 3개의 자리 중에서 2개의 자리를 택해 여학생 2명이 앉는 경우의 수는

${}_3P_2=3\times2=6$

따라서 구하는 경우의 수는

$30\times2\times6=360$

005

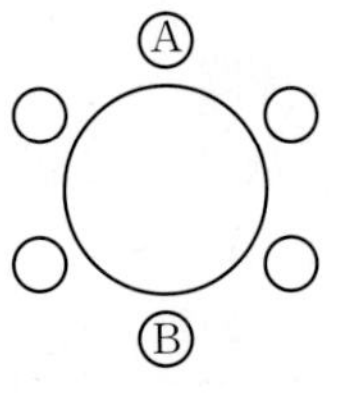

6명이 원탁에 둘러앉을 때, A와 B가 서로 맞은편에 앉는 경우의 수는 1

나머지 4개의 자리 중 한 개에 한 선생님이 앉는 경우의 수는 4, 다른 선생님이 이웃하지 않게 앉는 경우의 수는 2, 나머지 2개의 자리에 학생 2명이 앉는 경우의 수는 $2!$이므로 구하는 경우의 수는

$1\times4\times2\times2!=16$ 답 ⑤

006

1부터 12까지의 모든 자연수를 각 카드의 양면에 1개씩 적을 때, 6장의 카드에 적힌 두 수의 합이 서로 같기 위해서는 두 수의 합이 각각 13이 되어야 한다.

즉, 각 카드에는

(1, 12), (2, 11), (3, 10), (4, 9), (5, 8), (6, 7)

을 적어야 한다.

따라서 1, 2, 3, 4, 5, 6을 원형으로 놓여 있는 카드에 적는 경우의 수는

$(6-1)!=5!=120$

이 각각에 대하여 1, 2, 3, 4, 5, 6이 적힌 카드의 다른 면에 각각 12, 11, 10, 9, 8, 7을 적으면 되므로 그 경우의 수는 1이다.

따라서 구하는 경우의 수는

$120\times1=120$ 답 ①

007

가운데 원을 색칠하는 경우의 수는

${}_7C_1=7$

가운데 원에 칠한 색을 제외한 6가지 색을 모두 사용하여 나머지 6개의 원을 색칠하는 경우의 수는

$(6-1)!=5!=120$

따라서 구하는 경우의 수는

$7\times120=840$ 답 840

008

노란색을 제외한 5가지의 색 중에서 도형에 칠할 3가지의 색을 정하는 경우의 수는

${}_5C_3={}_5C_2=10$

노란색을 칠하는 위치에 따라 다음과 같이 경우를 나눌 수 있다.

(i) 노란색을 정사각형에 칠하는 경우

노란색을 포함한 4가지 색을 4개의 삼각형에 칠하는 경우의 수는

$(4-1)!=3!=6$

따라서 이 경우의 수는

$10\times6=60$

(ii) 노란색이 아닌 색을 정사각형에 칠하는 경우

정사각형에 칠할 색을 정하는 경우의 수는

${}_3C_1=3$

이 각각에 대하여 4개의 삼각형 중에서

㉠ 노란색을 이웃하여 칠하는 경우

나머지 2개의 삼각형을 칠하는 경우의 수는 $2!=2$

㉡ 노란색을 이웃하여 칠하지 않는 경우

나머지 2개의 삼각형을 칠하는 경우의 수는 1

㉠, ㉡에 의하여 이 경우의 수는

$10\times3\times(2+1)=90$

(i), (ii)에 의하여 구하는 경우의 수는

$60+90=150$ 답 ③

009

먼저 빨간색을 삼각형에 칠하고 노란색을 원에 칠한다고 하자.

빨간색과 노란색을 제외한 4가지의 색 중에서 삼각형에 칠할 2가지의 색을 정하는 경우의 수는 ${}_4C_2=6$

빨간색을 포함한 3가지의 색을 3개의 삼각형에 각각 한 개씩 칠하는 경우의 수는 $(3-1)!=2!=2$

노란색은 빨간색과 접하는 영역에 칠하면 안 되므로 노란색을 칠하는 원을 정하는 경우의 수는 ${}_2C_1=2$

이 각각에 대하여 나머지 2가지의 색을 나머지 2개의 원에 칠하는 경우의 수는 $2!=2$

따라서 이 경우의 수는

$6\times2\times2\times2=48$

빨간색을 원에 칠하고 노란색을 삼각형에 칠하는 경우의 수도 48이므로 구하는 경우의 수는

$48+48=96$ 답 ②

010

그림과 같이 7개의 원에 번호를 부여하자.

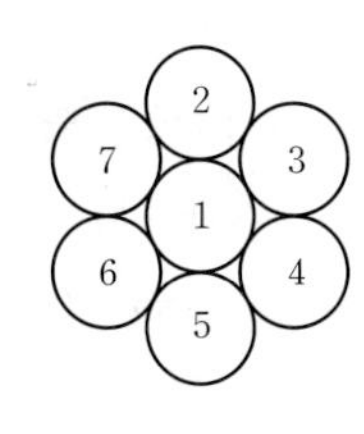

(i) 파란색을 1에 칠하는 경우

파란색을 포함한 6가지 색으로 나머지 6개의 원을 칠하는 경우의 수는

$(6-1)!=5!=120$

(ii) 파란색을 2, 3에 칠하는 경우

파란색을 제외한 5가지의 색으로 나머지 5개의 원을 칠하는 경우의 수는

$5!=120$

(iii) 파란색을 2, 4에 칠하는 경우

파란색을 제외한 5가지의 색으로 나머지 5개의 원을 칠하는 경우의 수는

$5!=120$

(iv) 파란색을 2, 5에 칠하는 경우

1번 원에 칠할 색을 정하는 경우의 수는

${}_5C_1=5$

이 각각에 대하여 나머지 4가지의 색으로 4개의 원을 칠하는 경우의 수는

$\dfrac{4!}{2}=12$

따라서 이 경우의 수는

$5\times12=60$

(i)~(iv)에 의하여 구하는 경우의 수는

$120+120+120+60=420$ 답 ④

011

조건 (나)에 의하여 만의 자리의 숫자는 1 또는 2이므로 만의 자리의 숫자를 정하는 경우의 수는 2

조건 (가)에 의하여 일의 자리의 숫자는 1 또는 3 또는 5이므로 일의 자리의 숫자를 정하는 경우의 수는 3

천의 자리, 백의 자리, 십의 자리의 숫자를 정하는 경우의 수는

${}_5\Pi_3=5^3=125$

따라서 구하는 자연수 N의 개수는

$2\times125\times3=750$ 답 ④

012

4권의 수학 참고서를 2권, 1권, 1권으로 묶는 경우의 수는

${}_4C_2\times{}_2C_1\times{}_1C_1\times\frac{1}{2!}=6\times2\times1\times\frac{1}{2}=6$

3묶음의 수학 참고서를 3명의 학생에게 나누어 주는 경우의 수는

$3!=6$

따라서 서로 다른 수학 참고서 4권을 3명의 학생에게 나누어 주는 경우의 수는

$6\times6=36$

이 각각에 대하여 서로 다른 영어 참고서 5권을 3명의 학생에게 나누어 주는 경우의 수는

${}_3\Pi_5=3^5=243$

따라서 구하는 경우의 수 N은

$N=36\times243$

$\therefore \frac{N}{12}=\frac{36\times243}{12}=729$ 답 729

013

1, 2, 3, 4, 5 중에서 서로 다른 3개를 택하여 이 세 수를 작은 수부터 크기순으로 a, $b(=c)$, d로 정하는 경우의 수는

${}_5C_3={}_5C_2=10$

이 각각에 대하여 1, 2, 3, 4, 5 중에서 중복을 허락하여 3개를 택해 백만의 자리, 십만의 자리, 만의 자리의 숫자를 정하는 경우의 수는

${}_5\Pi_3=5^3=125$

따라서 구하는 자연수의 개수는

$10\times125=1250$ 답 ⑤

다른 풀이 (i) $b=c=2$일 때

a가 될 수 있는 수는 1의 1가지

d가 될 수 있는 수는 3, 4, 5의 3가지

따라서 a, d를 정하는 경우의 수는 $1\times3=3$

(ii) $b=c=3$일 때

a가 될 수 있는 수는 1, 2의 2가지

d가 될 수 있는 수는 4, 5의 2가지

따라서 a, d를 정하는 경우의 수는 $2\times2=4$

(iii) $b=c=4$일 때

a가 될 수 있는 수는 1, 2, 3의 3가지

d가 될 수 있는 수는 5의 1가지

따라서 a, d를 정하는 경우의 수는 $3\times1=3$

(i), (ii), (iii)에 의하여 a, b, c, d를 정하는 경우의 수는

$3+4+3=10$

014

홀수와 짝수가 적힌 카드를 각각 1장씩 택하여 양쪽 끝에 나열하는 경우의 수는

${}_4C_1\times{}_3C_1\times2!=3\times4\times2=24$

이 각각에 대하여 양 끝을 제외한 나머지 세 곳에 나열되는 카드를 택하는 경우의 수는 짝수 2, 4, 6이 적힌 카드 중에서 중복을 허락하여 세 장을 택해 일렬로 나열하는 중복순열의 수와 같으므로

${}_3\Pi_3=3^3=27$

따라서 구하는 경우의 수는 $24\times27=648$ 답 ④

다른 풀이 구하는 경우의 수는 홀수가 적힌 카드 1장을 택하여 오른쪽 또는 왼쪽 끝에 나열하고 나머지 네 곳에 짝수가 적힌 카드 4장을 택하여 일렬로 나열하는 중복순열의 수와 같으므로

홀	짝	짝	짝	짝
짝	짝	짝	짝	홀

$2\times{}_4C_1\times{}_3\Pi_4=2\times4\times3^4=648$

015

각 자리에 있는 모든 숫자의 합이 짝수인 경우는 다음과 같이 나누어 생각할 수 있다.

(i) 5개 모두 짝수인 경우

짝수 2, 4에서 중복을 허락하여 5개를 택해 일렬로 나열하는 중복순열의 수와 같으므로

${}_2\Pi_5=2^5=32$

(ii) 짝수가 3개, 홀수가 2개인 경우

다섯 자리 중에서 3개의 짝수가 놓일 자리를 정하는 경우의 수는

${}_5C_3={}_5C_2=10$

이 각각에 대하여 짝수 2, 4에서 중복을 허락하여 3개를 택해 일렬로 나열하고, 홀수 1, 3, 5에서 중복을 허락하여 2개를 택해 일렬로 나열하는 경우의 수는

${}_2\Pi_3\times{}_3\Pi_2=2^3\times3^2=72$

따라서 이 경우의 수는 $10\times72=720$

(iii) 짝수가 1개, 홀수가 4개인 경우

다섯 자리 중에서 1개의 짝수가 놓일 자리를 정하는 경우의 수는

${}_5C_1=5$

이 각각에 대하여 짝수 2, 4 중 1개를 나열하고, 홀수 1, 3, 5에서 중복을 허락하여 4개를 택해 일렬로 나열하는 경우의 수는

$2\times{}_3\Pi_4=2\times3^4=162$

따라서 이 경우의 수는 $5\times162=810$

(i), (ii), (iii)에 의하여 구하는 경우의 수는 $32+720+810=1562$이므로

$a\times22=1562$ $\therefore a=\frac{1562}{22}=71$ 답 ③

016

(i) 문자 A를 2번 나열하는 경우

2개의 문자 A를 나열하는 위치에 따라 다음과 같이 나눌 수 있다.

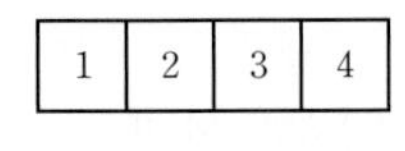

㉠ 문자 A가 1, 2 (또는 3, 4)에 오는 경우

문자 A와 B가 서로 이웃하지 않아야 되므로 A, B를 제외한 나머지 3개의 문자 중 1개를 택하여 3 (또는 2)에 나열하고 남은 한 자리에는 문자 A를 제외한 나머지 4개의 문자 중에서 한 문자를 나열하면 된다. 즉, 이 경우의 수는

$2\times3\times4=24$

㉡ 문자 A가 1, 3 또는 1, 4 또는 2, 3 또는 2, 4에 오는 경우

문자 A와 B가 이웃하지 않아야 되므로 A, B를 제외한 나머지 3개의 문자 중에서 중복을 허락하여 2개를 택해 남은 두 자리에 나열하면 된다. 즉, 이 경우의 수는

$4\times{}_3\Pi_2=4\times3^2=36$

㉠, ㉡에 의하여 이 경우의 수는

$24+36=60$

(ii) 문자 A를 3번 나열하는 경우

문자 A, B가 아닌 나머지 문자 1개를 정하는 경우의 수는

${}_3C_1=3$

정해진 문자를 나열하는 위치를 정하는 경우의 수는

${}_4C_1=4$

따라서 이 경우의 수는 $3\times4=12$

(iii) 문자 A를 4번 나열하는 경우의 수는 1이다.

(i), (ii), (iii)에 의하여 구하는 경우의 수는

$60+12+1=73$

답 ①

017

(i) 홀수 1개, 짝수 4개를 택하는 경우

홀수 1, 3, 5 중에서 1개를 택하는 경우의 수는

${}_3C_1=3$

이 각각에 대하여 짝수는 2, 4, 6 중에서 2개를 택하여 두 번씩 사용해야 하므로 짝수를 택하는 경우의 수는

${}_3C_2={}_3C_1=3$

택한 5개의 수를 일렬로 나열하는 경우의 수는

$\frac{5!}{2!\times2!}=30$

따라서 이 경우의 수는

$3\times3\times30=270$

(ii) 홀수 3개, 짝수 2개를 택하는 경우

홀수 1, 3, 5 중에서 3개를 택하는 경우의 수는 1이다.

이 각각에 대하여 짝수는 2, 4, 6 중에서 1개를 택하여 두 번 사용해야 하므로 짝수를 택하는 경우의 수는

${}_3C_1=3$

택한 5개의 수를 일렬로 나열하는 경우의 수는

$\frac{5!}{2!}=60$

따라서 이 경우의 수는

$1\times3\times60=180$

(i), (ii)에 의하여 구하는 다섯 자리의 자연수의 개수는

$270+180=450$

답 ①

018

6개의 숫자 1, 2, 2, 3, 3, 3 중에서 세 숫자 1, 2, 3이 각각 적어도 하나씩 포함되도록 5개를 택하는 경우는 1, 2, 3, 3, 3과 1, 2, 2, 3, 3의 2가지이다.

(i) 1, 2, 3, 3, 3을 택하는 경우

일의 자리의 숫자가 1 또는 3이므로 이 경우의 수는

$\frac{4!}{3!}+\frac{4!}{2!}=4+12=16$

(ii) 1, 2, 2, 3, 3을 택하는 경우

일의 자리의 숫자가 1 또는 3이므로 이 경우의 수는

$\frac{4!}{2!\times2!}+\frac{4!}{2!}=6+12=18$

(i), (ii)에 의하여 구하는 다섯 자리 홀수의 개수는

$16+18=34$

답 ④

019

4개의 파란 응원 깃발을 a, a, a, a라 하고, 3개의 빨간 응원 깃발을 b, b, b라 하면 구하는 경우의 수는 a, a, a, a, b, b, b를 일렬로 나열하는 경우의 수와 같으므로

$\frac{7!}{4!\times3!}=35$

답 ④

020

5의 배수이려면 일의 자리의 숫자가 0 또는 5이어야 한다.

(i) 일의 자리의 숫자가 0인 경우

홀수인 3, 5를 하나의 수로 생각하여 나머지 2, 2, 4, 4와 함께 일렬로 나열하고, 3, 5는 서로 위치를 바꿀 수 있으므로 이 경우의 수는

$\frac{5!}{2!\times2!}\times2!=60$

(ii) 일의 자리의 숫자가 5인 경우

3, 5가 서로 이웃해야 하므로 십의 자리의 숫자가 3이어야 한다.

나머지 0, 2, 2, 4, 4를 나열할 때, 0은 백만의 자리에 올 수 없으므로 이 경우의 수는

$\frac{5!}{2!\times2!}-\frac{4!}{2!\times2!}=30-6=24$

(i), (ii)에 의하여 구하는 5의 배수의 개수는

$60+24=84$

답 ⑤

021

농구공 1개, 축구공 2개, 배구공 5개를 일렬로 나열하는 경우의 수는

$\frac{8!}{2!\times5!}=168$

축구공 2개를 하나로 보고 7개의 공을 일렬로 나열하는 경우의 수는

$\frac{7!}{5!}=42$

따라서 구하는 경우의 수는

$168-42=126$

답 ④

다른 풀이 농구공 1개, 배구공 5개를 일렬로 나열하는 경우의 수는

$\frac{6!}{5!}=6$

이 각각에 대하여 공 사이사이 및 양 끝의 7개의 자리 중에서 축구공을 놓을 자리 2개를 택하는 경우의 수는

$^{\vee}\bigcirc^{\vee}\bigcirc^{\vee}\bigcirc^{\vee}\bigcirc^{\vee}\bigcirc^{\vee}\bigcirc^{\vee}$

${}_7C_2=21$

따라서 구하는 경우의 수는 $6\times21=126$

022

오른쪽 그림의 □의 위치에 홀수인 1, 3, 3, 3, 5를 나열하는 경우의 수는

$^{\vee}\square^{\vee}\square^{\vee}\square^{\vee}\square^{\vee}\square^{\vee}$

$\frac{5!}{3!}=20$

이 각각에 대하여 ∨ 중 두 곳에 짝수인 2, 4를 나열할 때, 2, 4 사이에 두 개 이상의 숫자가 있으려면 ∨ 6곳 중 서로 다른 두 곳에 2, 4를 나열하는 모든 경우에서 연속으로 ∨ 두 곳에 2, 4를 나열하는 경우를 제외해야 하므로 이 경우의 수는

${}_6C_2\times2!-5\times2!=20$

따라서 구하는 자연수의 개수는

$20\times20=400$ 답 ③

다른 풀이 만들 수 있는 일곱 자리 자연수의 개수는

$\frac{7!}{3!}=840$

2와 4가 이웃하는 일곱 자리 자연수의 개수는

$\frac{6!}{3!}\times2=240$

2와 4 사이에 1 또는 3 또는 5가 하나만 있는 일곱 자리 자연수의 개수는

$\frac{5!}{3!}\times2+\frac{5!}{2!}\times2+\frac{5!}{3!}\times2=40+120+40=200$

따라서 구하는 자연수의 개수는

$840-(240+200)=400$

023

3개의 문자 A, B, C를 같은 문자 X라 하고, 6개의 문자를 일렬로 나열하는 경우의 수는

$\frac{6!}{3!}=120$

가운데 문자 X는 A로, 첫 번째 문자 X와 세 번째 문제 X는 B, C로 바꾸는 경우의 수는

$2!=2$

따라서 구하는 경우의 수는

$120\times2=240$ 답 ④

024

2와 6, 3과 4는 곱해서 12가 되므로 7개의 수 1, 2, 3, 4, 4, 5, 6에서 2, 6을 A, A로 생각하고, 3, 4, 4를 B, B, B로 생각하자.

1, 5, A, A, B, B, B의 7개의 문자를 일렬로 나열한 후, A, A의 위치에 차례로 6, 2를 나열하고, B, B, B의 위치에는 차례로 4, 4, 3을 나열하면 되므로 구하는 경우의 수는

$\frac{7!}{2!\times3!}=420$ 답 ①

025

a, c, d를 조건 (가)를 만족시키도록 나열하는 경우는 adc, cda의 2가지이다.

adc 또는 cda를 한 문자로 생각하여 나머지 a, a, a, b와 일렬로 나열하는 경우의 수는

$2\times\frac{5!}{3!}=40$

이때 조건 (나)를 만족시키려면 $adcb$, $bcda$가 나타나지 않으면 된다.

따라서 구하는 경우의 수는 조건 (가)를 만족시키는 경우의 수에서 $adcb$ 또는 $bcda$가 나타나는 경우의 수를 빼면 된다.

(i) 연속하여 나열된 문자 중 $adcb$가 있는 경우

$adcb$를 X라 생각하고 a, a, a, X를 일렬로 나열하는 경우의 수는

$\frac{4!}{3!}=4$

(ii) 연속하여 나열된 문자 중 $bcda$가 있는 경우

$bcda$를 Y라 생각하고 a, a, a, Y를 일렬로 나열하는 경우의 수는

$\frac{4!}{3!}=4$

(i), (ii)에 의하여 구하는 경우의 수는

$40-(4+4)=32$ 답 32

026

한 개의 주사위를 네 번 던질 때, 4 이상의 눈의 수가 나온 횟수에 따라 다음과 같이 경우를 나누어 생각할 수 있다.

(i) 4 이상의 눈이 나오지 않는 경우

1의 눈만 네 번 나와야 하므로 이 경우의 수는 1

(ii) 4 이상의 눈이 1번 나오는 경우

1의 눈이 두 번, 2의 눈이 한 번 나와야 하므로 점수 0, 1, 1, 2를 일렬로 나열하는 경우의 수는

$\frac{4!}{2!}=12$

이 각각의 경우에 대하여 4 이상의 눈이 한 번 나오는 경우의 수는 3이므로 이 경우의 수는

$12\times3=36$

(iii) 4 이상의 눈이 2번 나오는 경우

㉠ 1의 눈이 한 번, 3의 눈이 한 번 나올 때

점수 0, 0, 1, 3을 일렬로 나열하는 경우의 수는

$\frac{4!}{2!}=12$

㉡ 2의 눈이 두 번 나올 때

점수 0, 0, 2, 2를 일렬로 나열하는 경우의 수는

$\frac{4!}{2!\times2!}=6$

㉠, ㉡의 각각의 경우에 대하여 4 이상의 눈이 두 번 나오는 경우의 수는

$3\times3=9$

따라서 이 경우의 수는

$(12+6)\times9=162$

(i), (ii), (iii)에 의하여 구하는 경우의 수는

$1+36+162=199$ 답 ⑤

027

(i) 빨간 공 1개를 제외하고 나누어 주는 경우

노란 공 2개, 파란 공 3개를 나누어 주는 경우의 수는

$\frac{5!}{2!\times3!}=10$

(ii) 노란 공 1개를 제외하고 나누어 주는 경우

빨간 공 1개, 노란 공 1개, 파란 공 3개를 나누어 주는 경우의 수는

$\frac{5!}{3!}=20$

(iii) 파란 공 1개를 제외하고 나누어 주는 경우

빨간 공 1개, 노란 공 2개, 파란 공 2개를 나누어 주는 경우의 수는

$\frac{5!}{2!\times2!}=30$

(i), (ii), (iii)에 의하여 구하는 경우의 수는

$10+20+30=60$ 답 ④

028

(i) 양 끝에 1, 2가 적힌 상자를 나열하는 경우

나머지 자리에 1, 1, 1, 1, 2, 3이 적힌 상자를 나열하면 된다.

이때 양 끝의 상자의 자리를 바꿀 수 있으므로 이 경우의 수는

$\frac{6!}{4!}\times2!=60$

(ii) 양 끝에 1, 3이 적힌 상자를 나열하는 경우

나머지 자리에 1, 1, 1, 1, 2, 2가 적힌 상자를 나열하면 된다.

이때 양 끝의 상자의 자리를 바꿀 수 있으므로 이 경우의 수는

$\frac{6!}{4!\times2!}\times2!=30$

(iii) 양 끝에 2, 3이 적힌 상자를 나열하는 경우

나머지 자리에 1, 1, 1, 1, 1, 2가 적힌 상자를 나열하면 된다.

이때 양 끝의 상자의 자리를 바꿀 수 있으므로 이 경우의 수는

$\frac{6!}{5!}\times2!=12$

(i), (ii), (iii)에 의하여 구하는 경우의 수는

$60+30+12=102$ 답 ②

다른 풀이 구하는 경우의 수는 전체 경우의 수에서 양 끝에 서로 같은 숫자가 적힌 상자를 나열하는 경우의 수를 빼면 된다.

1이 적힌 상자 5개, 2가 적힌 상자 2개, 3이 적힌 상자 1개를 모두 일렬로 나열하는 경우의 수는

$\frac{8!}{5!\times2!}=168$

(i) 1□□□□□□1인 경우

6개의 □자리에 1, 1, 1, 2, 2, 3을 일렬로 나열하는 경우의 수는

$\frac{6!}{3!\times2!}=60$

(ii) 2□□□□□□2인 경우

6개의 □자리에 1, 1, 1, 1, 1, 3을 일렬로 나열하는 경우의 수는

$\frac{6!}{5!}=6$

(i), (ii)에 의하여 양 끝에 서로 같은 숫자가 적힌 상자를 나열하는 경우의 수는

$60+6=66$

따라서 구하는 경우의 수는

$168-66=102$

029

오른쪽으로 한 칸 이동하는 것을 a, 위쪽으로 한 칸 이동하는 것을 b라 하자.

A 지점에서 P 지점까지 최단 거리로 가는 경우의 수는 4개의 a와 2개의 b를 일렬로 나열하는 경우의 수와 같으므로

$\frac{6!}{4!\times2!}=15$

P 지점에서 B 지점까지 최단 거리로 가는 경우의 수는 2개의 a와 1개의 b를 일렬로 나열하는 경우의 수와 같으므로

$\frac{3!}{2!}=3$

따라서 구하는 경우의 수는

$15\times3=45$ 답 45

030

다음 그림과 같이 세 지점 P, Q, R를 정하자.

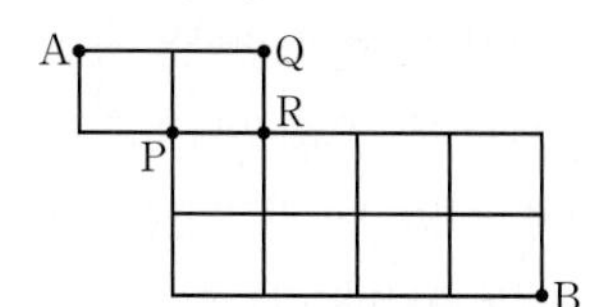

A → P → B로 최단 거리로 가는 경우의 수는

$2!\times\frac{6!}{4!\times2!}=30$

A → Q → R → B로 최단 거리로 가는 경우의 수는

$1\times1\times\frac{5!}{3!\times2!}=10$

따라서 구하는 경우의 수는

$30+10=40$ 답 ③

다른 풀이 다음 그림과 같이 모든 도로망이 연결되어 있다고 하고 두 지점 C, D를 정하자.

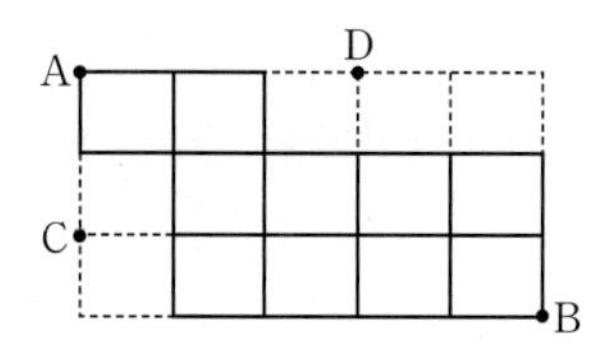

A 지점에서 출발하여 B 지점까지 최단 거리로 가는 경우의 수는

$\frac{8!}{5!\times3!}=56$

이 중에서 C 지점 또는 D 지점을 지나는 경우의 수는

$1\times\frac{6!}{5!}+1\times\frac{5!}{3!\times2!}=6+10=16$

따라서 구하는 경우의 수는

$56-16=40$

031

다음 그림과 같이 두 지점 P, Q를 정하자.

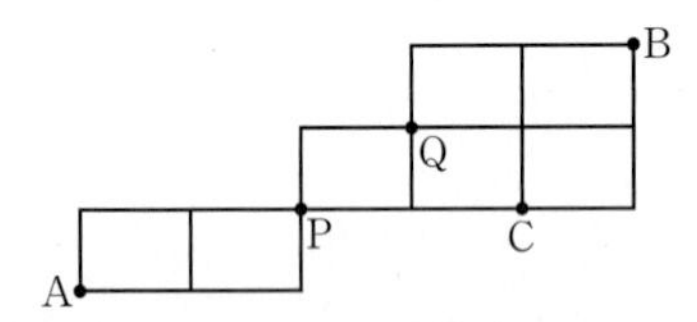

A 지점을 출발하여 C 지점을 지나지 않고 B 지점까지 가려면

$A\to P\to Q\to B$로 가야 하므로 구하는 경우의 수는

$\frac{3!}{2!}\times2!\times\frac{3!}{2!}=3\times2\times3=18$ 답 ①

032

갑과 을이 같은 속력으로 이동하여 만날 수 있는 지점은 다음 그림에서 D_1, D_2, D_3, D_4이다.

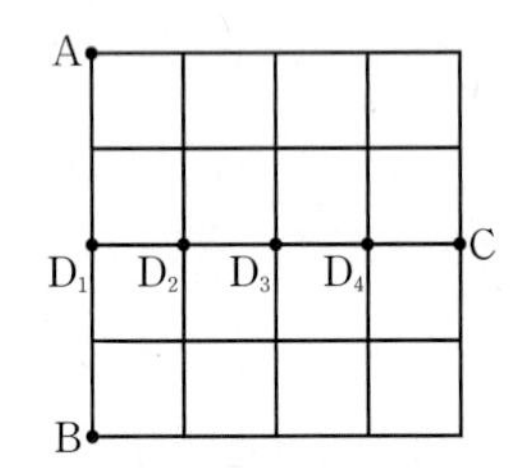

(ⅰ) 갑과 을이 D_1 지점에서 처음으로 만나는 경우의 수는 1

(ⅱ) 갑과 을이 D_2 지점에서 처음으로 만나는 경우

갑이 A 지점에서 출발하여 D_2 지점까지 최단 거리로 가는 경우의 수와 을이 B 지점에서 출발하여 D_2 지점까지 최단 거리로 가는 경우의 수는 각각

$\frac{3!}{2!}=3$

이때 D_1 지점에서 이미 만난 경우는 빼야 하므로 이 경우의 수는

$3\times3-1=8$

(ⅲ) 갑과 을이 D_3 지점에서 처음으로 만나는 경우

갑이 A 지점에서 출발하여 D_3 지점까지 최단 거리로 가는 경우의 수와 을이 B 지점에서 출발하여 D_3 지점까지 최단 거리로 가는 경우의 수는 각각

$\frac{4!}{2!2!}=6$

이때 D_1, D_2 지점에서 이미 만난 경우는 빼야 하므로 이 경우의 수는

$6\times6-1-8=27$

(ⅳ) 갑과 을이 D_4 지점에서 처음으로 만나는 경우

갑이 A 지점에서 출발하여 D_4 지점까지 최단 거리로 가는 경우의 수와 을이 B 지점에서 출발하여 D_4 지점까지 최단 거리로 가는 경우의 수는 각각

$\frac{5!}{3!2!}=10$

이때 D_1, D_2, D_3 지점에서 이미 만난 경우는 빼야 하므로 이 경우의 수는

$10\times10-1-8-27=64$

(ⅰ)~(ⅳ)에 의하여 구하는 경우의 수는

$1+8+27+64=100$ 답 100

033

노란색 카드 1장을 받을 학생을 선택하는 경우의 수는

${}_3C_1=3$

이 학생에게 파란색 카드 1장을 먼저 준 후 나머지 파란색 카드 1장을 나누어 주는 경우의 수는

${}_3H_1={}_3C_1=3$

노란색 카드를 받은 학생에게 빨간색 카드 1장을 먼저 준 후 나머지 빨간색 카드 3장을 나누어 주는 경우의 수는

${}_3H_3={}_5C_3={}_5C_2=10$

따라서 구하는 경우의 수는

$3\times3\times10=90$ 답 ③

034

파란 공 4개를 두 선수에게 나누어 주는 경우의 수는

${}_2H_4={}_5C_4={}_5C_1=5$

빨간 공 3개를 두 선수에게 나누어 주는 경우의 수는

${}_2H_3={}_4C_3={}_4C_1=4$

흰 공 7개를 두 선수에게 나누어 주는 경우의 수는

${}_2H_7={}_8C_7={}_8C_1=8$

공을 두 선수 중 한 사람에게만 나누어 주는 경우의 수는 2이므로 구하는 경우의 수는

$5\times4\times8-2=158$ 답 ④

035

(ⅰ) 1명의 학생이 사과 2개를 모두 받는 경우

사과 2개를 받는 1명의 학생을 정하는 경우의 수는

${}_4C_1=4$

사과 2개를 받은 학생에게 배 1개와 복숭아 1개를 주고, 남은 배 2개와 복숭아 3개를 4명의 학생에게 나누어 주는 경우의 수는

${}_4H_2\times{}_4H_3={}_5C_2\times{}_6C_3=10\times20=200$

따라서 이 경우의 수는 $4\times200=800$

(ⅱ) 2명의 학생이 사과를 1개씩 받는 경우

사과를 1개씩 받는 2명의 학생을 정하는 경우의 수는

${}_4C_2=6$

사과를 1개씩 받은 학생에게 각각 배 1개와 복숭아 1개를 주고, 남은 배 1개와 복숭아 2개를 4명의 학생에게 나누어 주는 경우의 수는

${}_4H_1 \times {}_4H_2 = {}_4C_1 \times {}_5C_2 = 4 \times 10 = 40$

따라서 이 경우의 수는 $6 \times 40 = 240$

(i), (ii)에 의하여 구하는 경우의 수는

$800 + 240 = 1040$ 답 ②

036

서로 다른 7종류의 음식 중에서 4개의 음식을 주문하는 경우의 수는 서로 다른 7개에서 4개를 택하는 중복조합의 수와 같으므로

${}_7H_4 = {}_{10}C_4 = 210$

서로 다른 7종류의 음식 중에서 서로 다른 4종류의 음식을 주문하는 경우의 수는 서로 다른 7개에서 4개를 택하는 조합의 수와 같으므로

${}_7C_4 = {}_7C_3 = 35$

따라서 구하는 경우의 수는

$210 - 35 = 175$ 답 ⑤

037

조건 (가)에서 $f(2) \le f(3) \le f(4)$를 만족시키려면 1, 2, 3, 4, 5 중에서 중복을 허락하여 3개를 택한 다음, 작거나 같은 수부터 순서대로 $f(2)$, $f(3)$, $f(4)$의 값으로 정하면 되므로 이 경우의 수는

${}_5H_3 = {}_7C_3 = 35$

조건 (나)에서 $f(1) < f(5)$를 만족시키려면 1, 2, 3, 4, 5 중에서 서로 다른 2개를 택하여 작은 수부터 순서대로 $f(1)$, $f(5)$의 값으로 정하면 되므로 이 경우의 수는

${}_5C_2 = 10$

따라서 구하는 함수 f의 개수는

$35 \times 10 = 350$ 답 ③

038

딸기 맛 사탕, 포도 맛 사탕의 개수를 각각 a, b라 하고 순서쌍 (a, b) $(0 \le a \le 4,\ 0 \le b \le 4)$로 나타낼 때, 딸기 맛 사탕 4개, 포도 맛 사탕 4개 중에서 4개를 선택하여 2명의 학생에게 나누어 주는 경우는 다음과 같다.

(i) $(0, 4)$, $(4, 0)$로 선택하는 경우

같은 맛 4개의 사탕을 2명에게 나누어 주면 되므로 이 경우의 수는

$2 \times {}_2H_4 = 2 \times {}_5C_4 = 2 \times 5 = 10$

(ii) $(1, 3)$, $(3, 1)$로 선택하는 경우

같은 맛 3개의 사탕을 2명에게 나누어 주고, 다른 맛 사탕 1개를 2명에게 나누어 주면 되므로 이 경우의 수는

$2 \times {}_2H_3 \times {}_2C_1 = 2 \times {}_4C_3 \times 2 = 2 \times 4 \times 2 = 16$

(iii) $(2, 2)$로 선택하는 경우

딸기 맛 사탕 2개와 포도 맛 사탕 2개를 2명에게 나누어 주면 되므로 이 경우의 수는

${}_2H_2 \times {}_2H_2 = {}_3C_2 \times {}_3C_2 = 3 \times 3 = 9$

(i), (ii), (iii)에 의하여 구하는 경우의 수는

$10 + 16 + 9 = 35$ 답 35

039

조건 (나)에서

$a^2 - b^2 = -5$ 또는 $a^2 - b^2 = 5$

즉, $(b-a)(b+a) = 5$ 또는 $(a-b)(a+b) = 5$에서 a, b는 자연수이므로

$b-a=1,\ b+a=5$ 또는 $a-b=1,\ a+b=5$

$\therefore a=2,\ b=3$ 또는 $a=3,\ b=2$

또한, 조건 (가)에서 $a+b+c+d+e=12$이므로

$c+d+e=7$

이때 $c=c'+1$, $d=d'+1$, $e=e'+1$로 놓으면

$(c'+1)+(d'+1)+(e'+1)=7$

$\therefore c'+d'+e'=4$ (단, c', d', e'은 음이 아닌 정수)

이를 만족시키는 c', d', e'의 순서쌍 (c', d', e')의 개수는

${}_3H_4 = {}_6C_4 = {}_6C_2 = 15$

따라서 구하는 순서쌍 (a, b, c, d, e)의 개수는

$2 \times 15 = 30$ 답 ①

040

$a=a'+1$, $b=b'+1$, $c=c'+1$, $d=d'+1$로 놓으면

$a'+b'+c'+d'=6$ (단, a', b', c', d'은 음이 아닌 정수) …… ㉠

$a+b+c+d=10$을 만족시키는 자연수 a, b, c, d의 순서쌍 (a, b, c, d)의 개수는 방정식 ㉠을 만족시키는 a', b', c', d'의 순서쌍 (a', b', c', d')의 개수와 같으므로

${}_4H_6 = {}_9C_3 = 84$

한편, $a=a''+2$, $b=b''+2$, $c=c''+2$, $d=d''+2$로 놓으면

$a''+b''+c''+d''=2$ (단, a'', b'', c'', d''은 음이 아닌 정수) …… ㉡

$a+b+c+d=10$을 만족시키는 2 이상의 자연수 a, b, c, d의 순서쌍 (a, b, c, d)의 개수는 방정식 ㉡을 만족시키는 a'', b'', c'', d''의 순서쌍 (a'', b'', c'', d'')의 개수와 같으므로

${}_4H_2 = {}_5C_2 = 10$

따라서 구하는 순서쌍 (a, b, c, d)의 개수는

$84 - 10 = 74$ 답 ②

다른 풀이 (i) a, b, c, d 중 1이 한 개인 경우

a, b, c, d 중 그 값이 1인 하나를 고르는 경우의 수는

${}_4C_1 = 4$

$a=1$이라 하면 $b+c+d=9$

이를 만족시키는 2 이상의 자연수 b, c, d의 순서쌍 (b, c, d)의 개수는

${}_3H_{9-2\times3} = {}_5C_3 = {}_5C_2 = 10$

따라서 이 경우의 수는 $4 \times 10 = 40$

(ii) a, b, c, d 중 1이 두 개인 경우

a, b, c, d 중 그 값이 1인 두 개를 고르는 경우의 수는

${}_4C_2 = 6$

$a=1$, $b=1$이라 하면 $c+d=8$

이를 만족시키는 2 이상의 자연수 c, d의 순서쌍 (c, d)의 개수는

${}_2\mathrm{H}_{8-2\times2}={}_5\mathrm{C}_4=5$

따라서 이 경우의 수는 $6\times5=30$

(iii) a, b, c, d 중 1이 세 개인 경우

a, b, c, d 중 그 값이 1인 세 개를 고르는 경우의 수는

${}_4\mathrm{C}_3={}_4\mathrm{C}_1=4$

$a=1$, $b=1$, $c=1$이라 하면 $d=7$

따라서 이 경우의 수는 $4\times1=4$

(i), (ii), (iii)에 의하여 구하는 경우의 수는

$40+30+4=74$

041

(i) $w=1$인 경우

$x+y+z=11$이므로 $x=x'+1$, $y=y'+1$, $z=z'+1$로 놓으면

$x'+y'+z'=8$ (단, x', y', z'은 음이 아닌 정수)

이를 만족시키는 x', y', z'의 순서쌍 (x', y', z')의 개수는

${}_3\mathrm{H}_8={}_{10}\mathrm{C}_8={}_{10}\mathrm{C}_2=45$

(ii) $w=2$인 경우

$x+y+z=8$이므로 $x=x'+1$, $y=y'+1$, $z=z'+1$로 놓으면

$x'+y'+z'=5$ (단, x', y', z'은 음이 아닌 정수)

이를 만족시키는 x', y', z'의 순서쌍 (x', y', z')의 개수는

${}_3\mathrm{H}_5={}_7\mathrm{C}_5={}_7\mathrm{C}_2=21$

(iii) $w=3$인 경우

$x+y+z=5$이므로 $x=x'+1$, $y=y'+1$, $z=z'+1$로 놓으면

$x'+y'+z'=2$ (단, x', y', z'은 음이 아닌 정수)

이를 만족시키는 x', y', z'의 순서쌍 (x', y', z')의 개수는

${}_3\mathrm{H}_2={}_4\mathrm{C}_2=6$

(iv) $w\geq4$인 경우

$x+y+z+3w=14$를 만족시키는 자연수 x, y, z는 존재하지 않는다.

(i)~(iv)에 의하여 구하는 순서쌍 (x, y, z, w)의 개수는

$45+21+6=72$ 답 ⑤

042

조건 (가)에서 $ab=4$이므로

$a=1$, $b=4$ 또는 $a=2$, $b=2$ 또는 $a=4$, $b=1$

(i) $a=1$, $b=4$일 때

$a-b=-3$이므로 $2c+2d+2e=14$

$\therefore c+d+e=7$

이를 만족시키는 음이 아닌 정수 c, d, e의 순서쌍 (c, d, e)의 개수는

${}_3\mathrm{H}_7={}_9\mathrm{C}_7={}_9\mathrm{C}_2=36$

(ii) $a=2$, $b=2$일 때

$a-b=0$이므로 $2c+2d+2e=11$

이를 만족시키는 음이 아닌 정수 c, d, e는 존재하지 않는다.

(iii) $a=4$, $b=1$일 때

$a-b=3$이므로 $2c+2d+2e=8$

$\therefore c+d+e=4$

이를 만족시키는 음이 아닌 정수 c, d, e의 순서쌍 (c, d, e)의 개수는

${}_3\mathrm{H}_4={}_6\mathrm{C}_4={}_6\mathrm{C}_2=15$

(i), (ii), (iii)에 의하여 구하는 순서쌍 (a, b, c, d, e)의 개수는

$36+15=51$ 답 ①

043

3명의 학생이 선택한 레인 번호를 각각 X, Y, Z (X<Y<Z)라 하자. X보다 작은 레인 번호의 개수를 a, X보다 크고 Y보다 작은 레인 번호의 개수를 b, Y보다 크고 Z보다 작은 레인 번호의 개수를 c, Z보다 큰 레인 번호의 개수를 d라 하면

$a+b+c+d=5$ $(a\geq0,\ b\geq1,\ c\geq1,\ d\geq0)$

이때 $b=b'+1$, $c=c'+1$로 놓으면

$a+b'+c'+d=3$ (단, $b'\geq0$, $c'\geq0$)

이를 만족시키는 해의 개수는

${}_4\mathrm{H}_3={}_6\mathrm{C}_3=20$

3명의 학생이 3개의 레인 번호 X, Y, Z를 선택하는 경우의 수는

$3!=6$

따라서 구하는 경우의 수는 $20\times6=120$ 답 120

다른 풀이 오른쪽 그림의 6개의 ∨ 중에서 ∨□∨□∨□∨□∨□∨

3개를 택하는 경우의 수는 ${}_6\mathrm{C}_3=20$

택한 3개의 ∨와 5개의 □를 차례로 1, 2, 3, …, 8로 바꾸고 ∨ 자리의 수를 학생이 선택한 레인 번호로 생각하면 조건을 만족시킨다.

이때 ∨ 자리의 3개의 수를 3명의 학생에게 나누어 주는 경우의 수는

$3!=6$

따라서 구하는 경우의 수는 $20\times6=120$

044

4명의 후보가 득표한 수를 각각 x, y, z, w라 하면

$x+y+z+w=10$ (단, x, y, z, w는 음이 아닌 정수)

이를 만족시키는 해의 개수는

${}_4\mathrm{H}_{10}={}_{13}\mathrm{C}_{10}={}_{13}\mathrm{C}_3=286$ 답 ⑤

045

$N=10^3\times a+10^2\times b+10\times c+d$로 놓으면 조건 (나)에 의하여

$a+b+c+d=14$

조건 (가)에 의하여 $a=2a'+1$, $b=2b'+1$, $c=2c'+1$, $d=2c'+1$로 놓으면

$(2a'+1)+(2b'+1)+(2c'+1)+(2d'+1)=14$

$\therefore a'+b'+c'+d'=5$ (단, a', b', c', d'은 4 이하의 음이 아닌 정수)

이를 만족시키는 음이 아닌 정수 a', b', c', d'의 순서쌍

(a', b', c', d')의 개수는

${}_4\mathrm{H}_5={}_8\mathrm{C}_5={}_8\mathrm{C}_3=56$

이때 a', b', c', d'은 4 이하의 음이 아닌 정수이므로 순서쌍 $(5, 0, 0, 0)$, $(0, 5, 0, 0)$, $(0, 0, 5, 0)$, $(0, 0, 0, 5)$인 경우는 제외해야 한다.

따라서 구하는 자연수 N의 개수는

$56-4=52$

답 ②

046

(i) 세 바구니에 들어가는 빨간 장미의 개수가 2, 0, 0인 경우

빨간 장미의 개수가 2인 바구니를 정하는 경우의 수는

${}_3C_1=3$

빨간 장미의 개수가 2인 바구니에 들어가는 파란 장미의 개수를 x, 나머지 두 바구니에 들어가는 파란 장미의 개수를 각각 y, z라 하면

$x+y+z=7$ (단, $x\geq 0$, $y\geq 2$, $z\geq 2$)

이때 $y=y'+2$, $z=z'+2$로 놓으면

$x+y'+z'=3$ (단, y', z'은 음이 아닌 정수)

이를 만족시키는 x, y', z'의 순서쌍 (x, y', z')의 개수는

${}_3H_3={}_5C_3={}_5C_2=10$

따라서 이 경우의 수는 $3\times 10=30$

(ii) 세 바구니에 들어가는 빨간 장미의 개수가 1, 1, 0인 경우

빨간 장미의 개수가 1인 바구니를 정하는 경우의 수는

${}_3C_2={}_3C_1=3$

빨간 장미의 개수가 1, 1, 0인 바구니에 들어가는 파란 장미의 개수를 각각 x, y, z라 하면

$x+y+z=7$ (단, $x\geq 1$, $y\geq 1$, $z\geq 2$)

이때 $x=x'+1$, $y=y'+1$, $z=z'+2$로 놓으면

$x'+y'+z'=3$ (단, x', y', z'은 음이 아닌 정수)

이를 만족시키는 x', y', z'의 순서쌍 (x', y', z')의 개수는

${}_3H_3={}_5C_3={}_5C_2=10$

따라서 이 경우의 수는 $3\times 10=30$

(i), (ii)에 의하여 구하는 경우의 수는

$30+30=60$

답 ③

047

$abc=2^7\times 3$에서 2 이상의 자연수 a, b, c 중에서 3의 배수가 되는 수를 정하는 경우의 수는

${}_3C_1=3$

a가 3의 배수라 하면 a, b, c는 2 이상의 자연수이므로

$a=2^x\times 3$, $b=2^y$, $c=2^z$ (x는 음이 아닌 정수, y, z는 자연수)

로 놓을 수 있다.

즉, $abc=2^{x+y+z}\times 3=2^7\times 3$에서

$x+y+z=7$

이때 $y=y'+1$, $z=z'+1$로 놓으면

$x+(y'+1)+(z'+1)=7$

$\therefore x+y'+z'=5$ (단, y', z'은 음이 아닌 정수)

이를 만족시키는 x, y', z'의 모든 순서쌍 (x, y', z')의 개수는

${}_3H_5={}_7C_5={}_7C_2=21$

따라서 구하는 순서쌍 (a, b, c)의 개수는

$3\times 21=63$

답 ②

048

(i) 빵을 나누어 주는 경우

조건 (가)에서 네 명의 학생 A, B, C, D가 받는 빵의 개수를 각각 a, b, c, d (a, b, c, d는 자연수)라 하면

$a+b+c+d=9$

조건 (가)에 의하여 $a=2b$이므로

$3b+c+d=9$

이때 $b=b'+1$, $c=c'+1$, $d=d'+1$로 놓으면

$3(b'+1)+(c'+1)+(d'+1)=9$

$\therefore 3b'+c'+d'=4$ (단, b', c', d'은 음이 아닌 정수)

㉠ $b'=0$, 즉 $c'+d'=4$인 경우

방정식 $c'+d'=4$를 만족시키는 음이 아닌 정수 c', d'의 순서쌍 (c', d')의 개수는

${}_2H_4={}_5C_4={}_5C_1=5$

㉡ $b'=1$, 즉 $c'+d'=1$인 경우

$c'=0$, $d'=1$ 또는 $c'=1$, $d'=0$ 이므로 이 경우의 수는 2

㉠, ㉡에 의하여 빵을 나누어 주는 경우의 수는

$5+2=7$

(ii) 과자를 나누어 주는 경우

조건 (나)에서 네 명의 학생 A, B, C, D가 받는 과자의 개수를 각각 x, y, z, w (x, y, z는 음이 아닌 정수, w는 2 이상의 자연수)라 하면

$x+y+z+w=7$

이때 $w=w'+2$로 놓으면

$x+y+z+(w'+2)=7$

$\therefore x+y+z+w'=5$ (단, w'은 음이 아닌 정수)

이를 만족시키는 음이 아닌 정수 x, y, z, w'의 순서쌍 (x, y, z, w')의 개수는

${}_4H_5={}_8C_5={}_8C_3=56$

(i), (ii)에 의하여 구하는 경우의 수는

$7\times 56=392$

답 392

049

$\left(x^2+\dfrac{a}{x}\right)^5$의 일반항은

${}_5C_r(x^2)^{5-r}\left(\dfrac{a}{x}\right)^r={}_5C_r a^r x^{10-3r}$ (단, $r=0, 1, 2, \cdots, 5$)

$\dfrac{1}{x^2}$항은 $10-3r=-2$에서 $r=4$일 때이므로 $\dfrac{1}{x^2}$의 계수는

${}_5C_4 a^4=5a^4$

또, x항은 $10-3r=1$에서 $r=3$일 때이므로 x의 계수는

${}_5C_3 a^3=10a^3$

따라서 $5a^4=10a^3$이므로

$a=2$ ($\because a>0$) 답 ②

050

$\left(\frac{2}{x}-x\right)(ax+1)^5$의 전개식에서 x항은 $\frac{2}{x}$와 $(ax+1)^5$의 전개식에서 x^2항의 곱, $-x$와 $(ax+1)^5$의 전개식에서 상수항의 곱의 합이다.

$(ax+1)^5$의 전개식의 일반항은

${}_5C_r a^r x^r$ (단, $r=0, 1, 2, \cdots, 5$)

x^2의 계수는 $r=2$일 때이므로 ${}_5C_2\times a^2=10a^2$

상수항은 $r=0$일 때이므로 ${}_5C_0\times a^0=1$

즉, $\left(\frac{2}{x}-x\right)(ax+1)^5$의 전개식에서 x의 계수는

$2\times 10a^2+(-1)\times 1=20a^2-1$

따라서 $20a^2-1=a$이므로

$20a^2-a-1=0$, $(5a+1)(4a-1)=0$

$\therefore a=\frac{1}{4}$ ($\because a>0$) 답 ②

051

$\left(ax^2-\frac{1}{2x}\right)^8$의 전개식의 일반항은

${}_8C_r(ax^2)^{8-r}\left(-\frac{1}{2x}\right)^r$

$={}_8C_r\times a^{8-r}\times\left(-\frac{1}{2}\right)^r\times x^{16-2r}\times x^{-r}$

$={}_8C_r\times a^{8-r}\times\left(-\frac{1}{2}\right)^r\times x^{16-3r}$ (단, $r=0, 1, 2, \cdots, 8$)

x항은 $16-3r=1$, 즉 $r=5$일 때이므로 x의 계수는

${}_8C_5\times a^3\times\left(-\frac{1}{2}\right)^5=-\frac{7}{4}a^3$

따라서 $-\frac{7}{4}a^3=14$이므로

$a^3=-8$ $\therefore a=-2$ 답 ②

052

$(x+a)^6$의 전개식에서 일반항은

${}_6C_r a^{6-r}x^r$ (단, $r=0, 1, 2, \cdots, 6$)

이때 x, x^2, x^3의 계수는 각각

${}_6C_1 a^5$, ${}_6C_2 a^4$, ${}_6C_3 a^3$

이고, 이 세 수가 이 순서대로 등차수열을 이루므로

${}_6C_1 a^5+{}_6C_3 a^3=2\times{}_6C_2 a^4$

즉, $6a^5+20a^3=30a^4$에서

$6a^2+20=30a$ ($\because a\neq 0$)

$\therefore 3a^2-15a+10=0$

따라서 이차방정식의 근과 계수의 관계에 의하여 모든 실수 a의 값의 합은

$-\frac{-15}{3}=5$ 답 ③

참고 이차방정식 $3a^2-15a+10=0$의 판별식을 D라 하면

$D=15^2-4\times 3\times 10>0$

이므로 이 방정식은 서로 다른 두 실근을 갖는다.

053

$f(n)=\sum_{k=1}^{n}{}_{2n+1}C_{2k}$

$={}_{2n+1}C_2+{}_{2n+1}C_4+{}_{2n+1}C_6+\cdots+{}_{2n+1}C_{2n}$

$=({}_{2n+1}C_0+{}_{2n+1}C_2+{}_{2n+1}C_4+\cdots+{}_{2n+1}C_{2n})-{}_{2n+1}C_0$

$=2^{2n}-1$

즉, $2^{2n}-1=1023=2^{10}-1$이므로

$2n=10$ $\therefore n=5$ 답 ③

054

$f(n)=\sum_{k=1}^{n}{}_{2n}C_{2k}$

$={}_{2n}C_2+{}_{2n}C_4+{}_{2n}C_6+\cdots+{}_{2n}C_{2n}$

$=({}_{2n}C_0+{}_{2n}C_2+{}_{2n}C_4+\cdots+{}_{2n}C_{2n})-{}_{2n}C_0$

$=2^{2n-1}-1$

$300<f(n)<3000$에서 $300<2^{2n-1}-1<3000$

$\therefore 301<2^{2n-1}<3001$

이때 $2^8=256$, $2^9=512$, $2^{11}=2048$, $2^{12}=4096$이므로

$8<2n-1<12$ $\therefore \frac{9}{2}<n<\frac{13}{2}$

따라서 자연수 n의 값은 5, 6이므로 구하는 합은

$5+6=11$ 답 11

055

$(1+x)^{20}={}_{20}C_0+{}_{20}C_1x+{}_{20}C_2x^2+\cdots+{}_{20}C_{20}x^{20}$

이 식에 $x=7$을 대입하면

${}_{20}C_0+7\,{}_{20}C_1+7^2\,{}_{20}C_2+\cdots+7^{20}\,{}_{20}C_{20}=(1+7)^{20}$

$=8^{20}=2^{60}$

$\therefore \log_4({}_{20}C_0+7\,{}_{20}C_1+7^2\,{}_{20}C_2+\cdots+7^{20}\,{}_{20}C_{20})$

$=\log_{2^2}2^{60}=\frac{1}{2}\times 60=30$ 답 ⑤

참고 1이 아닌 양수 a와 양수 M, N에 대하여

(1) $\log_a M+\log_a N=\log_a MN$

(2) $\log_a M-\log_a N=\log_a \frac{M}{N}$

(3) $\log_a M^k=k\log_a M$ (단, k는 상수)

(4) $\log_{a^k} M=\frac{1}{k}\log_a M$ (단, k는 0이 아닌 상수)

056

$f(n)=\sum_{k=1}^{n}{}_{2n}C_{2k-1}$

$={}_{2n}C_1+{}_{2n}C_3+\cdots+{}_{2n}C_{2n-1}$

$=2^{2n-1}$

따라서 $a_n=\log_2 f(n)=\log_2 2^{2n-1}=2n-1$이므로

$$\sum_{n=1}^{10}\frac{1}{a_na_{n+1}}$$

$$=\sum_{n=1}^{10}\frac{1}{(2n-1)(2n+1)}$$

$$=\frac{1}{2}\sum_{n=1}^{10}\left(\frac{1}{2n-1}-\frac{1}{2n+1}\right)$$

$$=\frac{1}{2}\left\{\left(1-\frac{1}{3}\right)+\left(\frac{1}{3}-\frac{1}{5}\right)+\left(\frac{1}{5}-\frac{1}{7}\right)+\cdots+\left(\frac{1}{19}-\frac{1}{21}\right)\right\}$$

$$=\frac{1}{2}\left(1-\frac{1}{21}\right)=\frac{10}{21}$$

답 ①

참고 $\frac{1}{AB}=\frac{1}{B-A}\left(\frac{1}{A}-\frac{1}{B}\right)$

step 2 등급을 가르는 핵심 특강

본문 25, 27쪽

057

조건 (가)에서 $f(1)+f(2)=4$이므로

$f(1)=1,\ f(2)=3$ 또는 $f(1)=2,\ f(2)=2$ 또는 $f(1)=3,\ f(2)=1$

(i) $f(1)=1,\ f(2)=3$인 경우

조건 (나)에 의하여 $3\le f(3)\le f(4)$

$f(3),\ f(4)$의 값은 3, 4, 5 중에서 중복을 허락하여 2개를 택하여 작거나 같은 수부터 차례로 $f(3),\ f(4)$의 값으로 정하면 되므로 이 경우의 함수의 개수는

${}_3H_2={}_4C_2=6$

(ii) $f(1)=2,\ f(2)=2$인 경우

조건 (나)에 의하여 $2\le f(3)\le f(4)$

$f(3),\ f(4)$의 값은 2, 3, 4, 5 중에서 중복을 허락하여 2개를 택하여 작거나 같은 수부터 차례로 $f(3),\ f(4)$의 값으로 정하면 되므로 이 경우의 함수의 개수는

${}_4H_2={}_5C_2=10$

(iii) $f(1)=3,\ f(2)=1$인 경우

조건 (나)에 의하여 $1\le f(3)\le f(4)$

$f(3),\ f(4)$의 값은 1, 2, 3, 4, 5 중에서 중복을 허락하여 2개를 택하여 작거나 같은 수부터 차례로 $f(3),\ f(4)$의 값으로 정하면 되므로 이 경우의 함수의 개수는

${}_5H_2={}_6C_2=15$

(i), (ii), (iii)에 의하여 구하는 함수의 개수는

$6+10+15=31$

답 ①

058

조건 (가)에 의하여 $f(2)\le f(5)\le f(6)$이므로

$f(2)+f(6)-f(5)=2$인 경우를 다음과 같이 나눌 수 있다.

(i) $f(2)=1$인 경우

$f(6)-f(5)=1$이므로

$f(6)=f(5)+1$

또한, $f(1)=1$이고 $f(3),\ f(4),\ f(5)$의 값은 1, 2, 3, 4, 5 중에서 중복을 허락하여 3개를 택하여 작거나 같은 수부터 차례로 $f(3),\ f(4),\ f(5)$의 값으로 정하면 되므로 이 경우의 함수의 개수는

$1\times{}_5H_3=1\times{}_7C_3=35$

(ii) $f(2)=2$인 경우

$f(6)-f(5)=0$이므로

$f(6)=f(5)$

$f(1)\le f(2)=2$이므로 $f(1)$의 값을 정하는 경우의 수는 2

$f(3),\ f(4),\ f(5)$의 값은 2, 3, 4, 5, 6 중에서 중복을 허락하여 3개를 택하여 작거나 같은 수부터 차례로 $f(3),\ f(4),\ f(5)$의 값으로 정하면 되므로

${}_5H_3={}_7C_3=35$

따라서 이 경우의 함수의 개수는

$2\times35=70$

(i), (ii)에 의하여 구하는 함수 f의 개수는

$35+70=105$

답 ②

059

조건 (가)에서 치역의 원소의 개수가 5이므로 1부터 6까지의 자연수 중에서 치역의 원소 5개를 선택하는 경우의 수는

${}_6C_5={}_6C_1=6$

조건 (나)에서 $f(1)<f(2)$이므로 선택한 치역의 원소 5개 중에서 서로 다른 2개의 원소를 택하여 작은 수부터 차례로 $f(1),\ f(2)$의 값으로 정하면 된다.

이 경우의 수는 ${}_5C_2=10$

한편, $f(3),\ f(4),\ \cdots,\ f(7)$의 값은 선택한 5개의 치역의 원소 중에서 $f(1),\ f(2)$가 아닌 나머지 세 원소가 적어도 1번씩 포함되어야 하므로 치역의 원소 5개 중에서 중복을 허락하여 2개의 원소를 택한 후 이 원소 2개와 $f(1),\ f(2)$가 아닌 나머지 치역의 세 원소를 작거나 같은 수부터 차례로 나열하여 $f(3),\ f(4),\ f(5),\ f(6),\ f(7)$의 값으로 정하면 된다.

이 경우의 수는 서로 다른 5개에서 중복을 허락하여 2개를 택하는 중복조합의 수와 같으므로

${}_5H_2={}_6C_2=15$

따라서 구하는 함수 f의 개수는

$6\times10\times15=900$

답 900

060

$9=2+7=3+6=4+5=2+3+4$

(i) 치역의 원소의 개수가 2인 경우

조건 (가)에서 치역은

$\{2,\ 7\}$ 또는 $\{3,\ 6\}$ 또는 $\{4,\ 5\}$

치역이 {2, 7}이라 하면 2와 7 중에서 중복을 허락하여 6개를 택하고 크거나 같은 수부터 차례로 $f(2)$, $f(3)$, $f(4)$, $\cdots$, $f(7)$의 값으로 정하는 경우의 수는

${}_2H_6={}_7C_6={}_7C_1=7$

이 중에서 치역이 {2} 또는 {7}이 되는 경우는 제외해야 하므로 치역이 {2, 7}인 함수의 개수는

$7-2=5$

마찬가지로 치역이 {3, 6} 또는 {4, 5}인 함수의 개수도 각각 5이므로 치역의 원소의 개수가 2인 함수의 개수는

$3\times5=15$

(ii) 치역의 원소가 3개인 경우

치역은 {2, 3, 4}

2, 3, 4 중에서 중복을 허락하여 6개를 택하여 크거나 같은 수부터 차례로 $f(2)$, $f(3)$, $f(4)$, $\cdots$, $f(7)$의 값으로 정하는 경우의 수는

${}_3H_6={}_8C_6={}_8C_2=28$

이 중에서 치역의 원소가 2개인 경우는 2, 3, 4 중에서 서로 다른 두 원소를 택하는 경우의 수가 ${}_3C_2=3$이므로 치역의 원소가 2개인 함수의 개수는

$3\times({}_2H_6-2)=3\times({}_7C_6-2)$

$=3\times({}_7C_1-2)$

$=3\times(7-2)=15$

치역의 원소가 1개인 함수의 개수는 3이므로

치역이 {2, 3, 4}인 함수의 개수는

$28-15-3=10$

(i), (ii)에 의하여 구하는 함수의 개수는

$15+10=25$

답 ③

061

a, b, c, d, e 중에서 1과 2를 정하는 경우의 수는

${}_5C_2\times2!=20$

$a=1$, $b=2$라 하면

$c+d+e=15$ (단, $c\geq3$, $d\geq3$, $e\geq3$)

이때 $c=c'+3$, $d=d'+3$, $e=e'+3$으로 놓으면

$(c'+3)+(d'+3)+(e'+3)=15$

$\therefore c'+d'+e'=6$ (단, c', d', e'은 음이 아닌 정수)

이를 만족시키는 c', d', e'의 순서쌍 (c', d', e')의 개수는

${}_3H_6={}_8C_6={}_8C_2=28$

따라서 구하는 순서쌍 (a, b, c, d, e)의 개수는

$20\times28=560$

답 ④

062

조건 (나)의 방정식 $d^2+e^2=25$를 만족시키는 자연수 d, e는

$d=3$, $e=4$ 또는 $d=4$, $e=3$

(i) $d=3$, $e=4$일 때

조건 (가)에 의하여 $a+b+c+3=14$이므로

$a+b+c=11$

이때 $a=a'+1$, $b=b'+1$, $c=c'+1$로 놓으면

$(a'+1)+(b'+1)+(c'+1)=11$

$\therefore a'+b'+c'=8$ (단, a', b', c'은 음이 아닌 정수)

이를 만족시키는 a', b', c'의 순서쌍 (a', b', c')의 개수는

${}_3H_8={}_{10}C_8={}_{10}C_2=45$

(ii) $d=4$, $e=3$일 때

조건 (가)에 의하여 $a+b+c+4=14$이므로

$a+b+c=10$

이때 $a=a'+1$, $b=b'+1$, $c=c'+1$로 놓으면

$(a'+1)+(b'+1)+(c'+1)=10$

$\therefore a'+b'+c'=7$ (단, a', b', c'은 음이 아닌 정수)

이를 만족시키는 a', b', c'의 순서쌍 (a', b', c')의 개수는

${}_3H_7={}_9C_7={}_9C_2=36$

(i), (ii)에 의하여 구하는 순서쌍 (a, b, c, d, e)의 개수는

$45+36=81$

답 ⑤

063

a, b, c가 홀수이므로 세 홀수의 합 $a+b+c$는 홀수이다.

또한, 조건 (가)에서 $a+b+c$의 값은 5의 배수이므로

$a+b+c=5$ 또는 $a+b+c=15$ 또는 $a+b+c=25$

이때 $a=2a'+1$, $b=2b'+1$, $c=2c'+1$로 놓자.

(i) $a+b+c=5$인 경우

$(2a'+1)+(2b'+1)+(2c'+1)=5$이므로

$a'+b'+c'=1$ (단, a', b', c'은 음이 아닌 정수)

이때 a', b', c'은 음이 아닌 정수이고 조건 (나)에 의하여 $a'\neq c'$이므로 a', b', c'의 순서쌍 (a', b', c')은 $(1, 0, 0)$, $(0, 0, 1)$이다.

즉, 순서쌍 (a, b, c)의 개수는 2이다.

(ii) $a+b+c=15$인 경우

$(2a'+1)+(2b'+1)+(2c'+1)=15$이므로

$a'+b'+c'=6$ (단, a', b', c'은 음이 아닌 정수)

이를 만족시키는 a', b', c'의 순서쌍 (a', b', c')의 개수는

${}_3H_6={}_8C_6={}_8C_2=28$

이때 $a'\neq c'$이므로 순서쌍 $(0, 6, 0)$, $(1, 4, 1)$, $(2, 2, 2)$, $(3, 0, 3)$을 제외하면 구하는 순서쌍 (a', b', c')의 개수는

$28-4=24$

즉, 순서쌍 (a, b, c)의 개수는 24이다.

(iii) $a+b+c=25$인 경우

$(2a'+1)+(2b'+1)+(2c'+1)=25$이므로

$a'+b'+c'=11$ (단, a', b', c'은 음이 아닌 정수)

이를 만족시키는 a', b', c'의 순서쌍 (a', b', c')의 개수는

${}_3H_{11}={}_{13}C_{11}={}_{13}C_2=78$

이때 $a'\neq c'$이므로 순서쌍 $(0, 11, 0)$, $(1, 9, 1)$, $(2, 7, 2)$, $(3, 5, 3)$, $(4, 3, 4)$, $(5, 1, 5)$를 제외하면 구하는 순서쌍 (a', b', c')의 개수는

$78-6=72$

즉, 순서쌍 (a, b, c)의 개수는 72이다.

(i), (ii), (iii)에 의하여 구하는 순서쌍 (a, b, c)의 개수는

$2+24+72=98$ 답 ⑤

064

$(a+b-c+d)^8$의 전개식에서 a, b, c, d의 지수를 각각 x, y, z, w라 하면

$x+y+z+w=8$ (단, x, y, z, w는 음이 아닌 정수)

구하는 항이 abc로 나누어지므로 x, y, z는 1 이상의 자연수이고 계수가 양수이려면 z는 짝수이어야 한다.

따라서 $x=x'+1, y=y'+1, z=2z'+2$로 놓으면

$(x'+1)+(y'+1)+(2z'+2)+w=8$

$\therefore x'+y'+2z'+w=4$ (단, x', y', z'은 음이 아닌 정수)

(i) $z'=0$인 경우

$x'+y'+w=4$를 만족시키는 x', y', w의 순서쌍 (x', y', w)의 개수는

${}_3H_4={}_6C_4={}_6C_2=15$

(ii) $z'=1$인 경우

$x'+y'+w=2$를 만족시키는 x', y', w의 순서쌍 (x', y', w)의 개수는

${}_3H_2={}_4C_2=6$

(iii) $z'=2$인 경우

$x'+y'+w=0$을 만족시키는 x', y', w의 순서쌍은 $(0, 0, 0)$의 1개

(i), (ii), (iii)에 의하여 구하는 항의 개수는

$15+6+1=22$ 답 ②

step 3 1등급 도약하기

본문 28~31쪽

065

전략 빨간색, 파란색, 노란색 계열을 칠하는 경우의 수를 차례로 구한다.

조건 (가)에 의하여 빨간색 계열의 색은 마주 보는 부채꼴에 칠해야 하므로 빨간색 계열의 색을 칠하는 경우의 수는 1이다.

조건 (나)에 의하여 파란색 계열의 색은 모두 빨간색 계열의 색과 이웃하여 칠해야 하므로 칠할 수 있는 자리는 4개이다.

즉, 2종류의 파란색 계열의 색을 칠하는 경우의 수는

${}_4P_2=12$

이 각각에 대하여 4종류의 노란색 계열의 색을 나머지 4개의 부채꼴에 칠하는 경우의 수는

$4!=24$

따라서 구하는 경우의 수는

$1\times12\times24=288$ 답 ②

066

전략 이항정리를 이용하여 전개식의 일반항을 구한다.

$(x+y)^3$의 전개식의 일반항은

${}_3C_r x^r y^{3-r}$ (단, $r=0, 1, 2, 3$)

$\left(\frac{2}{x}+y\right)^4$의 전개식의 일반항은

${}_4C_s\times\left(\frac{2}{x}\right)^s y^{4-s}={}_4C_s\times2^s\times x^{-s}y^{4-s}$ (단, $s=0, 1, 2, 3, 4$)

따라서 주어진 식의 전개식의 일반항은

${}_3C_r x^r y^{3-r}\times{}_4C_s\times2^s\times x^{-s}y^{4-s}$

$={}_3C_r\times{}_4C_s\times2^s\times x^{r-s}y^{7-r-s}$ (단, $r=0, 1, 2, 3, s=0, 1, 2, 3, 4$)

이때 xy^2항은 $r-s=1, 7-r-s=2$, 즉 $r=3, s=2$일 때이다.

따라서 구하는 xy^2의 계수는

${}_3C_3\times{}_4C_2\times2^2=1\times6\times4=24$ 답 ④

067

전략 중복순열을 이용하여 조건을 만족시키는 자연수의 개수를 구한다.

(i) 백의 자리의 숫자가 4인 경우

십의 자리의 숫자는 4보다 작은 1, 2, 3 중의 하나이므로 이 경우의 수는 3

이 각각에 대하여 숫자 1, 2, 3, 4, 5 중에서 중복을 허락하여 3개를 택하여 만의 자리, 천의 자리, 일의 자리에 나열하는 경우의 수는

${}_5\Pi_3=5^3=125$

이므로 이 경우의 자연수의 개수는

$3\times125=375$

(ii) 십의 자리의 숫자가 4인 경우

백의 자리의 숫자는 5이고, 이에 대하여 숫자 1, 2, 3, 4, 5 중에서 중복을 허락하여 3개를 택하여 만의 자리, 천의 자리, 일의 자리에 나열하는 경우의 수는

${}_5\Pi_3=5^3=125$

이므로 이 경우의 자연수의 개수는

$1\times125=125$

(iii) 백의 자리와 십의 자리의 숫자가 모두 4가 아닌 경우

1, 2, 3, 5 중에서 서로 다른 2개를 택하여 이 두 수 중 작은 수를 십의 자리의 숫자, 큰 수를 백의 자리의 숫자로 정하는 경우의 수는

${}_4C_2=6$

이 각각에 대하여 숫자 1, 2, 3, 4, 5 중에서 중복을 허락하여 3개를 택하는 경우의 수는

${}_5\Pi_3=5^3=125$

이 중에서 4를 하나도 택하지 않는 경우의 수는

${}_4\Pi_3=4^3=64$

이므로 이 경우의 자연수의 개수는

$6\times(125-64)=366$

(i), (ii), (iii)에 의하여 구하는 자연수의 개수는

$375+125+366=866$ 답 866

068

전략 축구공을 먼저 진열한 후 앞뒤와 사이사이에 농구공을 나열하는 경우의 수를 구한다.

농구공을 진열하는 곳을 B, 축구공을 진열하는 곳을 S라 하고 다음 그림과 같이 S의 양 끝과 사이사이의 6곳에 B를 놓는 것으로 생각할 수 있다.

	S		S		S		S		S	

B는 3개 이상 이웃하지 않아야 하므로 6곳에 배치할 수 있는 B의 개수는

0, 0, 1, 2, 2, 2 또는 0, 1, 1, 1, 2, 2 또는 1, 1, 1, 1, 1, 2

(i) 0, 0, 1, 2, 2, 2인 경우

B를 진열하는 경우의 수는

$\dfrac{6!}{2!\times 3!}=60$

(ii) 0, 1, 1, 1, 2, 2인 경우

B를 진열하는 경우의 수는

$\dfrac{6!}{3!\times 2!}=60$

(iii) 1, 1, 1, 1, 1, 2인 경우

B를 진열하는 경우의 수는

$\dfrac{6!}{5!}=6$

(i), (ii), (iii)에 의하여 구하는 경우의 수는

$60+60+6=126$

답 ③

069

전략 모든 경우의 수에서 우유를 1명 또는 2명에게 나누어 주는 경우의 수를 뺀다.

딸기우유 3개와 초코우유 5개를 3명의 학생에게 남김없이 나누어 주는 경우의 수는

${}_3H_3\times{}_3H_5={}_5C_3\times{}_7C_5={}_5C_2\times{}_7C_2=10\times 21=210$

이때 우유를 하나도 받지 못하는 학생이 생기는 경우는 다음과 같다.

(i) 8개의 우유를 1명에게 모두 주는 경우

3명 중 우유를 받을 1명을 택하는 경우의 수와 같으므로

${}_3C_1=3$

(ii) 8개의 우유를 2명에게만 적어도 한 개씩 나누어 주는 경우

3명 중 우유를 받을 2명을 택하는 경우의 수는

${}_3C_2={}_3C_1=3$

이때 8개의 우유를 2명에게 나누어 주는 경우의 수는

${}_2H_3\times{}_2H_5={}_4C_3\times{}_6C_5={}_4C_1\times{}_6C_1=4\times 6=24$

이 중에서 2명 중 1명에게만 우유를 나누어 주는 경우의 수가 ${}_2C_1=2$이므로 이 경우의 수는

$3\times(24-2)=66$

(i), (ii)에 의하여 구하는 경우의 수는

$210-(3+66)=141$

답 ①

070

전략 샴푸의 개수에 따라 경우를 나누고 같은 것이 있는 순열의 수를 이용하여 경우의 수를 구한다.

비누를 A, 치약을 B, 샴푸를 C라 하자.

선택한 5개의 물품 중 샴푸의 개수는 2 또는 3이다.

(i) 샴푸가 2개인 경우

비누와 치약을 합하여 3개 택해야 하므로 5개의 물품을 택하는 경우는

A, A, A, C, C 또는 A, A, B, C, C 또는 A, B, B, C, C

㉠ A, A, A, C, C를 일렬로 나열하는 경우의 수는

$\dfrac{5!}{3!\times 2!}=10$

㉡ A, A, B, C, C를 일렬로 나열하는 경우의 수는

$\dfrac{5!}{2!\times 2!}=30$

㉢ A, B, B, C, C를 일렬로 나열할 때, B끼리 이웃하지 않도록 나열하는 경우의 수는

$\dfrac{5!}{2!\times 2!}-\dfrac{4!}{2!}=30-12=18$

㉠, ㉡, ㉢에 의하여 이 경우의 수는

$10+30+18=58$

(ii) 샴푸가 3개인 경우

비누와 치약을 합하여 2개 택해야 하므로 5개의 물품을 택하는 경우는

A, A, C, C, C 또는 A, B, C, C, C 또는 B, B, C, C, C

㉣ A, A, C, C, C를 일렬로 나열하는 경우의 수는

$\dfrac{5!}{2!\times 3!}=10$

㉤ A, B, C, C, C를 일렬로 나열하는 경우의 수는

$\dfrac{5!}{3!}=20$

㉥ B, B, C, C, C를 일렬로 나열할 때, B끼리 이웃하지 않도록 나열하는 경우의 수는

$\dfrac{5!}{2!\times 3!}-\dfrac{4!}{3!}=10-4=6$

㉣, ㉤, ㉥에 의하여 이 경우의 수는

$10+20+6=36$

(i), (ii)에 의하여 구하는 선물 세트의 종류의 수는

$58+36=94$

답 ④

071

전략 택한 4개의 숫자의 합이 4, 8, 12, 16인 경우의 수를 구한다.

(i) 각 자리의 숫자의 합이 4가 되는 경우

$4+0+0+0$, $2+2+0+0$, $2+1+1+0$, $1+1+1+1$

이를 일렬로 나열하는 경우의 수는

$\dfrac{4!}{3!}+\dfrac{4!}{2!\times 2!}+\dfrac{4!}{2!}+1=4+6+12+1=23$

이 중에서 천의 자리의 숫자가 0인 경우의 수는

$\frac{3!}{2!}+\frac{3!}{2!}+\frac{3!}{2!}=3+3+3=9$

따라서 이 경우의 자연수의 개수는

$23-9=14$

(ii) 각 자리의 숫자의 합이 8이 되는 경우

$4+4+0+0$, $4+2+2+0$, $4+2+1+1$, $2+2+2+2$

이를 일렬로 나열하는 경우의 수는

$\frac{4!}{2!\times 2!}+\frac{4!}{2!}+\frac{4!}{2!}+1=6+12+12+1=31$

이 중에서 천의 자리의 숫자가 0인 경우의 수는

$\frac{3!}{2!}+\frac{3!}{2!}=3+3=6$

따라서 이 경우의 자연수의 개수는

$31-6=25$

(iii) 각 자리의 숫자의 합이 12가 되는 경우는

$4+4+4+0$, $4+4+2+2$

이를 일렬로 나열하는 경우의 수는

$\frac{4!}{3!}+\frac{4!}{2!\times 2!}=4+6=10$

이 중에서 천의 자리의 숫자가 0인 경우의 수는 1

따라서 이 경우의 자연수의 개수는

$10-1=9$

(iv) 각 자리의 숫자의 합이 16이 되는 경우는

$4+4+4+4$의 1개

(i)~(iv)에 의하여 구하는 자연수의 개수는

$14+25+9+1=49$

답 ③

072

전략 각 학생이 받는 사탕의 개수에 대한 방정식을 세운다.

6명의 학생을 A, B, C, D, E, F라 하고, A, B, C, D, E, F가 받는 사탕의 개수를 각각 a, b, c, d, e, f (a, b, c, d, e, f는 자연수)라 하면

$a+b+c+d+e+f=22$ …… ㉠

주어진 조건에 의하여 $a=b+3$, $c=3b$이므로 ㉠에서

$(b+3)+b+3b+d+e+f=22$

$\therefore 5b+d+e+f=19$

이때 $d=d'+1$, $e=e'+1$, $f=f'+1$로 놓으면

$5b+(d'+1)+(e'+1)+(f'+1)=19$

$\therefore 5b+d'+e'+f'=16$ (단, d', e', f'은 음이 아닌 정수)

(i) $b=1$인 경우

$d'+e'+f'=11$이므로 이를 만족시키는 d', e', f'의 순서쌍 (d', e', f')의 개수는

${}_3H_{11}={}_{13}C_{11}={}_{13}C_2=78$

(ii) $b=2$인 경우

$d'+e'+f'=6$이므로 이를 만족시키는 d', e', f'의 순서쌍 (d', e', f')의 개수는

${}_3H_6={}_8C_6={}_8C_2=28$

(iii) $b=3$인 경우

$d'+e'+f'=1$이므로 이를 만족시키는 d', e', f'의 순서쌍 (d', e', f')은

$(1, 0, 0)$, $(0, 1, 0)$, $(0, 0, 1)$의 3개

(i), (ii), (iii)에 의하여 구하는 경우의 수는

$78+28+3=109$

답 109

073

전략 홀수를 먼저 나열한 후 사이사이에 짝수를 나열하는 경우의 수를 구한다.

21의 양의 약수 1, 3, 7, 21은 모두 홀수이고 2, 2^2, 2^3, 2^4, 즉 2, 4, 8, 16은 모두 짝수이므로 조건 (가)에 따라 홀수끼리 서로 이웃하지 않으려면 홀수와 홀수 사이에 짝수를 적으면 된다.

또, 조건 (나)에 의하여 1과 3, 2와 4는 각각 마주 보는 곳에 적을 수 없다.

4개의 홀수 1, 3, 7, 21을 원형으로 배열하는 경우의 수는

$(4-1)!=3!=6$

이때 1과 3이 마주 보는 경우의 수는 2이므로 홀수를 적는 경우의 수는

$6-2=4$

이 각각에 대하여 홀수 사이사이에 짝수를 적는 경우의 수는

$4!=24$

이때 2와 4가 마주 보는 경우의 수는

$4\times 1\times 2!=8$

이므로 짝수를 적는 경우의 수는

$24-8=16$

따라서 구하는 경우의 수는

$4\times 16=64$

답 ②

074

전략 로그의 성질을 이용하여 a_k에 대한 방정식을 세운다.

조건 (가)에서

$$\sum_{k=1}^{4}\log a_k=\log a_1+\log a_2+\log a_3+\log a_4$$
$$=\log a_1a_2a_3a_4=4$$

이므로 $a_1a_2a_3a_4=10^4=2^4\times 5^4$

$a_1=2^{p_1}\times 5^{q_1}$, $a_2=2^{p_2}\times 5^{q_2}$, $a_3=2^{p_3}\times 5^{q_3}$, $a_4=2^{p_4}\times 5^{q_4}$으로 놓으면

$p_1+p_2+p_3+p_4=4$, $q_1+q_2+q_3+q_4=4$

(단, p_i, q_i는 음이 아닌 정수)

이때 조건 (나)를 만족시키려면

$p_1=0$, $q_3=0$ 또는 $p_3=0$, $q_1=0$

$\therefore p_2+p_3+p_4=4$, $q_1+q_2+q_4=4$

또는 $p_1+p_2+p_4=4$, $q_2+q_3+q_4=4$

이를 만족시키는 해의 개수는

$${}_3H_4\times{}_3H_4+{}_3H_4\times{}_3H_4={}_6C_4\times{}_6C_4+{}_6C_4\times{}_6C_4$$
$$={}_6C_2\times{}_6C_2+{}_6C_2\times{}_6C_2$$
$$=15\times 15+15\times 15=450$$

따라서 구하는 순서쌍 (a_1, a_2, a_3, a_4)의 개수는 450이다.

답 ⑤

Ⅱ 확률

step 0 기출에서 뽑은 실전 개념 OX

본문 35쪽

01 ○	02 ○	03 ×	04 ×	05 ○
06 ×	07 ○	08 ○	09 ×	10 ○

step 1 3점·4점 유형 정복하기

어려운 쉬운

본문 36~49쪽

075

집합 X의 공집합이 아닌 서로 다른 부분집합 15개 중에서 임의로 서로 다른 세 부분집합을 뽑아 일렬로 나열하는 경우의 수는

${}_{15}\mathrm{P}_3=15\times14\times13$

이때 세 부분집합 A, B, C가 $A\subset B\subset C$를 만족시켜야 하므로

$A\neq\varnothing$, $B-A\neq\varnothing$, $C-B\neq\varnothing$

오른쪽 그림과 같이 두 집합 $B-A$, $C-B$를 각각 ㉠, ㉡이라 하고 이 집합의 원소의 개수에 따라 경우를 나누면 다음과 같다.

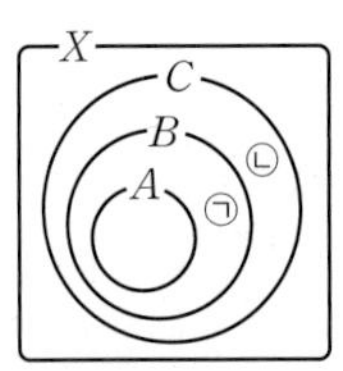

(i) ㉠: 1개, ㉡: 1개

1, 2, 3, 4 중 ㉠과 ㉡에 서로 다른 원소 1개씩 배정하는 경우의 수는

${}_4\mathrm{C}_1\times{}_3\mathrm{C}_1=4\times3=12$

이 각각에 대하여 집합 A가 정해지는 경우의 수가 $2^2-1=3$이므로 이 경우의 수는

$12\times3=36$

(ii) ㉠: 1개, ㉡: 2개

1, 2, 3, 4 중 ㉠과 ㉡에 원소를 배정하는 경우의 수는

${}_4\mathrm{C}_1\times{}_3\mathrm{C}_2=4\times3=12$

나머지 원소 1개는 반드시 집합 A에 포함되어야 하므로 이 경우의 수는

$12\times1=12$

(iii) ㉠: 2개, ㉡: 1개

(ii)와 같은 방법으로 하면 ${}_4\mathrm{C}_2\times{}_2\mathrm{C}_1\times1=6\times2\times1=12$

(i), (ii), (iii)에 의하여 조건을 만족시키는 경우의 수는

$36+12+12=60$

따라서 구하는 확률은 $\dfrac{60}{15\times14\times13}=\dfrac{2}{91}$

답 ②

076

집합 X의 공집합이 아닌 서로 다른 부분집합 15개 중에서 임의로 서로 다른 두 부분집합을 뽑아 일렬로 나열하는 경우의 수는

${}_{15}\mathrm{P}_2=15\times14$

이때 두 부분집합 A, B가 서로소이려면

$A\cap B=\varnothing$

오른쪽 그림에서 세 집합 A, B, $X-(A\cup B)$에 집합 X의 원소 1, 2, 3, 4를 배정하는 모든 경우의 수는

${}_3\Pi_4=3^4$

이때 $A=\varnothing$이 되는 경우의 수는 ${}_2\Pi_4=2^4$

$B=\varnothing$이 되는 경우의 수는 ${}_2\Pi_4=2^4$

$A=\varnothing$, $B=\varnothing$이 되는 경우의 수는 1

즉, 조건을 만족시키는 경우의 수는

$3^4-(2^4+2^4-1)=50$

따라서 구하는 확률은 $\dfrac{50}{15\times14}=\dfrac{5}{21}$

답 ⑤

다른 풀이 두 집합 A, B가 서로소이려면 집합 B는 집합 $X-A$의 부분집합이고, 두 집합 A, B는 공집합이 아니므로 집합 A의 원소의 개수에 따라 경우를 나누면 다음과 같다.

(i) $n(A)=1$인 경우: ${}_4\mathrm{C}_1\times(2^3-1)=4\times7=28$

(ii) $n(A)=2$인 경우: ${}_4\mathrm{C}_2\times(2^2-1)=6\times3=18$

(iii) $n(A)=3$인 경우: ${}_4\mathrm{C}_3\times(2-1)=4\times1=4$

(i), (ii), (iii)에 의하여 조건을 만족시키는 경우의 수는

$28+18+4=50$

따라서 구하는 확률은 $\dfrac{50}{15\times14}=\dfrac{5}{21}$

077

한 개의 주사위를 두 번 던질 때, 나오는 모든 경우의 수는

$6\times6=36$

두 함수 $y=ax^2$, $y=bx-a$의 그래프가 서로 다른 두 점에서 만나려면 이차방정식

$ax^2=bx-a$, 즉 $ax^2-bx+a=0$

이 서로 다른 두 실근을 가져야 한다.

이 이차방정식의 판별식을 D라 하면

$D=(-b)^2-4a^2>0$

$\therefore b^2>4a^2$

이를 만족시키는 a, b의 순서쌍 (a, b)는

$(1, 3)$, $(1, 4)$, $(1, 5)$, $(1, 6)$, $(2, 5)$, $(2, 6)$의 6개

따라서 구하는 확률은 $\dfrac{6}{36}=\dfrac{1}{6}$

답 ③

078

한 개의 주사위를 두 번 던질 때, 나오는 모든 경우의 수는

$6\times6=36$

두 조건 p, q의 진리집합을 각각 P, Q라 할 때, 조건 p가 조건 q이기 위한 충분조건이 되려면

$P\subset Q$

이어야 한다.

조건 q에서

$x^2-(3+b)x+3b\leq0 \qquad \therefore (x-3)(x-b)\leq0$

(i) $b=1$일 때

$Q=\{x|1\leq x\leq3\}$이므로 $P\subset Q$이려면

$|a-1|=1$ 또는 $|a-1|=2$ 또는 $|a-1|=3$

$\therefore a=2$ 또는 $a=3$ 또는 $a=4$

(ii) $b=2$일 때

$Q=\{x|2\leq x\leq3\}$이므로 $P\subset Q$이려면

$|a-2|=2$ 또는 $|a-2|=3$

$\therefore a=4$ 또는 $a=5$

(iii) $b=3$일 때

$Q=\{3\}$이므로 $P\subset Q$이려면

$|a-3|=3 \qquad \therefore a=6$

(iv) $b=4$일 때

$Q=\{x|3\leq x\leq4\}$이므로 $P\subset Q$이려면

$|a-4|=3$ 또는 $|a-4|=4$

$\therefore a=1$

(v) $b=5$일 때

$Q=\{x|3\leq x\leq5\}$이므로 $P\subset Q$이려면

$|a-5|=3$ 또는 $|a-5|=4$ 또는 $|a-5|=5$

$\therefore a=2$ 또는 $a=1$

(vi) $b=6$일 때

$Q=\{x|3\leq x\leq6\}$이므로 $P\subset Q$이려면

$|a-6|=3$ 또는 $|a-6|=4$ 또는 $|a-6|=5$ 또는 $|a-6|=6$

$\therefore a=3$ 또는 $a=2$ 또는 $a=1$

(i)~(vi)에 의하여 조건을 만족시키는 경우의 수는

$3+2+1+1+2+3=12$

따라서 구하는 확률은 $\frac{12}{36}=\frac{1}{3}$ 답 ④

079

한 개의 주사위를 네 번 던질 때, 나오는 모든 경우의 수는 6^4

$12=2^2\times3$에서

$a\times b\times c\times d=6\times2\times1\times1$

$=4\times3\times1\times1$

$=3\times2\times2\times1$

이므로 조건을 만족시키는 경우의 수는

$\frac{4!}{2!}+\frac{4!}{2!}+\frac{4!}{2!}=12+12+12=36$

따라서 구하는 확률은 $\frac{36}{6^4}=\frac{1}{36}$ 답 ①

080

한 개의 주사위를 네 번 던질 때, 나오는 모든 경우의 수는 6^4

$a\times b\times c\times d$가 6^3으로 나누어떨어지려면

$a\times b\times c\times d=6^3\times q \ (q=1, 2, 3, 4, 5, 6)$

꼴이어야 하므로 6의 눈이 나오는 횟수에 따라 그 경우를 나누면 다음과 같다.

(i) 6의 눈이 4번 나오는 경우

(6, 6, 6, 6)의 1가지

(ii) 6의 눈이 3번 나오는 경우

$(6, 6, 6, k)$ $(k=1, 2, 3, 4, 5)$인 경우의 수는

$\frac{4!}{3!}\times5=20$

(iii) 6의 눈이 2번 나오는 경우

(6, 6, 2, 3) 또는 (6, 6, 3, 4)인 경우의 수는

$\frac{4!}{2!}+\frac{4!}{2!}=12+12=24$

(iv) 6의 눈이 1번 나오는 경우

(6, 3, 3, 4)인 경우의 수는

$\frac{4!}{2!}=12$

(i)~(iv)에 의하여 조건을 만족시키는 경우의 수는

$1+20+24+12=57$

따라서 구하는 확률은 $\frac{57}{6^4}=\frac{19}{432}$ 답 ④

081

숫자 1, 2, 3, 4, 5 중에서 중복을 허락하여 4개를 택해 일렬로 나열하여 만들 수 있는 모든 네 자리 자연수의 개수는

${}_5\Pi_4=5^4$

이 중에서 4의 배수가 되는 경우는 끝의 두 자리 수가 4의 배수가 되어야 한다.

숫자 1, 2, 3, 4, 5 중에서 중복을 허락하여 만들 수 있는 두 자리 자연수 중 4의 배수는

12, 24, 32, 44, 52

의 5가지 경우이므로 만들 수 있는 네 자리 자연수 중에서 4의 배수의 개수는

${}_5\Pi_2\times5=5^3$

따라서 구하는 확률은 $\frac{5^3}{5^4}=\frac{1}{5}$ 답 ③

082

6명이 원형으로 둘러앉는 모든 경우의 수는

$(6-1)!=5!=120$

(i) 같은 학년 학생들끼리 모두 이웃하여 앉는 경우

같은 학년끼리 묶고 이 세 묶음이 원형으로 둘러앉을 때, 각 묶음에서 자리를 바꿀 수 있으므로 이 경우의 수는

$(3-1)!\times2!\times2!\times2!=16$

(ii) 같은 학년 학생들끼리 모두 마주 보고 앉는 경우

1학년 학생들을 A, a, 2학년 학생들을 B, b, 3학년 학생들을 C, c라 하면 먼저 A가 원형의 식탁에 앉으면 a가 마주 보고 앉는 경우의 수는 1

이때 B가 앉는 경우의 수는 4이고, 이에 따라 b의 자리가 1가지로 결정된다.

C가 앉는 경우의 수는 2이고, 남은 자리에 c가 앉게 된다.

즉, 이 경우의 수는

$1\times(4\times1)\times(2\times1)=8$

(i), (ii)에 의하여 조건을 만족시키는 경우의 수는

$16+8=24$

따라서 구하는 확률은 $\frac{24}{120}=\frac{1}{5}$ 답 ②

083

서로 다른 8개의 문자와 숫자를 일렬로 나열하는 모든 경우의 수는

$8!$

(i) 숫자 1과 숫자 2 사이에 문자 A를 나열하는 경우

문자 A의 양쪽 옆에 1과 2를 나열하여 한 묶음으로 생각하고, 이 묶음과 B, C, D, 3, 4를 나열하면 된다. 이때 1, 2의 자리를 바꿀 수 있으므로 이 경우의 수는

$2!\times6!$

(ii) 문자 A를 숫자 1과 숫자 2 사이에 나열하지 않는 경우

숫자 1과 2 사이에 나열할 문자 하나를 택하는 경우의 수는

${}_3C_1=3$

이 각각에 대하여 1, 2의 자리를 바꾸는 경우의 수는

$2!=2$

이와 같이 나열한 경우 중에서 한 경우 1B2에 대하여 나머지 문자와 숫자를 나열하는 경우는 다음과 같다.

㉠ A를 1B2의 1 또는 2 옆에 A를 나열하는 경우

A의 나머지 옆 자리에 숫자 3 또는 4를 나열한 후, 이들을 한 묶음으로 생각하고 이 묶음과 나머지 문자, 숫자를 일렬로 나열하면 되므로 이 경우의 수는

$2\times2\times4!=4\times4!$

㉡ A의 좌우에 3, 4를 나열하는 경우

3A4 또는 4A3과 1B2를 각각 하나의 묶음으로 생각하고 이 묶음과 나머지 문자, 숫자를 일렬로 나열하면 되므로 이 경우의 수는

$2\times4!$

㉠, ㉡에 의하여 1B2의 한 경우에 대하여 나머지 문자와 숫자를 나열하는 경우의 수는

$4\times4!+2\times4!=6\times4!$

이므로 이 경우의 수는

$3\times2\times6\times4!=36\times4!$

(i), (ii)에 의하여 구하는 확률은

$$\frac{2!\times6!+36\times4!}{8!}=\frac{(60+36)\times4!}{8!}=\frac{96}{8\times7\times6\times5}=\frac{2}{35}$$

답 ②

084

문자 A, A, B, B, C, D가 하나씩 적혀 있는 6장의 카드와 숫자 1, 2, 3이 하나씩 적혀 있는 3장의 카드를 일렬로 나열하는 모든 경우의 수는

$\frac{9!}{2!2!}=\frac{1}{4}\times9!$

(i) 양 끝에 A, A 또는 B, B가 적혀 있는 카드가 나열되는 경우의 수는

$2\times\frac{7!}{2!}=7!$

(ii) 양 끝에 A, B가 적혀 있는 카드가 각각 나열되는 경우의 수는

$2!\times7!$

(iii) A, B 중 하나가 적혀 있는 카드가 한 쪽 끝에 오고, 다른 쪽 끝에 C, D 중 하나가 적혀 있는 카드가 나열되는 경우의 수는

$2\times2\times2!\times\frac{7!}{2!}=4\times7!$

(iv) 양 끝에 C, D가 적혀 있는 카드가 나열되는 경우의 수는

$2!\times\frac{7!}{2!\times2!}=\frac{1}{2}\times7!$

(i)~(iv)에 의하여 조건을 만족시키는 경우의 수는

$7!+2!\times7!+4\times7!+\frac{1}{2}\times7!=\frac{15}{2}\times7!$

따라서 구하는 확률은

$$\frac{\frac{15}{2}\times7!}{\frac{1}{4}\times9!}=\frac{4\times15}{2\times8\times9}=\frac{5}{12}$$

즉, $p=12$, $q=5$이므로

$p+q=17$ 답 17

085

주사위 2개와 동전 4개를 동시에 던질 때, 나오는 모든 경우의 수는

$6^2\times2^4$

두 주사위에서 나온 눈의 수를 순서쌍 (p, q)로 나타내고 앞면이 나온 동전의 개수에 따라 경우를 나누어 생각하면 다음과 같다.

(i) 앞면이 나온 동전의 개수가 1인 경우의 수는

${}_4C_1=4$

이때 두 주사위에서 나온 눈의 수의 곱이 1인 경우는 $(1, 1)$뿐이므로 이 경우의 수는

$4\times1=4$

(ii) 앞면이 나온 동전의 개수가 2인 경우의 수는

${}_4C_2=6$

이때 두 주사위에서 나온 눈의 수의 곱이 2인 경우는 $(1, 2)$, $(2, 1)$의 2가지이므로 이 경우의 수는

$6\times2=12$

(iii) 앞면이 나온 동전의 개수가 3인 경우의 수는

${}_4C_3={}_4C_1=4$

이때 두 주사위에서 나온 눈의 수의 곱이 3인 경우는 $(1, 3)$, $(3, 1)$의 2가지이므로 이 경우의 수는

$4\times2=8$

(iv) 앞면이 나온 동전의 개수가 4인 경우의 수는

$_4C_4=1$

이때 두 주사위에서 나온 눈의 수의 곱이 4인 경우는 $(1, 4)$, $(2, 2)$, $(4, 1)$의 3가지이므로 이 경우의 수는

$1\times3=3$

(i)~(iv)에 의하여 조건을 만족시키는 경우의 수는

$4+12+8+3=27$

따라서 구하는 확률은 $\dfrac{27}{6^2\times2^4}=\dfrac{3}{64}$ 답 ①

086

주사위 2개와 동전 5개를 동시에 던질 때, 나오는 모든 경우의 수는

$6^2\times2^5=2^7\times3^2$

두 주사위에서 나온 눈의 수를 순서쌍 (p, q)로 나타내고 두 주사위에서 나온 눈의 수의 합에 따라 경우를 나누어 생각하면 다음과 같다.

(i) 두 주사위에서 나온 눈의 수의 합이 2인 경우

두 주사위에서 나온 눈의 수의 합이 2인 경우는 $(1, 1)$의 1가지

앞면이 나온 동전의 개수가 2인 경우의 수는 $_5C_2=10$

따라서 이 경우의 수는

$1\times10=10$

(ii) 두 주사위에서 나온 눈의 수의 합이 3인 경우

두 주사위에서 나온 눈의 수의 합이 3인 경우는 $(1, 2)$, $(2, 1)$의 2가지

앞면이 나온 동전의 개수가 3인 경우의 수는 $_5C_3={}_5C_2=10$

따라서 이 경우의 수는

$2\times10=20$

(iii) 두 주사위에서 나온 눈의 수의 합이 4인 경우

두 주사위에서 나온 눈의 수의 합이 4인 경우는 $(1, 3)$, $(2, 2)$, $(3, 1)$의 3가지

앞면이 나온 동전의 개수가 4인 경우의 수는 $_5C_4={}_5C_1=5$

따라서 이 경우의 수는

$3\times5=15$

(iv) 두 주사위에서 나온 눈의 수의 합이 5인 경우

두 주사위에서 나온 눈의 수의 합이 5인 경우는 $(1, 4)$, $(2, 3)$, $(3, 2)$, $(4, 1)$의 4가지

앞면이 나온 동전의 개수가 5인 경우의 수는 $_5C_5=1$

따라서 이 경우의 수는

$4\times1=4$

(i)~(iv)에 의하여 조건을 만족시키는 경우의 수는

$10+20+15+4=49=7^2$

따라서 구하는 확률은

$\dfrac{7^2}{2^7\times3^2}$

이므로 $a=7$, $k=2$, $m=7$, $n=2$

$\therefore a+k+m+n=18$ 답 ③

087

8개의 공에서 3개씩 두 모둠을 만드는 모든 경우의 수는

$_8C_3\times{}_5C_3\times\dfrac{1}{2!}=56\times10\times\dfrac{1}{2}=280$

각 모둠에 속한 공에 적혀 있는 수의 합이 모두 짝수인 경우는 다음과 같다.

(i) 각 모둠에 홀수가 적힌 공 2개와 짝수가 적힌 공 1개가 있는 경우의 수는

$({}_4C_2\times{}_4C_1)\times({}_2C_2\times{}_3C_1)\times\dfrac{1}{2!}=(6\times4)\times(1\times3)\times\dfrac{1}{2}=36$

(ii) 한 모둠에는 짝수가 적힌 공 3개가 있고, 다른 모둠에는 홀수가 적힌 공 2개와 짝수가 적힌 공 1개가 있는 경우의 수는

$_4C_3\times(1\times{}_4C_2)=4\times(1\times6)=24$

(i), (ii)에 의하여 구하는 확률은 $\dfrac{36+24}{280}=\dfrac{60}{280}=\dfrac{3}{14}$ 답 ②

088

집합 X에서 X로의 함수 f의 개수는

$_5\Pi_5=5^5$

$f(1)=a$, $f(3)=b$, $f(5)=c$라 하면

$a+b+c=7$ (단, a, b, c는 5 이하의 자연수)

이때 $a=a'+1$, $b=b'+1$, $c=c'+1$로 놓으면

$a'+b'+c'=4$ (단, a', b', c'은 음이 아닌 정수)

이 방정식을 만족시키는 a', b', c'의 순서쌍 (a', b', c')의 개수는

$_3H_4={}_6C_4={}_6C_2=15$

이때 $f(2)$와 $f(4)$의 값은 1, 2, 3, 4, 5 중 하나이므로 함수 f의 개수는

$15\times{}_5\Pi_2=15\times5^2$

따라서 구하는 확률은 $\dfrac{15\times5^2}{5^5}=\dfrac{3}{25}$ 답 ③

다른 풀이 $7=1+1+5$

$=1+2+4$

$=1+3+3$

$=2+2+3$

$f(1)$, $f(3)$, $f(5)$의 값이 1, 1, 5인 경우의 수는

$\dfrac{3!}{2!}=3$

$f(1)$, $f(3)$, $f(5)$의 값이 1, 2, 4인 경우의 수는

$3!=6$

$f(1)$, $f(3)$, $f(5)$의 값이 1, 3, 3인 경우의 수는

$\dfrac{3!}{2!}=3$

$f(1)$, $f(3)$, $f(5)$의 값이 2, 2, 3인 경우의 수는

$\dfrac{3!}{2!}=3$

이므로 조건을 만족시키는 함수의 개수는

$(3+6+3+3)\times{}_5\Pi_2=15\times5^2$

따라서 구하는 확률은 $\dfrac{15\times5^2}{5^5}=\dfrac{3}{25}$

089

집합 X에서 X로의 함수의 개수는

${}_5\Pi_5=5^5$

(i) x가 짝수일 때

조건 (가)에서 $f(x)$는 x의 약수이므로

$f(2)$의 값이 될 수 있는 것은 1, 2의 2가지

$f(4)$의 값이 될 수 있는 것은 1, 2, 4의 3가지

따라서 이 경우의 수는 $2\times3=6$

(ii) x가 홀수일 때

조건 (나)에 의하여 $f(1)\le f(3)\le f(5)$이므로 1, 2, 3, 4, 5에서 중복을 허락하여 3개를 택한 후 작거나 같은 수부터 크기순으로 $f(1)$, $f(3)$, $f(5)$의 값으로 정하면 된다.

즉, 서로 다른 5개에서 3개를 택하는 중복조합의 수와 같으므로

${}_5H_3={}_7C_3=35$

(i), (ii)에 의하여 조건을 만족시키는 함수의 개수는

6×35

따라서 구하는 확률은

$\frac{6\times35}{5^5}=\frac{42}{625}$

즉, $p=625$, $q=42$이므로

$p+q=667$

답 667

090

상자 속에 $(k+4)$개의 공이 들어있으므로 이 중 3개의 공을 동시에 꺼내는 모든 경우의 수는

${}_{k+4}C_3=\frac{(k+4)(k+3)(k+2)}{6}$

이때 검은 공이 1개 또는 2개 나오는 경우의 수는

$$\begin{aligned}{}_kC_1\times{}_4C_2+{}_kC_2\times{}_4C_1&=6k+2k(k-1)\\&=2k^2+4k=2k(k+2)\end{aligned}$$

$$\begin{aligned}\therefore f(k)&=\frac{2k(k+2)}{\frac{(k+4)(k+3)(k+2)}{6}}=\frac{12k}{(k+4)(k+3)}\\&=\frac{12k}{k^2+7k+12}=\frac{12}{k+7+\frac{12}{k}}\\&\le\frac{12}{7+2\sqrt{k\times\frac{12}{k}}}\left(\text{단, 등호는 } k=\frac{12}{k}\text{일 때 성립}\right)\end{aligned}$$

따라서 함수 $f(k)$는 $k=\frac{12}{k}$, 즉 $k=\sqrt{12}$일 때 최댓값을 갖는다.

이때 k는 자연수이므로 $3\le\sqrt{12}\le4$에서

$f(3)=\frac{12}{3+7+4}=\frac{6}{7}$

$f(4)=\frac{12}{4+7+3}=\frac{6}{7}$

즉, 함수 $f(k)$는 $k=3$ 또는 $k=4$일 때 최댓값을 가지므로 구하는 모든 m의 값의 합은

$3+4=7$

답 ②

091

7개 동아리의 발표 순서를 정하는 경우의 수는 $7!$

수학 동아리 A가 수학 동아리 B보다 먼저 발표하는 사건을 E, 두 수학 동아리의 발표 사이에 2개의 과학 동아리가 발표하는 사건을 F라 하자.

(i) 사건 E

두 수학 동아리 A, B를 X로 생각해서 두 개의 X와 과학 동아리 5개를 일렬로 나열한 후 앞의 X는 A, 뒤의 X는 B로 바꾸면 되므로 이 경우의 수는 $\frac{7!}{2!}$

$\therefore \mathrm{P}(E)=\frac{\frac{7!}{2!}}{7!}=\frac{1}{2}$

(ii) 사건 F

두 수학 동아리의 발표 사이에 발표할 2개의 과학 동아리를 택하고 순서를 정하는 경우의 수는 $2!\times{}_5P_2=40$

이 네 동아리를 하나로 묶어 전체 순서를 정하는 경우의 수는 $4!$이므로

$\mathrm{P}(F)=\frac{40\times4!}{7!}=\frac{4}{21}$

(iii) 사건 $E\cap F$

수학 동아리 A가 수학 동아리 B보다 먼저 발표하고, 수학 동아리 A, B 사이에 두 개의 과학 동아리가 발표하는 경우의 수는

${}_5P_2=20$

네 동아리를 하나로 묶어 전체 순서를 정하는 경우의 수는 $4!$이므로

$\mathrm{P}(E\cap F)=\frac{20\times4!}{7!}=\frac{2}{21}$

(i), (ii), (iii)에 의하여 구하는 확률은

$$\begin{aligned}\mathrm{P}(E\cup F)&=\mathrm{P}(E)+\mathrm{P}(F)-\mathrm{P}(E\cap F)\\&=\frac{1}{2}+\frac{4}{21}-\frac{2}{21}=\frac{25}{42}\end{aligned}$$

답 ③

092

7개 동아리의 발표 순서를 정하는 경우의 수는 $7!$

첫 번째와 7번째에 수학 동아리가 발표하는 사건을 E, 수학 동아리의 발표 사이에 적어도 1개의 과학 동아리가 발표하는 사건을 F라 하자.

(i) 사건 E

첫 번째와 7번째에 발표할 수학 동아리를 정하는 경우의 수는 ${}_3P_2$

나머지 5개의 동아리의 발표 순서를 정하는 경우의 수는 $5!$이므로

$\mathrm{P}(E)=\frac{{}_3P_2\times5!}{7!}=\frac{1}{7}$

(ii) 사건 F

4개의 과학 동아리의 발표 순서를 정하는 경우의 수는 $4!$

과학 동아리 발표의 맨 앞과 맨 뒤 및 사이사이의 다섯 자리에 수학 동아리의 발표를 배치하는 경우의 수는 ${}_5P_3$이므로

$\mathrm{P}(F)=\frac{4!\times{}_5P_3}{7!}=\frac{2}{7}$

(iii) 사건 $E\cap F$

과학 동아리의 발표 순서를 먼저 정하고, 첫 번째와 7번째에 수학 동아리가 발표하고, 나머지 한 수학 동아리가 과학 동아리 발표 사이에 발표하도록 정하는 경우의 수는 $4!\times{}_3P_2\times{}_3C_1$

$\therefore P(E\cap F)=\frac{4!\times{}_3P_2\times{}_3C_1}{7!}=\frac{3}{35}$

(i), (ii), (iii)에 의하여 구하는 확률은

$P(E\cup F)=P(E)+P(F)-P(E\cap F)$

$=\frac{1}{7}+\frac{2}{7}-\frac{3}{35}=\frac{12}{35}$

따라서 $p=35$, $q=12$이므로

$p+q=47$ 답 47

093

10장의 카드 중에서 동시에 3장의 카드를 꺼내는 모든 경우의 수는

${}_{10}C_3=120$

꺼낸 카드에 적혀 있는 세 자연수가 등차수열을 이루는 사건을 E, 등비수열을 이루는 사건을 F라 하자.

(i) 사건 E

세 수가 등차수열을 이룰 때의 공차를 d라 하면

$d=1$일 때, $(1, 2, 3)$, $(2, 3, 4)$, $\cdots$, $(8, 9, 10)$의 8가지

$d=2$일 때, $(1, 3, 5)$, $(2, 4, 6)$, $\cdots$, $(6, 8, 10)$의 6가지

$d=3$일 때, $(1, 4, 7)$, $(2, 5, 8)$, $(3, 6, 9)$, $(4, 7, 10)$의 4가지

$d=4$일 때, $(1, 5, 9)$, $(2, 6, 10)$의 2가지

$\therefore P(E)=\frac{8+6+4+2}{120}=\frac{20}{120}=\frac{1}{6}$

(ii) 사건 F

세 수가 등비수열을 이룰 때의 공비를 r라 하면

$r=2$일 때, $(1, 2, 4)$, $(2, 4, 8)$의 2가지

$r=3$일 때, $(1, 3, 9)$의 1가지

$\therefore P(F)=\frac{2+1}{120}=\frac{3}{120}=\frac{1}{40}$

이때 $E\cap F=\varnothing$이므로 (i), (ii)에 의하여 구하는 확률은

$P(E\cup F)=P(E)+P(F)=\frac{1}{6}+\frac{1}{40}=\frac{23}{120}$

따라서 $p=120$, $q=23$이므로

$p+q=143$ 답 143

094

집합 X에서 X로의 모든 함수 f의 개수는

${}_5\Pi_5=5^5$

함수 f에 대하여 $f(1)\le f(3)\le f(5)$를 만족시키는 사건을 E, 치역이 $\{1, 2\}$인 사건을 F라 하자.

(i) 사건 E

$f(1)$, $f(3)$, $f(5)$의 값을 정하는 경우의 수는

${}_5H_3={}_7C_3=35$

이 각각에 대하여 $f(2)$, $f(4)$의 값을 정하는 경우의 수는

${}_5\Pi_2=5^2$

$\therefore P(E)=\frac{35\times 5^2}{5^5}=\frac{875}{5^5}$

(ii) 사건 F

집합 $X=\{1, 2, 3, 4, 5\}$에서 $\{1, 2\}$로의 함수 중에서 상수함수를 제외해야 하므로

$P(F)=\frac{{}_2\Pi_5-2}{5^5}=\frac{2^5-2}{5^5}=\frac{30}{5^5}$

(iii) 사건 $E\cap F$

$f(1)\le f(3)\le f(5)$이면서 치역이 $\{1, 2\}$인 경우이므로 $f(1)$, $f(3)$, $f(5)$의 값을 정하는 경우의 수는

${}_2H_3={}_4C_3={}_4C_1=4$

이 각각에 대하여 $f(2)$, $f(4)$의 값을 정하는 경우의 수는

${}_2\Pi_2=2^2=4$

이때 상수함수는 제외해야 하므로

$P(E\cap F)=\frac{4\times 4-2}{5^5}=\frac{14}{5^5}$

(i), (ii), (iii)에 의하여 구하는 확률은

$P(E\cup F)=P(E)+P(F)-P(E\cap F)$

$=\frac{875}{5^5}+\frac{30}{5^5}-\frac{14}{5^5}=\frac{891}{5^5}$

따라서 $p=\frac{891}{5^5}$이므로

$5^5p=891$ 답 891

095

10장의 카드 중에서 동시에 3장의 카드를 꺼내는 모든 경우의 수는

${}_{10}C_3=120$

카드에 적혀 있는 세 자연수 중에서 가장 작은 수가 4 이하이거나 7 이상인 사건을 A라 하면 A^C은 카드에 적혀 있는 세 자연수 중에서 가장 작은 수가 5 또는 6인 경우이다.

(i) 가장 작은 수가 5인 경우

5를 뽑고, 6부터 10까지의 수가 적힌 카드 중 두 장을 뽑으면 되므로 이 경우의 수는

${}_5C_2=10$

(ii) 가장 작은 수가 6인 경우

6을 뽑고, 7부터 10까지의 수가 적힌 카드 중 두 장을 뽑으면 되므로 이 경우의 수는

${}_4C_2=6$

(i), (ii)에 의하여 $P(A^C)=\frac{10+6}{120}=\frac{2}{15}$

$\therefore P(A)=1-P(A^C)=1-\frac{2}{15}=\frac{13}{15}$ 답 ③

096

10장의 카드 중에서 동시에 3장의 카드를 꺼내는 모든 경우의 수는

${}_{10}C_3=120$

세 장의 카드 중에서 짝수가 적혀 있는 카드를 적어도 하나 포함하거나, 5의 배수가 적혀 있는 카드를 적어도 하나 포함하는 사건을 A라 하면 A^C은 카드에 적혀 있는 세 자연수가 모두 홀수이고, 5의 배수를 포함하지 않는 경우이다.

즉, 1, 3, 7, 9가 적힌 4장의 카드 중에서 세 장을 뽑는 경우이므로

$$\mathrm{P}(A^C)=\frac{{}_4\mathrm{C}_3}{120}=\frac{{}_4\mathrm{C}_1}{120}=\frac{4}{120}=\frac{1}{30}$$

따라서 구하는 확률은

$$\mathrm{P}(A)=1-\mathrm{P}(A^C)=1-\frac{1}{30}=\frac{29}{30}$$

답 ⑤

097

$A\cup B=A\cup(A^C\cap B)$이고, 두 사건 A와 $A^C\cap B$는 서로 배반사건이므로

$$\mathrm{P}(A\cup B)=\mathrm{P}(A)+\mathrm{P}(A^C\cap B)=\frac{1}{4}+\frac{3}{8}=\frac{5}{8}$$

$$\therefore \mathrm{P}(A^C\cap B^C)=\mathrm{P}((A\cup B)^C)=1-\mathrm{P}(A\cup B)$$

$$=1-\frac{5}{8}=\frac{3}{8}$$

답 ③

다른 풀이 $\mathrm{P}(A^C)=1-\mathrm{P}(A)=1-\frac{1}{4}=\frac{3}{4}$

$\mathrm{P}(A^C)=\mathrm{P}(A^C\cap B)+\mathrm{P}(A^C\cap B^C)$이므로

$$\frac{3}{4}=\frac{3}{8}+\mathrm{P}(A^C\cap B^C)$$

$$\therefore \mathrm{P}(A^C\cap B^C)=\frac{3}{8}$$

098

이 학술 모임의 학생 9명 중에서 임의로 3명을 선택하는 모든 경우의 수는

${}_9\mathrm{C}_3=84$

9명 중에서 임의로 3명을 발표자로 선택할 때, 1학년과 2학년에서 적어도 1명씩 선택하는 사건을 A라 하면 A^C은 같은 학년에서 3명을 모두 선택하는 경우이다.

1학년 중에서 3명을 선택하는 경우의 수는

${}_5\mathrm{C}_3={}_5\mathrm{C}_2=10$

2학년 중에서 3명을 선택하는 경우의 수는

${}_4\mathrm{C}_3={}_4\mathrm{C}_1=4$

$$\therefore \mathrm{P}(A^C)=\frac{10+4}{84}=\frac{1}{6}$$

따라서 구하는 확률은

$$\mathrm{P}(A)=1-\mathrm{P}(A^C)=1-\frac{1}{6}=\frac{5}{6}$$

답 ⑤

099

네 개의 문자 A, B, C, D와 세 숫자 1, 2, 3을 임의로 일렬로 나열하는 모든 경우의 수는

$7!$

이때 1이 2보다 왼쪽에 있거나 3이 2보다 오른쪽에 있도록 나열하는 사건을 E라 하면 E^C은 1이 2보다 오른쪽에 있고 3이 2보다 왼쪽에 있도록 나열하는 경우이다. 즉, E^C은 3, 2, 1의 순서로 나열하는 사건이므로 세 수 1, 2, 3을 같은 것으로 보고 나열하면 된다.

$$\therefore \mathrm{P}(E^C)=\frac{\frac{7!}{3!}}{7!}=\frac{1}{6}$$

따라서 구하는 확률은

$$\mathrm{P}(E)=1-\mathrm{P}(E^C)=1-\frac{1}{6}=\frac{5}{6}$$

답 ⑤

다른 풀이 1을 2보다 왼쪽에 나열하는 사건을 A, 3을 2보다 오른쪽에 나열하는 사건을 B라 하면

$$\mathrm{P}(A)=\frac{\frac{7!}{2!}}{7!}=\frac{1}{2},\ \mathrm{P}(B)=\frac{\frac{7!}{2!}}{7!}=\frac{1}{2}$$

사건 $A\cap B$는 1, 2, 3을 이 순서대로 나열하는 사건이므로

$$\mathrm{P}(A\cap B)=\frac{\frac{7!}{3!}}{7!}=\frac{1}{6}$$

따라서 구하는 확률은

$$\mathrm{P}(A\cup B)=\mathrm{P}(A)+\mathrm{P}(B)-\mathrm{P}(A\cap B)$$

$$=\frac{1}{2}+\frac{1}{2}-\frac{1}{6}=\frac{5}{6}$$

100

10장의 카드 중에서 4장의 카드를 동시에 꺼내는 모든 경우의 수는

${}_{10}\mathrm{C}_4=210$

이 시행에서 꺼낸 카드에 적혀 있는 수의 최댓값이 9 이상인 사건을 A, 최솟값이 3 이하인 사건을 B라 하면 구하는 확률은 $\mathrm{P}(A\cap B)$이다.

(i) 사건 A^C

꺼낸 카드에 적혀 있는 수의 최댓값이 8 이하인 경우이므로

$$\mathrm{P}(A^C)=\frac{{}_8\mathrm{C}_4}{210}=\frac{70}{210}=\frac{1}{3}$$

(ii) 사건 B^C

꺼낸 카드에 적혀 있는 수의 최솟값이 4 이상인 경우이므로

$$\mathrm{P}(B^C)=\frac{{}_7\mathrm{C}_4}{210}=\frac{{}_7\mathrm{C}_3}{210}=\frac{35}{210}=\frac{1}{6}$$

(iii) 사건 $A^C\cap B^C$

꺼낸 카드에 적혀 있는 수의 최댓값이 8 이하이고 최솟값이 4 이상인 경우이므로

$$\mathrm{P}(A^C\cap B^C)=\frac{{}_5\mathrm{C}_4}{210}=\frac{{}_5\mathrm{C}_1}{210}=\frac{5}{210}=\frac{1}{42}$$

(i), (ii), (iii)에 의하여

$$\mathrm{P}(A^C\cup B^C)=\mathrm{P}(A^C)+\mathrm{P}(B^C)-\mathrm{P}(A^C\cap B^C)$$

$$=\frac{1}{3}+\frac{1}{6}-\frac{1}{42}=\frac{10}{21}$$

따라서 구하는 확률은

$$\mathrm{P}(A\cap B)=1-\mathrm{P}(A^C\cup B^C)=1-\frac{10}{21}=\frac{11}{21}$$

답 ①

101

선택한 1장의 사진이 고양이 사진으로 인식된 사진인 사건을 E, 고양이 사진인 사건을 F라 하면

$\mathrm{P}(E)=\frac{36}{80}=\frac{9}{20}$, $\mathrm{P}(E\cap F)=\frac{32}{80}=\frac{2}{5}$

따라서 구하는 확률은

$$\mathrm{P}(F|E)=\frac{\mathrm{P}(E\cap F)}{\mathrm{P}(E)}=\frac{\frac{2}{5}}{\frac{9}{20}}=\frac{8}{9}$$

답 ⑤

다른 풀이 $n(E)=36$, $n(E\cap F)=32$이므로

$$\mathrm{P}(F|E)=\frac{n(E\cap F)}{n(E)}=\frac{32}{36}=\frac{8}{9}$$

102

고객 중 임의로 선택한 1명이 세트 메뉴 X를 선택한 고객인 사건을 A, 커피를 선택한 고객인 사건을 B라 하면

$\mathrm{P}(A)=\frac{60}{100}=\frac{3}{5}$, $\mathrm{P}(A\cap B)=\frac{28}{100}=\frac{7}{25}$

따라서 구하는 확률은

$$\mathrm{P}(B|A)=\frac{\mathrm{P}(A\cap B)}{\mathrm{P}(A)}=\frac{\frac{7}{25}}{\frac{3}{5}}=\frac{7}{15}$$

즉, $p=15$, $q=7$이므로

$p+q=22$

답 22

103

동아리 학생 중 임의로 선택한 1명이 음식을 주제로 선택한 학생인 사건을 A, 2학년인 사건을 B라 하면

$\mathrm{P}(A)=\frac{14}{40}=\frac{7}{20}$, $\mathrm{P}(A\cap B)=\frac{4}{40}=\frac{1}{10}$

따라서 구하는 확률은

$$\mathrm{P}(B|A)=\frac{\mathrm{P}(A\cap B)}{\mathrm{P}(A)}=\frac{\frac{1}{10}}{\frac{7}{20}}=\frac{2}{7}$$

답 ④

104

두 주머니에서 같은 색 공을 꺼내는 사건을 E, 주머니에서 모두 흰 공을 꺼내는 사건을 F라 하면

$$\mathrm{P}(E)=\frac{4\times3+6\times7}{10\times10}=\frac{54}{100}=\frac{27}{50}$$

$$\mathrm{P}(E\cap F)=\frac{4\times3}{10\times10}=\frac{12}{100}=\frac{3}{25}$$

따라서 구하는 확률은

$$\mathrm{P}(F|E)=\frac{\mathrm{P}(E\cap F)}{\mathrm{P}(E)}=\frac{\frac{3}{25}}{\frac{27}{50}}=\frac{2}{9}$$

답 ②

105

A, B가 선택한 것이 서로 다른 사건을 E, A는 가발을, B는 머리띠를 선택하는 사건을 F라 하면

$$\mathrm{P}(E)=\frac{{}_5\mathrm{C}_1\times{}_4\mathrm{C}_1}{{}_5\mathrm{C}_1\times{}_5\mathrm{C}_1}=\frac{4}{5}$$

$$\mathrm{P}(E\cap F)=\frac{{}_3\mathrm{C}_1\times{}_2\mathrm{C}_1}{{}_5\mathrm{C}_1\times{}_5\mathrm{C}_1}=\frac{6}{25}$$

따라서 구하는 확률은

$$\mathrm{P}(F|E)=\frac{\mathrm{P}(E\cap F)}{\mathrm{P}(E)}=\frac{\frac{6}{25}}{\frac{4}{5}}=\frac{3}{10}$$

답 ③

106

한 개의 주사위를 세 번 던질 때, 나오는 모든 경우의 수는

$6^3=216$

한 개의 주사위를 세 번 던질 때, 3의 눈이 한 번 이상 나오는 사건을 A, 세 눈의 수의 최댓값이 짝수인 사건을 B라 하자.

3의 눈이 한 번도 나오지 않는 경우의 수는 $5\times5\times5=125$이므로

$\mathrm{P}(A^C)=\frac{125}{216}$ $\quad\therefore \mathrm{P}(A)=1-\mathrm{P}(A^C)=1-\frac{125}{216}=\frac{91}{216}$

사건 $A\cap B$는 3의 눈이 한 번 이상 나오고 세 눈의 수의 최댓값이 짝수인 사건이므로 눈의 수의 최댓값이 될 수 있는 것은 4 또는 6이다.

(i) 최댓값이 4인 경우

세 눈의 수를 3, 4, k라 하면 k가 될 수 있는 수는 1, 2, 3, 4이므로 이 경우의 수는

$2\times3!+2\times\frac{3!}{2!}=18$

(ii) 최댓값이 6인 경우

세 눈의 수를 3, 6, k라 하면 k가 될 수 있는 수는 1, 2, 3, 4, 5, 6이므로 이 경우의 수는

$4\times3!+2\times\frac{3!}{2!}=30$

(i), (ii)에 의하여 $\mathrm{P}(A\cap B)=\frac{18+30}{216}=\frac{48}{216}=\frac{2}{9}$

따라서 구하는 확률은

$$\mathrm{P}(B|A)=\frac{\mathrm{P}(A\cap B)}{\mathrm{P}(A)}=\frac{\frac{2}{9}}{\frac{91}{216}}=\frac{48}{91}$$

즉, $p=91$, $q=48$이므로

$p+q=139$

답 139

107

두 사건 A와 B가 서로 독립이므로

$\mathrm{P}(A)=\mathrm{P}(A|B)=\frac{1}{3}$

두 사건 A와 B^C도 서로 독립이므로

$\mathrm{P}(A\cap B^C)=\mathrm{P}(A)\mathrm{P}(B^C)=\frac{1}{3}\mathrm{P}(B^C)=\frac{1}{12}$

$\therefore \mathrm{P}(B^C)=\frac{1}{4}$

$\therefore \mathrm{P}(B)=1-\mathrm{P}(B^C)=1-\frac{1}{4}=\frac{3}{4}$ 답 ⑤

108

두 사건 A, B가 서로 독립이므로

$\mathrm{P}(B)=\mathrm{P}(B|A)=\frac{3}{8}$

$\therefore \mathrm{P}(B^C)=1-\mathrm{P}(B)=1-\frac{3}{8}=\frac{5}{8}$

두 사건 A와 B^C도 서로 독립이므로

$\mathrm{P}(A\cap B^C)=\mathrm{P}(A)\mathrm{P}(B^C)=\frac{2}{5}\times\frac{5}{8}=\frac{1}{4}$

$\therefore \mathrm{P}(A\cup B^C)=\mathrm{P}(A)+\mathrm{P}(B^C)-\mathrm{P}(A\cap B^C)$

$=\frac{2}{5}+\frac{5}{8}-\frac{1}{4}=\frac{31}{40}$ 답 ①

109

$B=(A\cap B)\cup(A^C\cap B)$이고, $(A\cap B)\cap(A^C\cap B)=\varnothing$이므로

$\mathrm{P}(B)=\mathrm{P}(A\cap B)+\mathrm{P}(A^C\cap B)$ ...... ㉠

$\mathrm{P}(A|B)=\frac{\mathrm{P}(A\cap B)}{\mathrm{P}(B)}=\frac{1}{4}$에서

$\mathrm{P}(B)=4\mathrm{P}(A\cap B)$ ...... ㉡

㉠, ㉡에서 $4\mathrm{P}(A\cap B)=\mathrm{P}(A\cap B)+\mathrm{P}(A^C\cap B)$

$3\mathrm{P}(A\cap B)=\mathrm{P}(A^C\cap B)=\frac{1}{2}$

$\therefore \mathrm{P}(A\cap B)=\frac{1}{6}$

따라서 ㉡에서

$\mathrm{P}(B)=4\mathrm{P}(A\cap B)=\frac{4}{6}=\frac{2}{3}$ 답 ②

110

a, b, c는 6 이하의 자연수이므로

$2=1+1+0$

(i) $(a-2)^2=1$, $(b-3)^2=1$, $(c-4)^2=0$인 경우

$a=1$ 또는 $a=3$, $b=2$ 또는 $b=4$, $c=4$이므로 이 사건의 확률은

$\frac{2}{6}\times\frac{2}{6}\times\frac{1}{6}=\frac{1}{54}$

(ii) $(a-2)^2=1$, $(b-3)^2=0$, $(c-4)^2=1$인 경우

$a=1$ 또는 $a=3$, $b=3$, $c=3$ 또는 $c=5$이므로 이 사건의 확률은

$\frac{2}{6}\times\frac{1}{6}\times\frac{2}{6}=\frac{1}{54}$

(iii) $(a-2)^2=0$, $(b-3)^2=1$, $(c-4)^2=1$인 경우

$a=2$, $b=2$ 또는 $b=4$, $c=3$ 또는 $c=5$이므로 이 사건의 확률은

$\frac{1}{6}\times\frac{2}{6}\times\frac{2}{6}=\frac{1}{54}$

(i), (ii), (iii)은 모두 배반사건이므로 구하는 확률은

$\frac{1}{54}+\frac{1}{54}+\frac{1}{54}=\frac{1}{18}$ 답 ①

111

a, b, c는 6 이하의 자연수이므로

$2=1+1+0$

(i) $(a-3)^2=1$, $(b-4)^2=1$, $(2c-5)^2=0$인 경우

$2c-5=0$에서 $c=\frac{5}{2}$

c는 자연수이어야 하므로 조건을 만족시키지 않는다.

즉, 이 사건의 확률은 0이다.

(ii) $(a-3)^2=1$, $(b-4)^2=0$, $(2c-5)^2=1$인 경우

$a=2$ 또는 $a=4$, $b=4$, $c=2$ 또는 $c=3$이므로 이 사건의 확률은

$\frac{2}{6}\times\frac{1}{6}\times\frac{2}{6}=\frac{1}{54}$

(iii) $(a-3)^2=0$, $(b-4)^2=1$, $(2c-5)^2=1$인 경우

$a=3$, $b=3$ 또는 $b=5$, $c=2$ 또는 $c=3$이므로 이 사건의 확률은

$\frac{1}{6}\times\frac{2}{6}\times\frac{2}{6}=\frac{1}{54}$

(i), (ii), (iii)은 모두 배반사건이므로 구하는 확률은

$0+\frac{1}{54}+\frac{1}{54}=\frac{1}{27}$ 답 ①

112

상자 A에서 흰 공을 꺼내는 사건을 E, 상자 B와 상자 C에서 꺼낸 공이 모두 검은 공인 사건을 F라 하자.

(i) 상자 A에서 흰 공을 꺼낸 경우

상자 A에서 흰 공을 꺼낼 확률은

$\mathrm{P}(E)=\frac{2}{6}=\frac{1}{3}$

꺼낸 흰 공을 상자 B에 넣으면 상자 B에는 흰 공 3개, 검은 공 3개가 들어 있고, 상자 C에는 흰 공 1개와 검은 공 2개가 들어 있으므로

$\mathrm{P}(E\cap F)=\mathrm{P}(E)\mathrm{P}(F|E)=\frac{1}{3}\times\left(\frac{3}{6}\times\frac{2}{3}\right)=\frac{1}{9}$

(ii) 주머니 A에서 검은 공을 꺼낸 경우

상자 A에서 검은 공을 꺼낼 확률은

$\mathrm{P}(E^C)=\frac{4}{6}=\frac{2}{3}$

꺼낸 검은 공을 상자 C에 넣으면 상자 C에는 흰 공 1개, 검은 공 3개가 들어 있고, 상자 B에는 흰 공 2개와 검은 공 3개가 들어 있으므로

$\mathrm{P}(E^C\cap F)=\mathrm{P}(E^C)\mathrm{P}(F|E^C)=\frac{2}{3}\times\left(\frac{3}{5}\times\frac{3}{4}\right)=\frac{3}{10}$

(i), (ii)에 의하여 구하는 확률은

$\mathrm{P}(F)=\mathrm{P}(E\cap F)+\mathrm{P}(E^C\cap F)=\frac{1}{9}+\frac{3}{10}=\frac{37}{90}$ 답 ⑤

113

첫 번째 시행에서 문자가 적혀 있는 카드를 꺼내고, 2번째 시행부터 5번째 시행까지 문자가 적혀 있는 카드 2개, 숫자가 적혀 있는 카드 2개를 꺼낸 다음 6번째 시행에서 문자가 적혀 있는 카드를 꺼내야 한다.

첫 번째 시행에서 문자가 적혀 있는 카드를 꺼낼 확률은

$\frac{4}{10}=\frac{2}{5}$

2번째 시행부터 5번째 시행까지 문자가 적혀 있는 카드 2개, 숫자가 적혀 있는 카드 2개를 꺼낼 확률은

$\frac{{}_3C_2\times{}_6C_2\times4!}{{}_9P_4}=\frac{3\times15\times4!}{9\times8\times7\times6}=\frac{5}{14}$

6번째 시행에서 문자가 적혀 있는 카드를 꺼낼 확률은

$\frac{1}{5}$

따라서 구하는 확률은

$\frac{2}{5}\times\frac{5}{14}\times\frac{1}{5}=\frac{1}{35}$ 답 ②

114

주머니에서 꺼낸 2개의 공이 모두 흰 공인 사건을 E, 주사위의 눈의 수가 5 이상인 사건을 F라 하면

$P(E\cap F)=\frac{2}{6}\times\frac{{}_2C_2}{{}_6C_2}=\frac{1}{3}\times\frac{1}{15}=\frac{1}{45}$

$P(E\cap F^C)=\frac{4}{6}\times\frac{{}_3C_2}{{}_6C_2}=\frac{2}{3}\times\frac{3}{15}=\frac{6}{45}$

$\therefore P(E)=P(E\cap F)+P(E\cap F^C)$

$=\frac{1}{45}+\frac{6}{45}=\frac{7}{45}$

따라서 구하는 확률은

$$P(F|E)=\frac{P(E\cap F)}{P(E)}=\frac{\frac{1}{45}}{\frac{7}{45}}=\frac{1}{7}$$ 답 ①

115

두 개의 주사위를 던질 때, 두 눈의 수를 순서쌍 (a, b)로 나타내면 그 합이 10 이상인 경우는

$(4, 6), (5, 5), (5, 6), (6, 4), (6, 5), (6, 6)$

이므로 그 확률은 $\frac{6}{36}=\frac{1}{6}$

주머니에서 꺼낸 3개의 공에 두 가지 색이 모두 나오는 사건을 E, 두 주사위의 눈의 수의 합이 10 이상인 사건을 F라 하면

$P(E\cap F)=\frac{1}{6}\times\frac{{}_2C_1\times{}_4C_2+{}_2C_2\times{}_4C_1}{{}_6C_3}=\frac{1}{6}\times\frac{16}{20}=\frac{2}{15}$

$P(E\cap F^C)=\frac{5}{6}\times\frac{{}_3C_1\times{}_3C_2+{}_3C_2\times{}_3C_1}{{}_6C_3}=\frac{5}{6}\times\frac{18}{20}=\frac{3}{4}$

$\therefore P(E)=P(E\cap F)+P(E\cap F^C)$

$=\frac{2}{15}+\frac{3}{4}=\frac{53}{60}$

따라서 구하는 확률은

$$P(F|E)=\frac{P(E\cap F)}{P(E)}=\frac{\frac{2}{15}}{\frac{53}{60}}=\frac{8}{53}$$

즉, $p=53$, $q=8$이므로

$p+q=61$ 답 61

116

투숙 당일 석식으로 양식을 선택하는 사건을 A, 투숙 다음 날 조식으로 한식을 선택하는 사건을 B라 하면 구하는 확률은 $P(A|B)$이고

$P(B|A)=1-\frac{40}{100}=\frac{3}{5}$, $P(B|A^C)=\frac{20}{100}=\frac{1}{5}$

또한, $P(A^C)=\frac{80}{100}=\frac{4}{5}$에서 $P(A)=1-\frac{4}{5}=\frac{1}{5}$이므로

$P(A\cap B)=P(A)P(B|A)=\frac{1}{5}\times\frac{3}{5}=\frac{3}{25}$

$P(A^C\cap B)=P(A^C)P(B|A^C)=\frac{4}{5}\times\frac{1}{5}=\frac{4}{25}$

$\therefore P(B)=P(A\cap B)+P(A^C\cap B)=\frac{3}{25}+\frac{4}{25}=\frac{7}{25}$

따라서 구하는 확률은

$$P(A|B)=\frac{P(A\cap B)}{P(B)}=\frac{\frac{3}{25}}{\frac{7}{25}}=\frac{3}{7}$$

즉, $p=7$, $q=3$이므로

$p+q=10$ 답 10

다른 풀이 전체 투숙객 수를 100이라 할 때, 주어진 조건을 표로 나타내면 다음과 같다.

당일 석식 / 다음날 조식	양식	한식	합계
양식	8	64	72
한식	12	16	28
합계	20	80	100

따라서 구하는 확률은 $\frac{12}{28}=\frac{3}{7}$

117

동아리의 학생 중에서 임의로 선택한 한 학생이 남학생인 사건을 A, 2학년인 사건인 B라 하면 구하는 확률은 $P(A^C|B)$이고

$P(B|A)=\frac{70}{100}=\frac{7}{10}$, $P(B|A^C)=1-\frac{20}{100}=\frac{4}{5}$

또한, $P(A)=\frac{60}{100}=\frac{3}{5}$에서 $P(A^C)=1-\frac{3}{5}=\frac{2}{5}$이므로

$P(A\cap B)=P(A)P(B|A)=\frac{3}{5}\times\frac{7}{10}=\frac{21}{50}$

$P(A^C\cap B)=P(A^C)P(B|A^C)=\frac{2}{5}\times\frac{4}{5}=\frac{8}{25}$

$\therefore P(B)=P(A\cap B)+P(A^C\cap B)=\frac{21}{50}+\frac{8}{25}=\frac{37}{50}$

따라서 구하는 확률은

$$P(A^C|B)=\frac{P(A^C\cap B)}{P(B)}=\frac{\frac{8}{25}}{\frac{37}{50}}=\frac{16}{37}$$

즉, $p=37$, $q=16$이므로

$p+q=53$ 답 53

다른 풀이 이 동아리의 학생 수를 100이라 할 때, 주어진 조건을 표로 나타내면 다음과 같다.

구분	1학년	2학년	합계
남학생	18	42	60
여학생	8	32	40
합계	26	74	100

따라서 선택한 한 명이 2학년 학생일 때, 이 학생이 여학생일 확률은

$\frac{32}{74}=\frac{16}{37}$

118

주사위를 던져 나온 눈의 수가 3의 배수인 사건을 A, 주머니에 있는 공에 적혀 있는 수의 최솟값이 3보다 작고 최댓값이 4보다 큰 사건을 B라 하자.

(i) 주사위를 던져 나온 눈의 수가 3의 배수인 경우

$\mathrm{P}(A)=\frac{2}{6}=\frac{1}{3}$

이때 상자에서 꺼낸 2개의 공에 적혀 있는 수의 최솟값이 3보다 작고 최댓값이 4보다 클 확률은

$\mathrm{P}(B|A)=\frac{{}_2\mathrm{C}_1\times{}_3\mathrm{C}_1}{{}_7\mathrm{C}_2}=\frac{2\times3}{21}=\frac{2}{7}$

$\therefore \mathrm{P}(A\cap B)=\mathrm{P}(A)\mathrm{P}(B|A)=\frac{1}{3}\times\frac{2}{7}=\frac{2}{21}$

(ii) 주사위를 던져 나온 눈의 수가 3의 배수가 아닌 경우

$\mathrm{P}(A^C)=\frac{4}{6}=\frac{2}{3}$

이때 상자에서 꺼낸 3개의 공에 적혀 있는 수의 최솟값이 1인 경우, 최댓값이 4보다 크려면 나머지 6개의 수가 적혀 있는 공 중에서 2개를 선택할 때 2, 3, 4가 적혀 있는 공 중에서 2개를 선택하는 경우를 제외하면 된다.

또한, 최솟값이 2인 경우에 최댓값이 4보다 크려면 3, 4, 5, 6, 7이 적혀 있는 공 중에서 2개를 선택할 때, 3, 4를 선택하는 경우를 제외하면 되므로

$\mathrm{P}(B|A^C)=\frac{{}_6\mathrm{C}_2-{}_3\mathrm{C}_2}{{}_7\mathrm{C}_3}+\frac{{}_5\mathrm{C}_2-{}_2\mathrm{C}_2}{{}_7\mathrm{C}_3}$

$=\frac{15-3}{35}+\frac{10-1}{35}=\frac{3}{5}$

$\therefore \mathrm{P}(A^C\cap B)=\mathrm{P}(A^C)\mathrm{P}(B|A^C)=\frac{2}{3}\times\frac{3}{5}=\frac{2}{5}$

(i), (ii)에 의하여

$\mathrm{P}(B)=\mathrm{P}(A\cap B)+\mathrm{P}(A^C\cap B)=\frac{2}{21}+\frac{2}{5}=\frac{52}{105}$

따라서 구하는 확률은

$\mathrm{P}(A|B)=\frac{\mathrm{P}(A\cap B)}{\mathrm{P}(B)}=\frac{\frac{2}{21}}{\frac{52}{105}}=\frac{5}{26}$

답 ⑤

119

$A=\{1, 3, 5\}$이므로 $\mathrm{P}(A)=\frac{1}{2}$

(i) $m=1$일 때

$B=\{1\}$이므로 $\mathrm{P}(B)=\frac{1}{6}$

$A\cap B=\{1\}$에서 $\mathrm{P}(A\cap B)=\frac{1}{6}$이므로

$\mathrm{P}(A\cap B)\neq\mathrm{P}(A)\mathrm{P}(B)$

따라서 두 사건 A와 B는 서로 독립이 아니다.

(ii) $m=2$일 때

$B=\{1, 2\}$이므로 $\mathrm{P}(B)=\frac{1}{3}$

$A\cap B=\{1\}$에서 $\mathrm{P}(A\cap B)=\frac{1}{6}$이므로

$\mathrm{P}(A\cap B)=\mathrm{P}(A)\mathrm{P}(B)$

따라서 두 사건 A와 B는 서로 독립이다.

(iii) $m=3$일 때

$B=\{1, 3\}$이므로 $\mathrm{P}(B)=\frac{1}{3}$

$A\cap B=\{1, 3\}$에서 $\mathrm{P}(A\cap B)=\frac{1}{3}$이므로

$\mathrm{P}(A\cap B)\neq\mathrm{P}(A)\mathrm{P}(B)$

따라서 두 사건 A와 B는 서로 독립이 아니다.

(iv) $m=4$일 때

$B=\{1, 2, 4\}$이므로 $\mathrm{P}(B)=\frac{1}{2}$

$A\cap B=\{1\}$에서 $\mathrm{P}(A\cap B)=\frac{1}{6}$이므로

$\mathrm{P}(A\cap B)\neq\mathrm{P}(A)\mathrm{P}(B)$

따라서 두 사건 A와 B는 서로 독립이 아니다.

(v) $m=5$일 때

$B=\{1, 5\}$이므로 $\mathrm{P}(B)=\frac{1}{3}$

$A\cap B=\{1, 5\}$에서 $\mathrm{P}(A\cap B)=\frac{1}{3}$이므로

$\mathrm{P}(A\cap B)\neq\mathrm{P}(A)\mathrm{P}(B)$

따라서 두 사건 A와 B는 서로 독립이 아니다.

(vi) $m=6$일 때

$B=\{1, 2, 3, 6\}$이므로 $\mathrm{P}(B)=\frac{2}{3}$

$A\cap B=\{1, 3\}$에서 $\mathrm{P}(A\cap B)=\frac{1}{3}$이므로

$\mathrm{P}(A\cap B)=\mathrm{P}(A)\mathrm{P}(B)$

따라서 두 사건 A와 B는 서로 독립이다.

(i)~(vi)에 의하여

$m=2$ 또는 $m=6$

따라서 모든 m의 값의 합은

$2+6=8$

답 8

120

$A=\{1, 2, 3, 6\}$이므로

$\mathrm{P}(A)=\frac{4}{6}=\frac{2}{3}$

(i) $m=1$일 때

$B=\{1, 2, 3, 4, 5, 6\}$이므로 $\mathrm{P}(B)=1$

$A\cap B=A$에서 $\mathrm{P}(A\cap B)=\frac{2}{3}$이므로

$\mathrm{P}(A)\mathrm{P}(B)=\mathrm{P}(A\cap B)$

따라서 두 사건 A와 B는 서로 독립이다.

(ii) $m=2$일 때

$B=\{2, 4, 6\}$이므로 $\mathrm{P}(B)=\frac{1}{2}$

$A\cap B=\{2, 6\}$에서 $\mathrm{P}(A\cap B)=\frac{1}{3}$이므로

$\mathrm{P}(A)\mathrm{P}(B)=\mathrm{P}(A\cap B)$

따라서 두 사건 A와 B는 서로 독립이다.

(iii) $m=3$일 때

$B=\{3, 6\}$이므로 $\mathrm{P}(B)=\frac{1}{3}$

$A\cap B=B$에서 $\mathrm{P}(A\cap B)=\frac{1}{3}$이므로

$\mathrm{P}(A)\mathrm{P}(B)\neq\mathrm{P}(A\cap B)$

따라서 두 사건 A와 B는 서로 독립이 아니다.

(iv) $m=4$ 또는 $m=5$일 때

$\mathrm{P}(B)=\frac{1}{6}$이고, $A\cap B=\varnothing$에서 $\mathrm{P}(A\cap B)=0$이므로

$\mathrm{P}(A)\mathrm{P}(B)\neq\mathrm{P}(A\cap B)$

따라서 두 사건 A와 B는 서로 독립이 아니다.

(v) $m=6$일 때

$B=\{6\}$이므로 $\mathrm{P}(B)=\frac{1}{6}$

$A\cap B=B$에서 $\mathrm{P}(A\cap B)=\frac{1}{6}$이므로

$\mathrm{P}(A)\mathrm{P}(B)\neq\mathrm{P}(A\cap B)$

따라서 두 사건 A와 B는 서로 독립이 아니다.

(i)~(v)에 의하여 $m=1$ 또는 $m=2$

따라서 모든 m의 값의 합은

$1+2=3$

답 3

121

두 눈의 수를 순서쌍 (a, b)로 나타내면 두 눈의 수의 합이 5인 경우는 $(1, 4)$, $(2, 3)$, $(3, 2)$, $(4, 1)$이므로

$\mathrm{P}(A)=\frac{4}{36}=\frac{1}{9}$

이때

$1\times4=4\times1=4$, $2\times3=3\times2=6$

이므로 $m\geq6$인 모든 자연수 m에 대하여

$A\cap B=\{(2, 3), (3, 2)\}$

$\therefore \mathrm{P}(A\cap B)=\frac{2}{36}=\frac{1}{18}$

두 사건 A, B가 서로 독립이 되려면

$\mathrm{P}(A)\mathrm{P}(B)=\mathrm{P}(A\cap B)$

이어야 하므로

$\frac{1}{9}\times\mathrm{P}(B)=\frac{1}{18}$

$\therefore \mathrm{P}(B)=\frac{1}{2}=\frac{18}{36}$

한편, 주사위의 두 눈의 수의 곱은 다음과 같다.

×	1	2	3	4	5	6
1	1	2	3	4	5	6
2	2	4	6	8	10	12
3	3	6	9	12	15	18
4	4	8	12	16	20	24
5	5	10	15	20	25	30
6	6	12	18	24	30	36

표에서 두 눈의 수의 곱이 4 이하인 경우의 수는 8

두 눈의 수의 곱이 18 이상인 경우의 수는 10

즉, 눈의 수의 곱이 5 이상 17 이하인 경우의 수는

$36-(8+10)=18$

이때 두 눈의 수의 곱이 17인 경우는 없으므로

$m=16$ 또는 $m=17$

따라서 모든 m의 값의 합은

$16+17=33$

답 33

122

조사 대상인 280명 중에서 임의로 선택한 한 명이 남학생인 사건을 A, Q 회사 제품을 선호하는 학생인 사건을 B라 하면

$\mathrm{P}(A)=\frac{160}{280}$, $\mathrm{P}(B)=\frac{192-k}{280}$, $\mathrm{P}(A\cap B)=\frac{72}{280}$

이때 두 사건 A, B가 서로 독립이므로 $\mathrm{P}(A\cap B)=\mathrm{P}(A)\mathrm{P}(B)$에서

$\frac{72}{280}=\frac{160}{280}\times\frac{192-k}{280}$

$72\times7=4(192-k)$, $192-k=126$

$\therefore k=66$

답 66

123

동전의 앞면을 H, 뒷면을 T로 나타낼 때, 앞면이 나오는 횟수에 따라 경우를 나누면 다음과 같다.

(i) 앞면이 3번 나오는 경우

앞면이 3번 나오는 경우의 수는

${}_7\mathrm{C}_3=35$

이때 H가 이웃하지 않는 경우의 수는 4개의 T의 양 끝과 그 사이사이에 H를 배치하는 경우의 수와 같으므로

$\vee\mathrm{T}\vee\mathrm{T}\vee\mathrm{T}\vee\mathrm{T}\vee$

${}_5\mathrm{C}_3={}_5\mathrm{C}_2=10$

따라서 이 경우의 확률은

$(35-10)\times\left(\frac{1}{2}\right)^3\left(1-\frac{1}{2}\right)^4=25\times\left(\frac{1}{2}\right)^7$

(ii) 앞면이 4번 나오는 경우

앞면이 4번 나오는 경우의 수는

${}_7\mathrm{C}_4={}_7\mathrm{C}_3=35$

H가 이웃하지 않는 경우는 HTHTHTH의 1가지이므로 이 경우의 확률은

$(35-1)\times\left(\frac{1}{2}\right)^4\left(1-\frac{1}{2}\right)^3=34\times\left(\frac{1}{2}\right)^7$

(iii) 앞면이 5번 이상 나오는 경우

조건 (나)를 항상 만족시키므로 이 경우의 확률은

${}_7C_5\left(\frac{1}{2}\right)^5\left(1-\frac{1}{2}\right)^2+{}_7C_6\left(\frac{1}{2}\right)^6\left(1-\frac{1}{2}\right)+{}_7C_7\left(\frac{1}{2}\right)^7$

$=({}_7C_5+{}_7C_6+{}_7C_7)\times\left(\frac{1}{2}\right)^7=({}_7C_2+{}_7C_1+{}_7C_7)\times\left(\frac{1}{2}\right)^7$

$=(21+7+1)\times\left(\frac{1}{2}\right)^7=29\times\left(\frac{1}{2}\right)^7$

(i), (ii), (iii)에 의하여 구하는 확률은

$(25+34+29)\times\left(\frac{1}{2}\right)^7=\frac{88}{128}=\frac{11}{16}$ 답 ①

124

동전의 앞면을 H, 뒷면을 T로 나타낼 때, 앞면이 나오는 횟수에 따라 경우를 나누면 다음과 같다.

(i) 앞면이 3번 나오는 경우

앞면이 3번 나오는 경우의 수는 ${}_7C_3=35$

조건 (나)에서 T는 최대 두 번까지 연속해서 나올 수 있으므로 T가 세 번 또는 네 번 연속되는 경우를 제외해야 한다.

TTT를 하나로 묶어 T, H, H, H와 나열하는 경우의 수는

$\frac{5!}{3!}=20$

이때 (TTT)T와 T(TTT)의 경우는 서로 같은 경우이므로

$\frac{4!}{3!}=4$를 제외하면

$20-4=16$

따라서 이 경우의 확률은

$(35-16)\times\left(\frac{1}{2}\right)^3\left(1-\frac{1}{2}\right)^4=19\times\left(\frac{1}{2}\right)^7$

(ii) 앞면이 4번 나오는 경우

앞면이 4번 나오는 경우의 수는 ${}_7C_4={}_7C_3=35$

조건 (나)에서 T는 최대 두 번까지 연속해서 나올 수 있으므로 T가 세 번 연속되는 경우를 제외해야 한다.

TTT를 하나로 묶어 H, H, H, H와 나열하는 경우의 수는

$\frac{5!}{4!}=5$

따라서 이 경우의 확률은

$(35-5)\times\left(\frac{1}{2}\right)^4\left(1-\frac{1}{2}\right)^3=30\times\left(\frac{1}{2}\right)^7$

(iii) 앞면이 5번 이상 나오는 경우

조건 (나)를 항상 만족시키므로 이 경우의 확률은

${}_7C_5\left(\frac{1}{2}\right)^5\left(1-\frac{1}{2}\right)^2+{}_7C_6\left(\frac{1}{2}\right)^6\left(1-\frac{1}{2}\right)+{}_7C_7\left(\frac{1}{2}\right)^7$

$=({}_7C_5+{}_7C_6+{}_7C_7)\times\left(\frac{1}{2}\right)^7=({}_7C_2+{}_7C_1+{}_7C_7)\times\left(\frac{1}{2}\right)^7$

$=(21+7+1)\times\left(\frac{1}{2}\right)^7=29\times\left(\frac{1}{2}\right)^7$

(i), (ii), (iii)에 의하여 구하는 확률은

$(19+30+29)\times\left(\frac{1}{2}\right)^7=\frac{78}{128}=\frac{39}{64}$ 답 ⑤

125

한 개의 동전을 4번 던져서 앞면이 나온 횟수가 a, 뒷면이 나온 횟수가 b이므로

$a+b=4$

$a^2-4ab+3b^2=0$에서 $(a-b)(a-3b)=0$

$\therefore a=b$ 또는 $a=3b$

(i) $a+b=4$, $a=b$일 때

$a=b=2$이므로 이 경우의 확률은

${}_4C_2\left(\frac{1}{2}\right)^2\left(1-\frac{1}{2}\right)^2=\frac{6}{16}=\frac{3}{8}$

(ii) $a+b=4$, $a=3b$일 때

$a=3$, $b=1$이므로 이 경우의 확률은

${}_4C_3\left(\frac{1}{2}\right)^3\left(1-\frac{1}{2}\right)^1=\frac{4}{16}=\frac{1}{4}$

(i), (ii)에 의하여 구하는 확률은 $\frac{3}{8}+\frac{1}{4}=\frac{5}{8}$ 답 ⑤

126

나온 눈의 수의 최댓값이 5, 최솟값이 2가 되려면 2와 5의 눈이 한 번 이상 나오고, 1과 6의 눈은 한 번도 나오지 않아야 한다.

2 이상 5 이하의 눈이 4번 나올 확률은

$\left(\frac{4}{6}\right)^4=\left(\frac{2}{3}\right)^4=\frac{16}{81}$

2 이상 4 이하의 눈이 4번 나올 확률은

$\left(\frac{3}{6}\right)^4=\left(\frac{1}{2}\right)^4=\frac{1}{16}$

3 이상 5 이하의 눈이 4번 나올 확률은

$\left(\frac{3}{6}\right)^4=\left(\frac{1}{2}\right)^4=\frac{1}{16}$

3 이상 4 이하의 눈이 4번 나올 확률은

$\left(\frac{2}{6}\right)^4=\left(\frac{1}{3}\right)^4=\frac{1}{81}$

따라서 구하는 확률은 $\frac{16}{81}-\left(\frac{1}{16}+\frac{1}{16}-\frac{1}{81}\right)=\frac{55}{648}$ 답 ③

다른 풀이 (i) 4회 중 5의 눈이 1번, 2의 눈이 1번, 3 또는 4의 눈이 2번 나올 확률은

${}_4C_1\times{}_3C_1\times\left(\frac{1}{6}\right)^2\times\left(\frac{2}{6}\right)^2=\frac{1}{27}$

(ii) 4회 중 5의 눈이 2번, 2의 눈이 1번, 3 또는 4의 눈이 1번 나올 확률은

${}_4C_2\times{}_2C_1\times\left(\frac{1}{6}\right)^3\times\frac{2}{6}=\frac{1}{54}$

(iii) 4회 중 5의 눈이 1번, 2의 눈이 2번, 3 또는 4의 눈이 1번 나올 확률은

${}_4C_1\times{}_3C_2\times\left(\frac{1}{6}\right)^3\times\frac{2}{6}=\frac{1}{54}$

(iv) 4회 중 5의 눈이 2번, 2의 눈이 2번 나올 확률은

$${}_4C_2\times{}_2C_2\times\left(\frac{1}{6}\right)^4=\frac{1}{216}$$

(v) 4회 중 5의 눈이 3번, 2의 눈이 1번 나올 확률은

$${}_4C_3\times\left(\frac{1}{6}\right)^4=\frac{1}{324}$$

(vi) 4회 중 5의 눈이 1번, 2의 눈이 3번 나올 확률은

$${}_4C_1\times\left(\frac{1}{6}\right)^4=\frac{1}{324}$$

(i)~(vi)에 의하여 구하는 확률은

$$\frac{1}{27}+\frac{1}{54}+\frac{1}{54}+\frac{1}{216}+\frac{1}{324}+\frac{1}{324}=\frac{55}{648}$$

127

A가 승자가 되기 위해서는 조건 (나)에 따라 C가 주사위를 4번째, 5번째 던졌을 때 모두 1이 아닌 눈이 나와야 한다.

주사위를 한 번 던질 때, 1이 아닌 눈이 나올 확률은 $\frac{5}{6}$이므로 A가 승자가 될 확률은

$$\left(\frac{5}{6}\right)^2=\frac{25}{36}$$

C가 승자가 되기 위해서는 조건 (가)에 따라 C가 주사위를 4번째, 5번째 던졌을 때 모두 1의 눈이 나와야 하므로 C가 승자가 될 확률은

$$\left(\frac{1}{6}\right)^2=\frac{1}{36}$$

따라서 A 또는 C가 승자가 될 확률은 $\frac{25}{36}+\frac{1}{36}=\frac{13}{18}$ 답 ②

128

B가 승자가 되기 위해서는 조건 (나)에 따라 C가 주사위를 3번째, 4번째, 5번째 던졌을 때, 1의 눈이 한 번만 나와야 하므로 B가 승자가 될 확률은

$${}_3C_1\left(\frac{1}{6}\right)^1\left(\frac{5}{6}\right)^2=\frac{25}{72}$$

C가 승자가 되기 위해서는 조건 (가)에 따라 C가 주사위를 3번째, 4번째, 5번째 던졌을 때 1의 눈이 두 번 또는 세 번 나와야 하므로 C가 승자가 될 확률은

$${}_3C_2\left(\frac{1}{6}\right)^2\left(\frac{5}{6}\right)^1+{}_3C_3\left(\frac{1}{6}\right)^3=\frac{16}{6^3}=\frac{2}{27}$$

따라서 B 또는 C가 승자가 될 확률 p는

$$p=\frac{25}{72}+\frac{2}{27}=\frac{91}{216}$$

$\therefore 6^3p=91$ 답 91

129

한 개의 주사위를 한 번 던질 때, 3의 배수의 눈이 나올 확률은

$$\frac{2}{6}=\frac{1}{3}$$

7번의 시행에서 3의 배수의 눈이 나오는 횟수를 r라 하면 그 외의 눈이 나오는 횟수는 $7-r$이므로 7번의 시행에서 얻는 점수는

$3\times r+(-1)\times(7-r)=4r-7$

10점 이상을 얻으려면

$4r-7\geq 10$ $\quad\therefore r\geq\frac{17}{4}$

r은 자연수이므로 $r=5,\ 6,\ 7$

즉, 3의 배수의 눈이 5번 또는 6번 또는 7번 나와야 하므로

$$p={}_7C_5\left(\frac{1}{3}\right)^5\left(\frac{2}{3}\right)^2+{}_7C_6\left(\frac{1}{3}\right)^6\left(\frac{2}{3}\right)^1+{}_7C_7\left(\frac{1}{3}\right)^7$$

$$={}_7C_2\left(\frac{1}{3}\right)^5\left(\frac{2}{3}\right)^2+{}_7C_1\left(\frac{1}{3}\right)^6\left(\frac{2}{3}\right)+{}_7C_7\left(\frac{1}{3}\right)^7$$

$$=(84+14+1)\times\left(\frac{1}{3}\right)^7=\frac{99}{3^7}$$

$\therefore 3^7p=99$ 답 99

130

두 개의 동전을 던져서 모두 앞면이 나오는 사건을 A라 하면

$\mathrm{P}(A)=\frac{1}{4}$, $\mathrm{P}(A^C)=1-\frac{1}{4}=\frac{3}{4}$

두 개의 동전을 동시에 던지는 시행을 5번 할 때, 사건 A가 일어난 횟수를 r라 하면

$\mathrm{P}(2r,\ 0)$, $\mathrm{Q}(5-r,\ 5-r)$

$\therefore \overline{\mathrm{PQ}}=\sqrt{(5-3r)^2+(5-r)^2}=\sqrt{10r^2-40r+50}$

$\overline{\mathrm{PQ}}=5\sqrt{2}$에서 $\overline{\mathrm{PQ}}^2=50$이므로

$10r^2-40r+50=50$, $10r(r-4)=0$

$\therefore r=0$ 또는 $r=4$

따라서 사건 A가 한 번도 일어나지 않거나 4번 일어나야 하므로 구하는 확률은

$${}_5C_0\left(\frac{3}{4}\right)^5+{}_5C_4\left(\frac{1}{4}\right)^4\left(\frac{3}{4}\right)^1=\frac{243}{1024}+\frac{15}{1024}=\frac{129}{512}$$ 답 ⑤

step 2 등급을 가르는 핵심 특강

본문 51쪽

131

나올 수 있는 모든 경우의 수는

${}_4\Pi_3=4^3$

x에 대한 방정식 $a\sin bx=c$가 서로 다른 네 실근을 가지려면 $0\leq x<2\pi$에서 $y=a\sin bx$의 그래프와 직선 $y=c$가 네 점에서 만나야 한다.

(i) $b=2$인 경우

$y=a\sin 2x$의 그래프가 오른쪽 그림과 같으므로

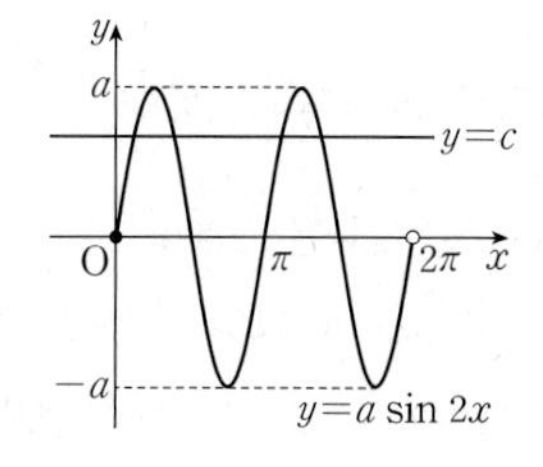

$-a<c<a$ $\quad\therefore a>c$

1, 2, 3, 4 중 서로 다른 2개를 선택하여 그중 큰 것을 a, 작은 것을 c라고

하면 되므로 이 경우의 수는

$_4C_2=6$

(ii) $b=4$인 경우

$y=a\sin 4x$의 그래프는 오른쪽 그림과 같으므로

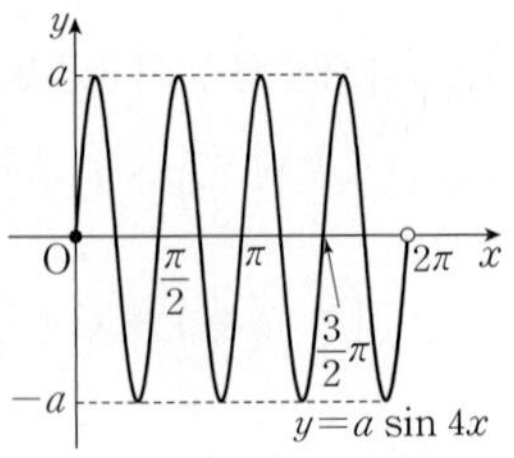

$a=c$

이 경우의 수는 4

(i), (ii)에 의하여 조건을 만족시키는 경우의 수는

$6+4=10$

따라서 구하는 확률은 $\frac{10}{4^3}=\frac{5}{32}$ 답 ⑤

주의 $y=a\sin x$, $y=a\sin 3x$의 그래프는 직선 $y=c$와 네 점에서 만날 수 없으므로

$b\neq1$, $b\neq3$

132

방정식 $a+b+c+d=10$을 만족시키는 음이 아닌 정수 a, b, c, d의 모든 순서쌍 (a, b, c, d)의 개수는

$_4H_{10}={}_{13}C_{10}={}_{13}C_3=286$

$(a+b-6)(d-2)=0$에서

$a+b=6$ 또는 $d=2$

순서쌍 (a, b, c, d)가 $a+b=6$을 만족시키는 사건을 A, $d=2$를 만족시키는 사건을 B라 하면 구하는 확률은 $P(A\cup B)$이다.

(i) 사건 A

$a+b+c+d=10$, $a+b=6$에서 $c+d=4$

$a+b=6$을 만족시키는 음이 아닌 정수 a, b의 순서쌍 (a, b)의 개수는

$_2H_6={}_7C_6={}_7C_1=7$

$c+d=4$를 만족시키는 음이 아닌 정수 c, d의 순서쌍 (c, d)의 개수는

$_2H_4={}_5C_4={}_5C_1=5$

따라서 $a+b=6$을 만족시키는 음이 아닌 정수 a, b, c, d의 순서쌍 (a, b, c, d)의 개수는

$7\times5=35$

$\therefore P(A)=\frac{35}{286}$

(ii) 사건 B

$a+b+c+d=10$, $d=2$에서 $a+b+c=8$

$a+b+c=8$을 만족시키는 음이 아닌 정수 a, b, c의 순서쌍 (a, b, c)의 개수는

$_3H_8={}_{10}C_8={}_{10}C_2=45$

$\therefore P(B)=\frac{45}{286}$

(iii) 사건 $A\cap B$

$a+b+c+d=10$, $a+b=6$, $d=2$에서 $c=2$

$a+b=6$을 만족시키는 음이 아닌 정수 a, b의 순서쌍 (a, b)의 개수는

$_2H_6={}_7C_6={}_7C_1=7$

$\therefore P(A\cap B)=\frac{7}{286}$

(i), (ii), (iii)에 의하여 구하는 확률은

$P(A\cup B)=P(A)+P(B)-P(A\cap B)$

$=\frac{35}{286}+\frac{45}{286}-\frac{7}{286}=\frac{73}{286}$ 답 ③

step 3 1등급 도약하기

본문 52~55쪽

133

전략 3이 적어도 한 번 나오는 사건의 여사건은 3이 나오지 않는 사건임을 이용한다.

문자 a, b와 숫자 1, 2, 3 중에서 중복을 허락하여 5개를 택하여 일렬로 나열하는 모든 경우의 수는

$_5\Pi_5=5^5=3125$

조건 (가)를 만족시키는 경우 중 3이 한 번도 나오지 않는 경우를 제외한 경우의 수는

$_2\Pi_2\times({}_5\Pi_3-{}_4\Pi_3)=2^2\times(5^3-4^3)=244$

따라서 구하는 확률은 $\frac{244}{3125}$ 답 ④

134

전략 확률의 덧셈정리를 이용한다.

만들 수 있는 모든 네 자리 자연수의 개수는

$_5P_4=120$

3의 배수인 사건을 A, 3200 이상인 사건을 B라 하자.

(i) 사건 A

3의 배수가 되려면 각 자리의 숫자의 합이 3의 배수이어야 하므로 1, 2, 4, 5를 일렬로 배열하여 만든 네 자리 자연수가 3의 배수이다.

$\therefore P(A)=\frac{4!}{120}=\frac{1}{5}$

(ii) 사건 B

3200 이상인 경우는 다음과 같다.

㉠ 천의 자리의 숫자가 3이고, 백의 자리의 숫자가 2, 4, 5인 경우의 수는

$3\times{}_3P_2=3\times6=18$

㉡ 천의 자리의 숫자가 4 또는 5인 경우의 수는

$2\times{}_4P_3=2\times24=48$

㉠, ㉡에 의하여

$P(B)=\frac{18+48}{120}=\frac{66}{120}=\frac{11}{20}$

(iii) 사건 $A\cap B$

3의 배수이면서 3200 이상인 경우는 1, 2, 4, 5를 나열하여 만든 네 자리 자연수 중 천의 자리의 숫자가 4 또는 5인 경우이므로 이 경우의 수는

$2\times{}_3P_3=2\times6=12$

$\therefore P(A\cap B)=\frac{12}{120}=\frac{1}{10}$

(i), (ii), (iii)에 의하여 구하는 확률은

$P(A\cup B)=P(A)+P(B)-P(A\cap B)$

$=\frac{1}{5}+\frac{11}{20}-\frac{1}{10}=\frac{13}{20}$ 답 ③

135

전략 주어진 조건을 이용하여 a, b의 값을 구하고, 표를 완성한다.

전체 회원의 수는 100명이므로

$(27-a)+(56-2a)+b+(b-18)=100$

$\therefore -3a+2b=35$ ...... ㉠

행사에 참여한 회원 100명 중에서 임의로 선택한 1명이 남자인 사건을 M, 이 회원이 도서 A를 받은 회원인 사건을 A라 하면

$P(M)=\frac{27-a+b}{100}$

$P(A\cap M)=\frac{27-a}{100}$

이때 $P(A|M)=\frac{P(A\cap M)}{P(M)}=\frac{5}{12}$이므로

$\frac{\frac{27-a}{100}}{\frac{27-a+b}{100}}=\frac{5}{12}$, $5(27-a+b)=12(27-a)$

$\therefore 7a+5b=189$ ...... ㉡

㉠, ㉡을 연립하여 풀면

$a=7$, $b=28$

따라서 표를 완성하면 다음과 같다.

(단위: 명)

구분	도서 A	도서 B
남	20	28
여	42	10

도서를 받은 회원 100명 중에서 임의로 선택한 1명이 도서 B를 받은 회원인 사건을 B, 이 회원이 여자인 사건을 F라 하면

$P(B)=\frac{28+10}{100}=\frac{38}{100}=\frac{19}{50}$

$P(B\cap F)=\frac{10}{100}=\frac{1}{10}$

따라서 구하는 확률은

$P(F|B)=\frac{P(B\cap F)}{P(B)}=\frac{\frac{1}{10}}{\frac{19}{50}}=\frac{5}{19}$

즉, $p=19$, $q=5$이므로

$p+q=24$ 답 24

136

전략 6 이하의 자연수의 합으로 10을 만드는 경우와 2를 만드는 경우를 생각한다.

(i) A가 10점을 얻을 확률

얻은 점수가 10점이 되려면 동전 3개 중 2개 이상 앞면이 나와서 주사위를 2회 또는 3회 던져야 한다.

㉠ 앞면이 2개 나오는 경우

앞면이 2개 나올 확률은

${}_3C_2\left(\frac{1}{2}\right)^3=\frac{3}{8}$

이때 주사위를 2번 던져서 나오는 눈의 수의 합이 10인 경우는 4, 6 또는 6, 4 또는 5, 5이므로 그 확률은

$3\times\left(\frac{1}{6}\right)^2=\frac{1}{12}$

따라서 이 경우의 확률은

$\frac{3}{8}\times\frac{1}{12}=\frac{1}{32}$

㉡ 앞면이 3개 나오는 경우

앞면이 3개 나올 확률은

${}_3C_3\left(\frac{1}{2}\right)^3=\frac{1}{8}$

이때 주사위를 3번 던져 나오는 눈의 수의 합이 10인 경우는 순서를 생각하지 않으면 6, 3, 1 또는 6, 2, 2 또는 5, 4, 1 또는 5, 3, 2 또는 4, 4, 2 또는 4, 3, 3이므로 그 확률은

$\left(3!+\frac{3!}{2!}+3!+3!+\frac{3!}{2!}+\frac{3!}{2!}\right)\times\left(\frac{1}{6}\right)^3=\frac{27}{216}=\frac{1}{8}$

따라서 이 경우의 확률은

$\frac{1}{8}\times\frac{1}{8}=\frac{1}{64}$

㉠, ㉡에 의하여 A가 10점을 얻을 확률은

$\frac{1}{32}+\frac{1}{64}=\frac{3}{64}$

(ii) B가 2점을 얻을 확률

㉢ 앞면이 1개 나오고, 주사위를 한 번 던져 2의 눈이 나오는 경우이므로 이 경우의 확률은

${}_3C_1\left(\frac{1}{2}\right)^3\times\frac{1}{6}=\frac{1}{16}$

㉣ 앞면이 2개 나오고, 주사위를 두 번 던져서 모두 1의 눈이 나오는 경우이므로 이 경우의 확률은

${}_3C_2\left(\frac{1}{2}\right)^3\times\left(\frac{1}{6}\right)^2=\frac{1}{96}$

㉢, ㉣에 의하여 B가 2점을 얻을 확률은

$\frac{1}{16}+\frac{1}{96}=\frac{7}{96}$

(i), (ii)에 의하여

$p=\frac{3}{64}\times\frac{7}{96}=\frac{7}{2^{11}}$

$\therefore 2^{10}p=2^{10}\times\frac{7}{2^{11}}=\frac{7}{2}$ 답 ⑤

137

전략 확률의 곱셈정리를 이용하여 점수가 6의 배수일 확률을 구한다.

두 주머니에서 같은 색의 공을 꺼내는 사건을 E, 점수가 6의 배수인 사건을 F라 하면

$P(E)=\frac{2}{6}\times\frac{3}{6}+\frac{4}{6}\times\frac{3}{6}=\frac{1}{6}+\frac{1}{3}=\frac{1}{2}$

(i) 주사위를 두 번 던지는 경우

나오는 모든 경우의 수는 6^2

나온 눈의 수를 차례로 a, b라 할 때, ab의 값이 6의 배수가 되는 경우를 순서쌍 (a, b)로 나타내면

(1, 6), (2, 3), (2, 6), (3, 2), (3, 4), (3, 6), (4, 3), (4, 6), (5, 6), (6, 1), (6, 2), (6, 3), (6, 4), (6, 5), (6, 6)

의 15가지이므로

$P(F|E)=\frac{15}{6^2}=\frac{5}{12}$

(ii) 주사위를 한 번 던지는 경우

3 또는 6의 눈이 나오면 점수가 6의 배수가 되므로

$P(F|E^C)=\frac{2}{6}=\frac{1}{3}$

(i), (ii)에 의하여

$$\begin{aligned}P(F)&=P(E\cap F)+P(E^C\cap F)\\&=P(E)P(F|E)+P(E^C)P(F|E^C)\\&=\frac{1}{2}\times\frac{5}{12}+\frac{1}{2}\times\frac{1}{3}=\frac{9}{24}\end{aligned}$$

따라서 구하는 확률은

$P(E|F)=\frac{P(E\cap F)}{P(F)}=\frac{\frac{5}{24}}{\frac{9}{24}}=\frac{5}{9}$ 답 ⑤

138

전략 같은 것이 있는 순열의 수를 이용하여 경우의 수를 구한다.

원점 O에서 점 $(-1, -1)$까지 최소 2회의 이동이 필요하고, 점 $(-1, -1)$에서 점 $(2, 1)$까지 최소 5회의 이동이 필요하다.

또한, 점 $(2, 1)$에서 이동한 후 다시 점 $(2, 1)$로 되돌아오기까지 최소 2회의 이동이 필요하므로 총 9회의 이동으로 조건을 만족시키려면

원점 O → 점 $(-1, -1)$ → 점 $(2, 1)$

까지 최단 거리로 움직이고, 점 $(2, 1)$에서 한 번 이동했다 다시 되돌아와야 한다.

이때 출발 이후 원점을 다시 지나는 경우는

점 $(-1, -1)$ → 원점 O → 점 $(2, 1)$

로 이동할 때 뿐이다.

원점 O에서 점 $(-1, -1)$로 이동하는 과정과 점 $(2, 1)$에서 점 $(2, 1)$로 되돌아오는 과정은 출발 이후 원점을 지나는 경우, 지나지 않는 경우 모두 공통이므로 구하는 확률은 점 $(-1, -1)$에서 점 $(2, 1)$로 최단 거리로 이동할 때, 원점을 지날 확률과 같다.

점 P가 점 $(-1, -1)$에서 점 $(2, 1)$까지 최단 거리로 이동하는 사건을 E, 이동 중간에 원점을 지나는 사건을 F라 하자.

점 P가 이동할 때, 4가지 방법 중 하나를 택하는 시행은 서로 독립이고 각 방법을 선택할 확률은 $\frac{1}{4}$로 모두 같으므로

$$\begin{aligned}P(E)&=\frac{5!}{2!3!}\times\left(\frac{1}{4}\right)^5\\&=10\times\left(\frac{1}{4}\right)^5\end{aligned}$$

$$\begin{aligned}P(E\cap F)&=\left\{2!\times\left(\frac{1}{4}\right)^2\right\}\times\left\{\frac{3!}{2!}\times\left(\frac{1}{4}\right)^3\right\}\\&=6\times\left(\frac{1}{4}\right)^5\end{aligned}$$

따라서 구하는 확률은

$P(F|E)=\frac{P(E\cap F)}{P(E)}=\frac{6\times\left(\frac{1}{4}\right)^5}{10\times\left(\frac{1}{4}\right)^5}=\frac{3}{5}$ 답 ④

다른 풀이 총 9회의 이동으로 조건을 만족시키려면

원점 O → 점 $(-1, -1)$ → 점 $(2, 1)$까지 최단 거리로 움직이고, 점 $(2, 1)$에서 한 번 이동했다 다시 되돌아와야 한다.

[방법 1], [방법 2], [방법 3], [방법 4]를 각각 ❶, ❷, ❸, ❹라 할 때, 각 경로에서 최단 거리로 이동하는 경우의 수는 다음과 같다.

(i) 원점 O → 점 $(-1, -1)$로 갈 때

❷와 ❹를 한 번씩 이용해야 하므로 최단 경로의 수는

$2!=2$

(ii) 점 $(-1, -1)$ → 점 $(2, 1)$로 갈 때

세 번의 ❶과 두 번의 ❸을 이용해야 하므로 최단 경로의 수는

$\frac{5!}{3!\times2!}=10$

(iii) 점 $(2, 1)$ → 점 $(2, 1)$로 갈 때

❶, ❷ 또는 ❸, ❹를 한 번씩 이용해야 하므로 최단 경로의 수는

$2!+2!=4$

(iv) (ii)의 이동 도중에 원점 O를 거쳐 갈 때

㉠ 점 $(-1, -1)$ → 원점 O로 갈 때

❶과 ❸을 한 번씩 이용해야 하므로 최단 경로의 수는

$2!=2$

㉡ 원점 O → 점 $(2, 1)$로 갈 때

두 번의 ❶과 한 번의 ❸을 이용해야 하므로 최단 경로의 수는

$\frac{3!}{2!}=3$

㉠, ㉡에 의하여 원점 O를 거쳐 가는 최단 경로의 수는

$2\times3=6$

(i), (ii), (iii)에 의하여 원점 O에서 출발한 점 P가 9번 이동하여 점 $(-1, -1)$과 점 $(2, 1)$을 차례로 거친 후, 다시 이동하여 점 $(2, 1)$로 되돌아오는 경우의 수는

$2\times10\times4=80$

(i), (iii), (iv)에 의하여 출발 이후 원점을 다시 지나는 경우의 수는

$2\times6\times4=48$

따라서 구하는 확률은 $\frac{48}{80}=\frac{3}{5}$

139

전략 k의 값에 따른 확률을 구한다.

첫 번째 시행에서 나온 눈의 수가 k ($k=1, 2, 3, 4, 5, 6$)인 사건을 A_k, 다섯 번째 시행에서 3의 눈이 나오는 사건을 B라 하자.

첫 번째 시행에서 나온 눈의 수가 k이고, 다섯 번째 시행에서 3의 눈이 나와서 시행을 멈추게 되므로

$k>3$

또한, 두 번째, 세 번째, 네 번째 시행에서 나온 눈의 수는 모두 k 이상이어야 하므로

$$P(A_k\cap B)=\frac{1}{6}\times\left(\frac{7-k}{6}\right)^3\times\frac{1}{6}=\frac{(7-k)^3}{6^5}$$

따라서 구하는 확률은

$$P(A_4\cap B)+P(A_5\cap B)+P(A_6\cap B)=\frac{3^3}{6^5}+\frac{2^3}{6^5}+\frac{1^3}{6^5}$$
$$=\frac{36}{6^5}=\frac{1}{216}$$

즉, $p=216$, $q=1$이므로

$p+q=217$ 답 217

140

전략 독립시행의 확률을 이용한다.

1회의 시행에서 동전의 앞면이 나오는 횟수는 3, 2, 1, 0이고 각각의 확률은 다음과 같다.

(i) 동전의 앞면이 나온 횟수가 3인 경우

숫자 3이 적혀 있는 카드를 꺼내고 3회의 동전 던지기에서 모두 앞면이 나와야 하므로

$$\frac{3}{5}\times{}_3C_3\left(\frac{1}{2}\right)^3=\frac{3}{40}$$

(ii) 동전의 앞면이 나온 횟수가 2인 경우

숫자 3이 적혀 있는 카드를 꺼내고 3회의 동전 던지기에서 앞면이 2회 나오거나, 숫자 2가 적혀 있는 카드를 꺼내고 2회의 동전 던지기에서 모두 앞면이 나와야 하므로

$$\frac{3}{5}\times{}_3C_2\left(\frac{1}{2}\right)^3+\frac{2}{5}\times{}_2C_2\left(\frac{1}{2}\right)^2=\frac{3}{5}\times\frac{3}{8}+\frac{2}{5}\times\frac{1}{4}=\frac{13}{40}$$

(iii) 동전의 앞면이 나온 횟수가 1인 경우

숫자 3이 적혀 있는 카드를 꺼내고 3회의 동전 던지기에서 앞면이 1회 나오거나, 숫자 2가 적혀 있는 카드를 꺼내고 2회의 동전 던지기에서 앞면이 1회 나와야 하므로

$$\frac{3}{5}\times{}_3C_1\left(\frac{1}{2}\right)^3+\frac{2}{5}\times{}_2C_1\left(\frac{1}{2}\right)^2=\frac{3}{5}\times\frac{3}{8}+\frac{2}{5}\times\frac{1}{2}=\frac{17}{40}$$

(iv) 동전의 앞면이 나온 횟수가 0인 경우

숫자 3이 적혀 있는 카드를 꺼내고 3회의 동전 던지기에서 모두 뒷면이 나오거나, 숫자 2가 적혀 있는 카드를 꺼내고 2회의 동전 던지기에서 모두 뒷면이 나와야 하므로

$$\frac{3}{5}\times{}_3C_0\left(\frac{1}{2}\right)^3+\frac{2}{5}\times{}_2C_0\left(\frac{1}{2}\right)^2=\frac{3}{5}\times\frac{1}{8}+\frac{2}{5}\times\frac{1}{4}=\frac{7}{40}$$

총 4회의 시행에서 동전의 앞면이 나온 횟수가 9가 되려면

$9=3+3+2+1=3+2+2+2=3+3+3+0$

따라서 구하는 확률은

$$\frac{4!}{2!}\times\left(\frac{3}{40}\right)^2\times\frac{13}{40}\times\frac{17}{40}+\frac{4!}{3!}\times\frac{3}{40}\times\left(\frac{13}{40}\right)^3+\frac{4!}{3!}\times\left(\frac{3}{40}\right)^3\times\frac{7}{40}$$
$$=\frac{3\times7\times607}{2^{10}\times5^4}$$

$\therefore k=607$ 답 607

141

전략 중복조합을 이용하여 부등식의 해의 개수를 구한다.

10장의 카드 중에서 임의로 한 장을 꺼내서 적힌 수를 확인한 후 다시 집어넣는 시행을 3회 할 때, 나오는 모든 경우의 수는

10^3

조건 (가)를 만족시키는 사건을 A, 조건 (나)를 만족시키는 사건을 B라 하면 구하는 확률은 $P(B|A)$이다.

(i) 사건 A

1부터 10까지의 자연수 a, b, c에 대하여

$a=a'+1$, $b=b'+1$, $c=c'+1$ (a', b', c'은 음이 아닌 정수)

로 놓으면 부등식 $a+b+c\le10$에서

$(a'+1)+(b'+1)+(c'+1)\le10$

$\therefore a'+b'+c'\le7$

이때 a', b', c'은 음이 아닌 정수이므로 $a'+b'+c'$의 값은

0 또는 1 또는 2 또는 ⋯ 또는 7

즉, 이 부등식을 만족시키는 음이 아닌 정수 a', b', c'의 순서쌍 (a', b', c')의 개수는

${}_3H_0+{}_3H_1+{}_3H_2+{}_3H_3+\cdots+{}_3H_6+{}_3H_7$

$=1+{}_3C_1+{}_4C_2+{}_5C_3+\cdots+{}_8C_6+{}_9C_7$

$=1+{}_3C_1+{}_4C_2+{}_5C_2+\cdots+{}_8C_2+{}_9C_2$

$={}_4C_3+{}_4C_2+{}_5C_2+\cdots+{}_8C_2+{}_9C_2$ ($\because 1+{}_3C_1={}_4C_3=4$)

$={}_5C_3+{}_5C_2+\cdots+{}_8C_2+{}_9C_2$

⋮

$={}_9C_3+{}_9C_2={}_{10}C_3=120$

$$\therefore P(A)=\frac{120}{10^3}$$

(ii) 사건 $A\cap B$

1부터 10까지의 자연수 a, b, c에 대하여 부등식 $a+b+c\le10$을 만족시키려면 자연수 a, b, c로 가능한 값은 최대 8이므로 abc의 값이 10의 배수가 되려면 a, b, c 중 하나는 반드시 5이어야 한다.

또한, 세 수의 합이 10 이하이어야 하므로 5가 아닌 나머지 두 값 중 하나는 반드시 2 또는 4가 되어야 한다.

즉, 세 수 a, b, c의 값으로 가능한 경우는

5, 2, 1 또는 5, 2, 2 또는 5, 2, 3 또는 5, 4, 1

이므로 이 경우의 수는

$$3!+\frac{3!}{2!}+3!+3!=6+3+6+6=21$$

$$\therefore P(A\cap B)=\frac{21}{10^3}$$

(i), (ii)에 의하여 구하는 확률은

$$P(B|A)=\frac{P(A\cap B)}{P(A)}=\frac{\frac{21}{10^3}}{\frac{120}{10^3}}=\frac{7}{40}$$

답 ④

142

전략 두 상자에 들어 있는 공의 개수가 같아지려면 4 이하의 눈이 나오는 사건이 몇 번 일어나야 하는지 구한다.

한 개의 주사위를 한 번 던지는 시행에서 4 이하의 눈이 나오는 사건을 E라 하면

$P(E)=\frac{2}{3}$, $P(E^C)=\frac{1}{3}$

7 이하의 자연수 n에 대하여 n번의 시행에서 사건 E가 일어나는 횟수를 k $(0\le k\le n)$라 하면 여사건 E^C이 일어나는 횟수는 $n-k$이다.

n번의 시행 후 상자 A에 들어 있는 공의 개수는 $4+k$, 상자 B에 들어 있는 공의 개수는

$5+2(n-k)=2n-2k+5$

두 상자에 들어 있는 공의 개수가 같으려면

$4+k=2n-2k+5$

$\therefore 3k=2n+1$

이때 $2n+1$은 홀수이므로 k도 홀수이다.

$k=1$일 때, $n=1$

$k=3$일 때, $n=4$

$k=5$일 때, $n=7$

첫 번째 시행에서 두 상자에 들어 있는 공의 개수가 같을 확률은

$\frac{2}{3}$

7번째 시행에서 두 상자에 들어 있는 공의 개수가 같으려면 2번째부터 7번째 시행까지 사건 E가 4회 더 일어나야 하므로 이 경우의 확률은

$${}_6C_4\left(\frac{2}{3}\right)^4\left(\frac{1}{3}\right)^2=\frac{80}{3^5}$$

2번째부터 4번째 시행까지 사건 E가 2회 일어나고, 5번째부터 7번째 시행까지 사건 E가 2회 일어날 확률은

$${}_3C_2\left(\frac{2}{3}\right)^2\left(\frac{1}{3}\right)^1\times{}_3C_2\left(\frac{2}{3}\right)^2\left(\frac{1}{3}\right)^1=\frac{16}{3^4}$$

따라서 2번째부터 7번째 시행까지 사건 E가 4회 일어나는 경우에서 2번째부터 4번째 시행까지 사건 E가 2회 일어나고 5번째부터 7번째 시행까지 사건 E가 2회 일어나는 경우는 제외해야 하므로 구하는 확률 p는

$$p=\frac{2}{3}\times\left(\frac{80}{3^5}-\frac{16}{3^4}\right)=\frac{2}{3}\times\frac{32}{3^5}=\frac{64}{3^6}$$

$\therefore 3^6p=64$

답 64

III 통계

step 0 기출에서 뽑은 실전 개념 OX

본문 59쪽

01 ×	02 ○	03 ○	04 ×	05 ○
06 ○	07 ○	08 ×	09 ○	10 ×

step 1 3점·4점 유형 정복하기

(어려운) (쉬운)

본문 60~73쪽

143

$a+\left(a+\frac{1}{4}\right)+\left(a+\frac{1}{2}\right)=1$이므로

$3a+\frac{3}{4}=1$ $\quad\therefore a=\frac{1}{12}$

$\therefore P(X\le 2)=1-P(X=3)=1-\left(\frac{1}{12}+\frac{1}{2}\right)=\frac{5}{12}$

답 ⑤

144

$P(X=1)=a$, $P(X=2)=b$, $P(X=3)=c$라 하면

$P(X=4)=P(X=1)=a$, $P(X=5)=P(X=2)=b$

확률의 총합은 1이므로

$2a+2b+c=1$ …… ㉠

$P(1\le X\le 2)=\frac{2}{5}$에서

$P(X=1)+P(X=2)=a+b=\frac{2}{5}$ …… ㉡

$P(3\le X\le 4)=\frac{3}{10}$에서

$P(X=3)+P(X=4)=c+a=\frac{3}{10}$ …… ㉢

㉠, ㉡, ㉢을 연립하여 풀면

$a=\frac{1}{10}$, $b=\frac{3}{10}$, $c=\frac{1}{5}$

따라서 확률변수 X의 확률분포를 표로 나타내면 다음과 같다.

X	1	2	3	4	5	합계
$P(X=x)$	$\frac{1}{10}$	$\frac{3}{10}$	$\frac{1}{5}$	$\frac{1}{10}$	$\frac{3}{10}$	1

$\therefore P(1<X\le 3)=P(X=2)+P(X=3)$

$=\frac{3}{10}+\frac{1}{5}=\frac{1}{2}$

답 ③

145

주머니에서 임의로 3개의 구슬을 꺼내는 시행을 한 번 할 때, 꺼낸 구슬 중에 검은 구슬의 개수를 확률변수 Y라 하면 확률변수 Y가 가질 수 있는 값은 1, 2, 3이고 Y의 확률분포는 다음과 같다.

$P(Y=1)=\frac{{}_3C_1\times{}_2C_2}{{}_5C_3}=\frac{3}{10}$

$P(Y=2)=\frac{{}_3C_2\times{}_2C_1}{{}_5C_3}=\frac{6}{10}$

$P(Y=3)=\frac{{}_3C_3\times{}_2C_0}{{}_5C_3}=\frac{1}{10}$

이때 시행을 2회 반복하여 꺼낸 구슬 중에 검은 구슬의 개수의 합 X가 가질 수 있는 값은 2, 3, 4, 5, 6이다.

$X=2$인 경우는 1회, 2회에 꺼낸 검은 구슬의 개수가 모두 1일 때이므로

$P(X=2)=\frac{3}{10}\times\frac{3}{10}=\frac{9}{100}$

$X=3$인 경우는 검은 구슬을 1회에 1개, 2회에 2개 또는 1회에 2개, 2회에 1개 꺼낼 때이므로

$P(X=3)=\frac{3}{10}\times\frac{6}{10}+\frac{6}{10}\times\frac{3}{10}=\frac{36}{100}$

$\therefore P(X<4)=P(X=2)+P(X=3)$

$=\frac{9}{100}+\frac{36}{100}=\frac{45}{100}=\frac{9}{20}$

답 ②

146

확률변수 X가 가질 수 있는 값은 1, 2, 3, 4이다.

$X=1$은 1이 적힌 공을 2개 꺼내는 경우이므로

$P(X=1)=\frac{{}_2C_2}{{}_8C_2}=\frac{1}{28}$

$X=2$는 1, 2가 적힌 공 4개 중에서 2개의 공을 꺼내는 경우에서 1이 적힌 공 2개를 꺼내는 경우를 제외하면 되므로

$P(X=2)=\frac{{}_4C_2-{}_2C_2}{{}_8C_2}=\frac{6-1}{28}=\frac{5}{28}$

$X=3$은 1, 2, 3이 적힌 공 6개 중에서 2개의 공을 꺼내는 경우에서 1, 2가 적힌 공 2개를 꺼내는 경우를 제외하면 되므로

$P(X=3)=\frac{{}_6C_2-{}_4C_2}{{}_8C_2}=\frac{15-6}{28}=\frac{9}{28}$

$X=4$는 1, 2, 3, 4가 적힌 공 8개 중에서 2개 꺼내는 경우에서 1, 2, 3이 적힌 공 2개를 꺼내는 경우를 제외하면 되므로

$P(X=4)=\frac{{}_8C_2-{}_6C_2}{{}_8C_2}=\frac{28-15}{28}=\frac{13}{28}$

$\therefore P(X^2-5X+4=0)=P((X-1)(X-4)=0)$

$=P(X=1 \text{ 또는 } X=4)$

$=P(X=1)+P(X=4)$

$=\frac{1}{28}+\frac{13}{28}=\frac{14}{28}=\frac{1}{2}$

답 ③

147

$3\le k\le 18$인 자연수 k에 대하여 $a+b+c=k$를 만족시키는 6 이하의 자연수 a, b, c의 모든 순서쌍 (a, b, c)의 개수는

$(7-a)+(7-b)+(7-c)=k$, 즉 $a+b+c=3\times7-k$

를 만족시키는 6 이하의 자연수 a, b, c의 모든 순서쌍 (a, b, c)의 개수와 같다.

따라서 $3\le k\le 18$인 자연수 k에 대하여

$a+b+c=k$일 확률 $P(X=k)$와

$(7-a)+(7-b)+(7-c)=k$일 확률 $P(X=3\times\boxed{7}-k)$는 서로 같으므로

$P(X=3)=P(X=18)$

$P(X=4)=P(X=17)$

$P(X=5)=P(X=16)$

$\vdots$

$P(X=10)=P(X=11)$

그러므로 확률변수 X의 평균 $E(X)$는

$E(X)=\sum_{k=3}^{18}\{k\times P(X=k)\}$

$=3\times P(X=3)+4\times P(X=4)+5\times P(X=5)$

$+\cdots+17\times P(X=17)+18\times P(X=18)$

$=(3+18)\times P(X=3)+(4+17)\times P(X=4)$

$+\cdots+(10+11)\times P(X=10)$

$=\boxed{21}\times\sum_{k=3}^{10}P(X=k)$

또한, $\sum_{k=3}^{10}P(X=k)=\sum_{k=11}^{18}P(X=k)$이고 확률질량함수의 성질에 의하여 $\sum_{k=3}^{18}P(X=k)=1$이므로 $\sum_{k=3}^{10}P(X=k)=\boxed{\frac{1}{2}}$이다.

따라서 $E(X)=\boxed{21}\times\boxed{\frac{1}{2}}$

즉, $p=7$, $q=21$, $r=\frac{1}{2}$이므로

$\frac{p+q}{r}=(7+21)\times2=56$

답 ③

148

확률변수 X가 가질 수 있는 값은 0, 1, 2, 3이다.

(i) 주머니에 검은 공이 남아 있지 않은 경우

네 번째까지 검은 공 3개와 흰 공 1개가 나오고 다섯 번째에 흰 공이 나오므로

$P(X=0)=\frac{{}_3C_3\times{}_2C_1}{{}_5C_4}=\frac{2}{5}$

(ii) 주머니에 검은 공이 1개 남아 있는 경우

세 번째까지 검은 공 2개와 흰 공 1개가 나오고, 네 번째에 흰 공이 나오면 되므로

$P(X=1)=\frac{{}_3C_2\times{}_2C_1}{{}_5C_3}\times\boxed{\frac{1}{2}}=\frac{6}{10}\times\frac{1}{2}=\frac{3}{10}$

(iii) 주머니에 검은 공이 2개 남아 있는 경우

두 번째까지 검은 공 1개와 흰 공 1개가 나오고, 세 번째에 흰 공이 나오면 되므로

$P(X=2)=\frac{{}_3C_1\times{}_2C_1}{{}_5C_2}\times\frac{1}{3}=\frac{6}{10}\times\frac{1}{3}=\boxed{\frac{1}{5}}$

(iv) 주머니에 검은 공이 3개 남은 경우

두 번째까지 흰 공 2개가 나오면 되므로

$P(X=3)=\frac{{}_2C_2}{{}_5C_2}=\frac{1}{10}$

(i)~(iv)에 의하여 이산확률변수 X의 확률분포를 표로 나타내면 다음과 같다.

X	0	1	2	3	합계
$P(X=x)$	$\frac{2}{5}$	$\frac{3}{10}$	$\frac{1}{5}$	$\frac{1}{10}$	1

$E(X)=0\times\frac{2}{5}+1\times\frac{3}{10}+2\times\frac{1}{5}+3\times\frac{1}{10}=1$,

$E(X^2)=0^2\times\frac{2}{5}+1^2\times\frac{3}{10}+2^2\times\frac{1}{5}+3^2\times\frac{1}{10}=2$이므로

$V(X)=E(X^2)-\{E(X)\}^2=2-1^2=\boxed{1}$

따라서 $a=\frac{1}{2}$, $b=\frac{1}{5}$, $c=1$이므로

$a+b+c=\frac{1}{2}+\frac{1}{5}+1=\frac{17}{10}$

답 ④

149

확률변수 X가 가질 수 있는 값은 1, 2, 3, 4이고 a, b, c의 값을 정하는 경우의 수는 $4^3=64$이다.

(i) $X=1$인 사건

[규칙 1]에 의한 경우의 수는 1인 적힌 공을 1번, 2, 3, 4가 적힌 공 중 서로 다른 것을 각각 1번씩 뽑아 a, b, c에 대응시키는 경우의 수와 같으므로

${}_3C_2\times3!=3\times6=18$

[규칙 2]에 의한 경우의 수는 1이 적힌 공을 2번, 2 또는 3 또는 4가 적힌 공을 1번 뽑아 a, b, c에 대응시키는 경우의 수와 3번 모두 1인 적힌 공을 뽑는 경우의 수의 합이므로

${}_3C_1\times\frac{3!}{2!}+1=3\times3+1=\boxed{10}$

$\therefore P(X=1)=\frac{18+10}{64}=\boxed{\frac{7}{16}}$

(ii) $X=2$인 사건

[규칙 1]에 의한 경우의 수는 2, 3, 4가 적힌 공을 각각 1번씩 뽑아 a, b, c에 대응시키는 경우의 수와 같으므로

$3!=6$

[규칙 2]에 의한 경우의 수는 2가 적힌 공을 2번, 1 또는 3 또는 4가 적힌 공을 1번 뽑아 a, b, c에 대응시키는 경우의 수와 3번 모두 2가 적힌 공을 뽑는 경우의 수의 합이므로

${}_3C_1\times\frac{3!}{2!}+1=3\times3+1=10$

$\therefore P(X=2)=\frac{6+10}{64}=\frac{1}{4}$

(iii) $X=3$인 사건

[규칙 2]에 의해서만 가능하고 그 경우의 수는 3이 적힌 공을 2번, 1 또는 2 또는 4가 적힌 공을 1번 뽑아 a, b, c에 대응시키는 경우의 수와 3번 모두 3인 적힌 공을 뽑는 경우의 수의 합이므로

${}_3C_1\times\frac{3!}{2!}+1=3\times3+1=10$

$\therefore P(X=3)=\frac{10}{64}=\boxed{\frac{5}{32}}$

(iv) $X=4$인 경우

(iii)과 마찬가지로 하면

$P(X=4)=\boxed{\frac{5}{32}}$

(i)~(iv)에서 이산확률변수 X의 확률분포를 표로 나타내면 다음과 같다.

X	1	2	3	4	합계
$P(X=x)$	$\frac{7}{16}$	$\frac{1}{4}$	$\frac{5}{32}$	$\frac{5}{32}$	1

$\therefore E(X)=1\times\frac{7}{16}+2\times\frac{1}{4}+3\times\frac{5}{32}+4\times\frac{5}{32}=\boxed{\frac{65}{32}}$

따라서 $a=10$, $b=\frac{7}{16}$, $c=\frac{5}{32}$, $d=\frac{65}{32}$이므로

$a+b+c+d=10+\frac{7}{16}+\frac{5}{32}+\frac{65}{32}=\frac{101}{8}$

답 ③

150

확률의 총합이 1이므로

$2a+\frac{1}{2}+b=1$

$\therefore 2a+b=\frac{1}{2}$ …… ㉠

주어진 조건에서 $E(X)=-\frac{6}{5}$이므로 $Y=10X+12.25$에서

$E(Y)=10E(X)+12.25$

$=10\times\left(-\frac{6}{5}\right)+12.25$

$=0.25=\boxed{\frac{1}{4}}$

즉,

$(-2)\times a+(-1)\times a+0\times\frac{1}{2}+1\times b=-3a+b=\frac{1}{4}$ …… ㉡

㉠, ㉡을 연립하여 풀면

$a=\frac{1}{20}$, $b=\frac{2}{5}$

따라서 확률변수 Y의 확률분포를 표로 나타내면 다음과 같다.

Y	-2	-1	0	1	합계
$P(Y=y)$	$\frac{1}{20}$	$\frac{1}{20}$	$\frac{1}{2}$	$\frac{2}{5}$	1

$E(Y^2)=(-2)^2\times\frac{1}{20}+(-1)^2\times\frac{1}{20}+0^2\times\frac{1}{2}+1^2\times\frac{2}{5}=\frac{13}{20}$

이므로

$V(Y)=E(Y^2)-\{E(Y)\}^2$

$=\frac{13}{20}-\left(\frac{1}{4}\right)^2=\boxed{\frac{47}{80}}$

한편, $V(Y)=\boxed{100}\times V(X)$이므로

$V(X)=\frac{1}{\boxed{100}}\times\boxed{\frac{47}{80}}=\frac{47}{8000}$

따라서 $p=\frac{1}{4}$, $q=\frac{47}{80}$, $r=100$이므로

$(p+q)\times r=\left(\frac{1}{4}+\frac{47}{80}\right)\times100=\frac{335}{4}$

답 ①

151

확률변수 X의 확률분포가 $X=5$에 대하여 대칭이므로

$\mathrm{E}(X)=5$

또, $\mathrm{V}(X)=\mathrm{E}(X^2)-\{\mathrm{E}(X)\}^2=\frac{31}{5}$에서

$\mathrm{E}(X^2)=25+\frac{31}{5}=\frac{156}{5}$

이때

$\mathrm{E}(X^2)=1^2\times a+3^2\times b+5^2\times c+7^2\times b+9^2\times a$

$\quad=82a+58b+25c$

이므로

$82a+58b+25c=\frac{156}{5}$ $\quad\cdots\cdots$ ㉠

한편, 확률변수 Y의 확률분포가 $Y=5$에 대하여 대칭이므로

$\mathrm{E}(Y)=5$

$\mathrm{E}(Y^2)$

$=1^2\times\left(a+\frac{1}{20}\right)+3^2\times b+5^2\times\left(c-\frac{1}{10}\right)+7^2\times b+9^2\times\left(a+\frac{1}{20}\right)$

$=82a+58b+25c+\frac{8}{5}$

위의 식에 ㉠을 대입하면

$\mathrm{E}(Y^2)=\frac{156}{5}+\frac{8}{5}=\frac{164}{5}$

$\therefore \mathrm{V}(Y)=\mathrm{E}(Y^2)-\{\mathrm{E}(Y)\}^2=\frac{164}{5}-5^2=\frac{39}{5}$

$\therefore 10\times\mathrm{V}(Y)=10\times\frac{39}{5}=78$

답 78

152

두 확률변수 X, Y의 확률분포를 나타낸 표는 다음과 같이 변형할 수 있다.

X	1	2	3	4	합계
$\mathrm{P}(X=x)$	a	b	c	d	1

Y	17	14	11	8	합계
$\mathrm{P}(Y=y)$	a	b	c	d	1

즉, $3X+Y=20$이므로 $Y=-3X+20$

$\therefore \mathrm{E}(Y)=\mathrm{E}(-3X+20)=-3\mathrm{E}(X)+20$

$\quad=-3\times2+20=14$

또한, $\mathrm{V}(Y)=\mathrm{V}(-3X+20)=(-3)^2\mathrm{V}(X)=45$에서

$\mathrm{V}(X)=5$

$\therefore \mathrm{E}(X^2)=\mathrm{V}(X)+\{\mathrm{E}(X)\}^2=5+2^2=9$

$\therefore \mathrm{E}(Y)+\mathrm{E}(X^2)=14+9=23$

답 ②

153

$\mathrm{P}(Y=k)=a\,\mathrm{P}(X=k)+b$에서

$\sum_{k=1}^{10}\mathrm{P}(Y=k)=\sum_{k=1}^{10}\{a\,\mathrm{P}(X=k)+b\}$

즉, $\sum_{k=1}^{10}\mathrm{P}(Y=k)=a\sum_{k=1}^{10}\mathrm{P}(X=k)+10b$에서

$\sum_{k=1}^{10}\mathrm{P}(X=k)=1$, $\sum_{k=1}^{10}\mathrm{P}(Y=k)=1$이므로

$a+10b=1$ $\quad\cdots\cdots$ ㉠

$\mathrm{E}(X)=4$에서 $\sum_{k=1}^{10}k\,\mathrm{P}(X=k)=4$

$\mathrm{E}(Y)=3$에서

$\sum_{k=1}^{10}k\,\mathrm{P}(Y=k)=\sum_{k=1}^{10}\{k\times a\,\mathrm{P}(X=k)+kb\}$

$\quad=a\sum_{k=1}^{10}k\,\mathrm{P}(X=k)+b\sum_{k=1}^{10}k$

$\quad=a\times4+b\times\frac{10\times11}{2}=3$

$\therefore 4a+55b=3$ $\quad\cdots\cdots$ ㉡

㉠, ㉡을 연립하여 풀면 $a=\frac{5}{3}$, $b=-\frac{1}{15}$

$\therefore a+b=\frac{5}{3}+\left(-\frac{1}{15}\right)=\frac{8}{5}$

답 ③

154

확률변수 X가 갖는 값은 1, 2, 3이고, 1학년 4명과 2학년 2명을 한 줄로 세우는 경우의 수는 $6!$이다.

(i) $X=1$인 경우

1학년 학생 4명 중 한 명을 번호 1에 세우는 경우의 수는 ${}_4\mathrm{C}_1=4$

남은 5명을 번호 2, 3, 4, 5, 6에 세우는 경우의 수는 $5!$

$\therefore \mathrm{P}(X=1)=\frac{4\times5!}{6!}=\frac{2}{3}$

(ii) $X=2$인 경우

2학년 학생 2명 중 한 명을 번호 1에 세우는 경우의 수는 ${}_2\mathrm{C}_1=2$

1학년 학생 4명 중 한 명을 번호 2에 세우는 경우의 수는 ${}_4\mathrm{C}_1=4$

남은 4명을 번호 3, 4, 5, 6에 세우는 경우의 수는 $4!$

$\therefore \mathrm{P}(X=2)=\frac{2\times4\times4!}{6!}=\frac{4}{15}$

(iii) $X=3$인 경우

2학년 학생 2명을 1번과 2번에 세우는 경우의 수는 $2!$

1학년 학생 4명을 3, 4, 5, 6번에 세우는 경우의 수는 $4!$

$\therefore \mathrm{P}(X=3)=\frac{2!\times4!}{6!}=\frac{1}{15}$

(i), (ii), (iii)에 의하여 확률변수 X의 확률분포를 표로 나타내면 다음과 같다.

X	1	2	3	합계
$\mathrm{P}(X=x)$	$\frac{2}{3}$	$\frac{4}{15}$	$\frac{1}{15}$	1

$\therefore \mathrm{E}(X)=1\times\frac{2}{3}+2\times\frac{4}{15}+3\times\frac{1}{15}=\frac{7}{5}$

$\mathrm{E}(aX-3)=4$에서

$a\mathrm{E}(X)-3=a\times\frac{7}{5}-3=4$

$\frac{7}{5}a=7$ $\quad\therefore a=5$

답 ⑤

155

확률변수 X가 이항분포 $\mathrm{B}\left(n, \frac{1}{2}\right)$을 따르므로

$\mathrm{V}(X)=n\times\frac{1}{2}\times\frac{1}{2}=\frac{n}{4}$

$\mathrm{V}(2X+1)=2^2\mathrm{V}(X)=4\times\frac{n}{4}=n$이므로

$n=15$

답 15

156

확률변수 X가 이항분포 $\mathrm{B}\left(n, \frac{1}{4}\right)$을 따르므로

$\mathrm{V}(X)=n\times\frac{1}{4}\times\frac{3}{4}=\frac{3n}{16}$

$\therefore \mathrm{V}\left(\frac{2}{3}X+2\right)=\left(\frac{2}{3}\right)^2\mathrm{V}(X)=\frac{4}{9}\times\frac{3n}{16}=\frac{n}{12}$

따라서 $\frac{n}{12}=3$이므로 $n=36$

$\therefore \mathrm{E}(X)=36\times\frac{1}{4}=9$

답 ②

157

확률변수 X의 확률질량함수가

$\mathrm{P}(X=x)={}_{80}\mathrm{C}_x\left(\frac{1}{4}\right)^x\left(\frac{3}{4}\right)^{80-x}$ $(x=0, 1, 2, \cdots, 80)$

이므로 확률변수 X는 이항분포 $\mathrm{B}\left(80, \frac{1}{4}\right)$을 따른다.

$\therefore \mathrm{E}(X)=80\times\frac{1}{4}=20$, $\mathrm{V}(X)=80\times\frac{1}{4}\times\frac{3}{4}=15$

$\mathrm{E}(X^2)=\mathrm{V}(X)+\{\mathrm{E}(X)\}^2=15+20^2=415$이므로

$$\begin{aligned}\sum_{k=0}^{80}(k^2-k)\mathrm{P}(X=k)&=\sum_{k=0}^{80}k^2\mathrm{P}(X=k)-\sum_{k=0}^{80}k\mathrm{P}(X=k)\\&=\mathrm{E}(X^2)-\mathrm{E}(X)\\&=415-20=395\end{aligned}$$

답 395

158

확률변수 X가 이항분포 $\mathrm{B}(5, p)$를 따르므로

$\mathrm{E}(X)=5p$, $\mathrm{V}(X)=5p(1-p)$

$\mathrm{P}(X=1)={}_5\mathrm{C}_1p^1(1-p)^4$이므로 $\mathrm{V}(X)=125\mathrm{P}(X=1)$에서

$5p(1-p)=125\times5p(1-p)^4$

$(1-p)^3=\frac{1}{125}$ $(\because 0<p<1)$

$1-p=\frac{1}{5}$ $\quad\therefore p=\frac{4}{5}$

$\mathrm{E}(X)=5p=5\times\frac{4}{5}=4$이므로

$\mathrm{E}(aX+3)=a\mathrm{E}(X)+3=4a+3$

따라서 $4a+3=5$이므로

$4a=2$ $\quad\therefore a=\frac{1}{2}$

답 ①

159

동전 2개를 동시에 한 번 던져 모두 앞면이 나올 확률은

$\frac{1}{2}\times\frac{1}{2}=\frac{1}{4}$

이므로 확률변수 X는 이항분포 $\mathrm{B}\left(10, \frac{1}{4}\right)$을 따른다.

따라서 $\mathrm{V}(X)=10\times\frac{1}{4}\times\frac{3}{4}=\frac{15}{8}$이므로

$\mathrm{V}(4X+1)=4^2\mathrm{V}(X)=16\times\frac{15}{8}=30$

답 30

160

1개의 선물 상자에서 임의로 음료수 2병을 선택할 때, 사과 맛 음료수만 선택될 확률은

$\frac{{}_3\mathrm{C}_2}{{}_7\mathrm{C}_2}=\frac{3}{21}=\frac{1}{7}$

98개의 선물 상자에서 임의로 음료수를 2병씩 선택하는 것은 98번의 독립시행으로 볼 수 있으므로 확률변수 X는 이항분포 $\mathrm{B}\left(98, \frac{1}{7}\right)$을 따른다.

따라서 $\mathrm{V}(X)=98\times\frac{1}{7}\times\frac{6}{7}=12$이므로

$\sigma(X)=\sqrt{\mathrm{V}(X)}=\sqrt{12}=2\sqrt{3}$

답 ⑤

161

두 개의 주사위를 던질 때 나오는 경우의 수는

$4\times4=16$

각 주사위의 바닥에 놓인 면에 적힌 수의 합이 4의 배수, 즉 4 또는 8이 되는 경우를 순서쌍으로 나타내면

$(1, 3)$, $(2, 2)$, $(3, 1)$, $(4, 4)$

의 4가지이므로 이 경우의 확률은

$\frac{4}{16}=\frac{1}{4}$

2개의 주사위를 던지는 128회의 시행은 서로 독립이므로 확률변수 X는 이항분포 $\mathrm{B}\left(128, \frac{1}{4}\right)$을 따른다.

$\therefore \mathrm{E}(X)=128\times\frac{1}{4}=32$, $\mathrm{V}(X)=128\times\frac{1}{4}\times\frac{3}{4}=24$

따라서 $\mathrm{E}\left(\frac{1}{2}X\right)=\frac{1}{2}\mathrm{E}(X)=\frac{1}{2}\times32=16$,

$\mathrm{V}\left(\frac{1}{2}X\right)=\left(\frac{1}{2}\right)^2\mathrm{V}(X)=\frac{1}{4}\times24=6$이므로

$\mathrm{E}\left(\frac{1}{2}X\right)+\mathrm{V}\left(\frac{1}{2}X\right)=16+6=22$

답 ③

162

36명의 학생 중 주사위를 던져 나온 눈의 수가 5의 약수인 학생 수를 확률변수 Y라 하면 나온 눈의 수가 5의 약수가 아닌 학생 수는 $36-Y$이다.

한 개의 주사위를 던져 나온 눈의 수가 5의 약수일 확률은 $\frac{2}{6}=\frac{1}{3}$이고, 36명의 학생이 주사위를 던지는 시행은 독립이므로 확률변수 Y는 이항분포 $\mathrm{B}\left(36,\ \frac{1}{3}\right)$을 따른다.

$\therefore \mathrm{V}(Y)=36\times\frac{1}{3}\times\frac{2}{3}=8$

5의 약수의 눈이 나오면 3점을 얻고, 그렇지 않으면 -2점을 얻으므로

$X=3Y-2(36-Y)=5Y-72$

$\therefore \mathrm{V}(X)=\mathrm{V}(5Y-72)=5^2\,\mathrm{V}(Y)=25\times8=200$ 　　답 200

163

$0\le x\le2$에서 확률밀도함수의 그래프와 x축으로 둘러싸인 부분의 넓이는 1이므로

$\frac{1}{2}\times\left\{2+\left(a-\frac{1}{3}\right)\right\}\times\frac{3}{4}=1$

$a+\frac{5}{3}=\frac{8}{3}$　　$\therefore a=1$

$\therefore \mathrm{P}\left(\frac{1}{3}\le X\le a\right)=\mathrm{P}\left(\frac{1}{3}\le X\le 1\right)=\left(1-\frac{1}{3}\right)\times\frac{3}{4}=\frac{1}{2}$ 　　답 ④

164

$0\le x\le a+3$에서 함수 $y=f(x)$의 그래프와 x축으로 둘러싸인 부분의 넓이가 1이므로

$\frac{1}{2}\times(a+3)\times k=1$　　$\therefore ak+3k=2$　　…… ㉠

$0\le x\le a$에서 $f(x)=\frac{k}{a}x$이므로

$f\left(\frac{a}{2}\right)=\frac{k}{2}$

$\mathrm{P}\left(\frac{a}{2}\le X\le a\right)$의 값은 오른쪽 그림의 색칠한 부분의 넓이와 같으므로

$\frac{1}{2}\times\left(\frac{k}{2}+k\right)\times\left(a-\frac{a}{2}\right)=\frac{9}{16}$

$\frac{3}{8}ak=\frac{9}{16}$　　$\therefore ak=\frac{3}{2}$

$ak=\frac{3}{2}$을 ㉠에 대입하면

$\frac{3}{2}+3k=2$　　$\therefore k=\frac{1}{6}$

따라서 $a=\frac{3}{2}\times\frac{1}{k}=\frac{3}{2}\times6=9$이므로

$a+k=9+\frac{1}{6}=\frac{55}{6}$ 　　답 ⑤

165

$f(x)+g(x)=k$ (k는 상수)이므로 $g(x)=k-f(x)$

$0\le Y\le6$이고 확률밀도함수의 정의에 의하여 $g(x)=k-f(x)\ge0$, 즉 $f(x)\le k$이므로 다음 그림과 같이 세 직선 $x=0$, $x=6$, $y=k$와 함수 $y=f(x)$의 그래프로 둘러싸인 부분의 넓이는 1이다.

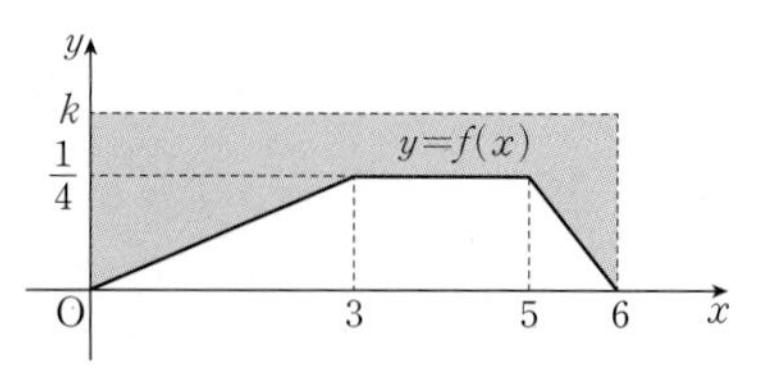

또한, $0\le X\le6$에서 함수 $y=f(x)$의 그래프와 x축으로 둘러싸인 부분의 넓이도 1이므로

$k\times6=1+1$　　$\therefore k=\frac{1}{3}$

따라서 $\mathrm{P}(6k\le Y\le15k)=\mathrm{P}(2\le Y\le5)$이고 이 값은 다음 그림과 같이 세 직선 $x=2$, $x=5$, $y=\frac{1}{3}$과 함수 $y=f(x)$의 그래프로 둘러싸인 부분의 넓이와 같다.

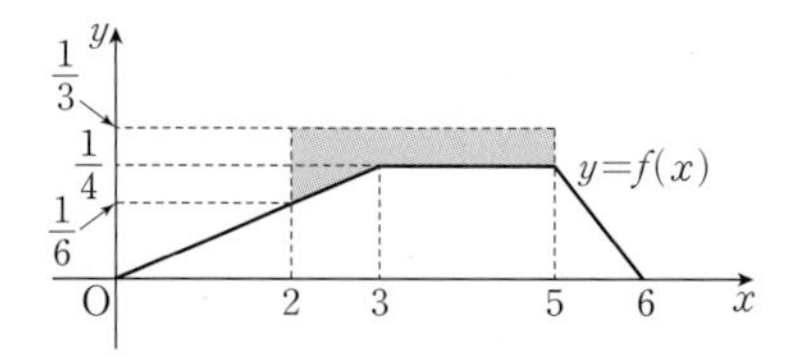

$0\le x\le3$에서 $f(x)=\frac{1}{12}x$이므로

$f(2)=\frac{1}{6}$

$\therefore \mathrm{P}(2\le Y\le5)=\frac{1}{2}\times\left(\frac{1}{4}-\frac{1}{6}\right)\times1+(5-2)\times\left(\frac{1}{3}-\frac{1}{4}\right)$

$=\frac{1}{24}+\frac{1}{4}=\frac{7}{24}$

따라서 $p=24$, $q=7$이므로 $p+q=31$ 　　답 31

166

$f(x)+g(x)=a$ (a는 상수)이므로

$g(x)=a-f(x)$

$0\le Y\le2$이고 확률밀도함수의 정의에 의하여 $g(x)=a-f(x)\ge0$, 즉 $f(x)\le a$이므로 오른쪽 그림과 같이 세 직선 $x=0$, $x=2$, $y=a$와 함수 $y=f(x)$의 그래프로 둘러싸인 부분의 넓이는 1이다.

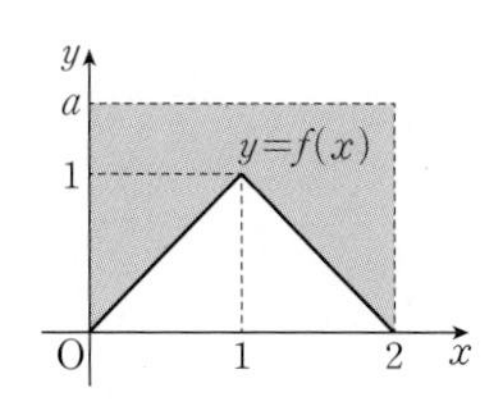

또한, $0\le x\le2$에서 함수 $y=f(x)$의 그래프와 x축으로 둘러싸인 부분의 넓이도 1이므로

$a\times2=1+1$　　$\therefore a=1$

따라서 $g(x)=1-f(x)$이므로

$\mathrm{P}\left(k\le Y\le k+\frac{1}{2}\right)$의 값은 오른쪽 그림과 같이 세 직선 $x=k$, $x=k+\frac{1}{2}$, $y=1$과 $y=f(x)$의 그래프로 둘러싸인 부분의 넓이와 같다.

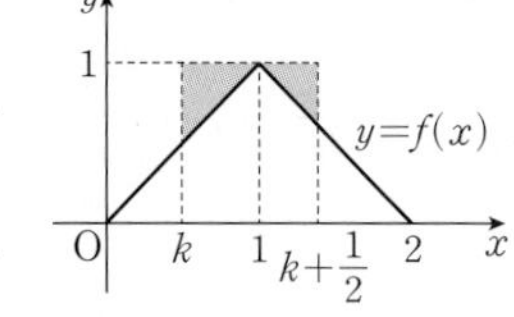

위의 그림에서

$\mathrm{P}\left(k\le Y\le k+\frac{1}{2}\right)=1\times\left\{\left(k+\frac{1}{2}\right)-k\right\}-\mathrm{P}\left(k\le X\le k+\frac{1}{2}\right)$

$=\frac{1}{2}-\mathrm{P}\left(k\le X\le k+\frac{1}{2}\right)$

$\therefore \mathrm{P}\left(k \le X \le k+\frac{1}{2}\right)-\mathrm{P}\left(k \le Y \le k+\frac{1}{2}\right)$

$=2\mathrm{P}\left(k \le X \le k+\frac{1}{2}\right)-\frac{1}{2}$ ...... ㉠

따라서 $\mathrm{P}\left(k \le X \le k+\frac{1}{2}\right)$의 값이 최대일 때 주어진 식의 값이 최대이다.

$\mathrm{P}\left(k \le X \le k+\frac{1}{2}\right)$의 값이 최대가 되려면 두 점 $(k, 0)$, $\left(k+\frac{1}{2}, 0\right)$은 직선 $x=1$에 대하여 대칭이어야 하므로

$\frac{k+k+\frac{1}{2}}{2}=1$, $2k+\frac{1}{2}=2$ $\therefore k=\frac{3}{4}$

$\therefore \mathrm{P}\left(k \le X \le k+\frac{1}{2}\right)=\mathrm{P}\left(\frac{3}{4} \le X \le \frac{5}{4}\right)=2\mathrm{P}\left(\frac{3}{4} \le X \le 1\right)$

$=2\times\left(\frac{1}{2}\times1\times1-\frac{1}{2}\times\frac{3}{4}\times\frac{3}{4}\right)=\frac{7}{16}$

㉠에서 구하는 최댓값은

$2\times\frac{7}{16}-\frac{1}{2}=\frac{3}{8}$

이므로 $p=8$, $q=3$

$\therefore p+q=11$ 답 11

167

확률변수 X가 정규분포 $\mathrm{N}(5, 2^2)$을 따르므로 X의 확률밀도함수의 그래프는 직선 $x=5$에 대하여 대칭이다.

이때 $\mathrm{P}(X \le 9-2a)=\mathrm{P}(X \ge 3a-3)$이므로

$\frac{(9-2a)+(3a-3)}{2}=5$ $\therefore a=4$

한편, $Z=\frac{X-5}{2}$로 놓으면 확률변수 Z는 표준정규분포 $\mathrm{N}(0, 1)$을 따르므로

$\mathrm{P}(9-2a \le X \le 3a-3)=\mathrm{P}(1 \le X \le 9)$

$=\mathrm{P}\left(\frac{1-5}{2} \le Z \le \frac{9-5}{2}\right)$

$=\mathrm{P}(-2 \le Z \le 2)=2\mathrm{P}(0 \le Z \le 2)$

$=2\times0.4772=0.9544$ 답 ④

168

확률변수 X는 정규분포 $\mathrm{N}(32, \sigma^2)$을 따르므로 $Z=\frac{X-32}{\sigma}$로 놓으면 확률변수 Z는 표준정규분포 $\mathrm{N}(0, 1)$을 따른다.

$\mathrm{P}(X \le 40)=\mathrm{P}(Z \ge -2)=\mathrm{P}(Z \le 2)$에서

$\mathrm{P}\left(Z \le \frac{40-32}{\sigma}\right)=\mathrm{P}(Z \le 2)$

즉, $\frac{40-32}{\sigma}=2$이므로 $\sigma=4$

$\therefore \mathrm{P}(X \le 26)=\mathrm{P}\left(Z \le \frac{26-32}{4}\right)$

$=\mathrm{P}(Z \le -1.5)=\mathrm{P}(Z \ge 1.5)$

$=\mathrm{P}(Z \ge 0)-\mathrm{P}(0 \le Z \le 1.5)$

$=0.5-0.4332=0.0668$ 답 ④

169

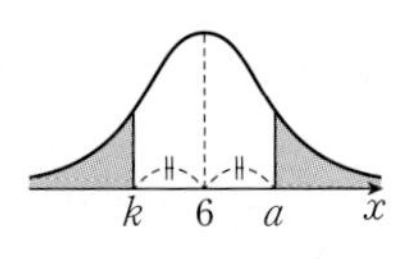

임의의 실수 a에 대하여 $6-k=a-6$인 k가 존재하여 $k=12-a$

즉, 확률변수 X가 평균이 6인 정규분포를 따를 때,

$\mathrm{P}(X \ge 12-a)=1-\mathrm{P}(X \le 12-a)=1-\mathrm{P}(X \ge a)$

이므로

$\mathrm{P}(X \ge a)+\mathrm{P}(X \ge 12-a)=1$

$\therefore \mathrm{P}(X \ge 0)+\mathrm{P}(X \ge 12)=1$

$\mathrm{P}(X \ge 1)+\mathrm{P}(X \ge 11)=1$

$\vdots$

$\mathrm{P}(X \ge 5)+\mathrm{P}(X \ge 7)=1$

$\therefore \sum_{k=0}^{12}\mathrm{P}(X \ge k)=\mathrm{P}(X \ge 0)+\mathrm{P}(X \ge 1)+\cdots+\mathrm{P}(X \ge 12)$

$=6+\mathrm{P}(X \ge 6)=6+\frac{1}{2}=\frac{13}{2}$ 답 ⑤

170

정규분포 곡선은 직선 $x=m$에 대하여 대칭이므로 조건 (가)에 의하여

$m=\frac{85+115}{2}=100$

즉, 확률변수 X가 정규분포 $\mathrm{N}(100, \sigma^2)$을 따르므로 $Z=\frac{X-100}{\sigma}$으로 놓으면 확률변수 Z는 표준정규분포 $\mathrm{N}(0, 1)$을 따른다.

조건 (나)에서 $\mathrm{P}(X \le 106)=0.8413$이므로

$\mathrm{P}\left(Z \le \frac{106-100}{\sigma}\right)=\mathrm{P}\left(Z \le \frac{6}{\sigma}\right)$

$=0.5+\mathrm{P}\left(0 \le Z \le \frac{6}{\sigma}\right)=0.8413$

$\therefore \mathrm{P}\left(0 \le Z \le \frac{6}{\sigma}\right)=0.3413$

이때 $\mathrm{P}(0 \le Z \le 1)=0.3413$이므로

$\frac{6}{\sigma}=1$ $\therefore \sigma=6$

$\therefore \mathrm{P}(97 \le X \le 112)=\mathrm{P}\left(\frac{97-100}{6} \le Z \le \frac{112-100}{6}\right)$

$=\mathrm{P}(-0.5 \le Z \le 2)$

$=\mathrm{P}(0 \le Z \le 0.5)+\mathrm{P}(0 \le Z \le 2)$

$=0.1915+0.4772=0.6687$ 답 ③

171

확률변수 X는 정규분포 $\mathrm{N}(8, 3^2)$을 따르고 확률변수 Y는 정규분포 $\mathrm{N}(m, \sigma^2)$을 따르므로 $Z_X=\frac{X-8}{3}$, $Z_Y=\frac{Y-m}{\sigma}$으로 놓으면 확률변수 Z_X, Z_Y는 모두 표준정규분포 $\mathrm{N}(0, 1)$을 따른다.

$\therefore \mathrm{P}(4 \le X \le 8)+\mathrm{P}(Y \ge 8)=\mathrm{P}\left(-\frac{4}{3} \le Z_X \le 0\right)+\mathrm{P}\left(Z_Y \ge \frac{8-m}{\sigma}\right)$

$=\mathrm{P}\left(0 \le Z_X \le \frac{4}{3}\right)+\mathrm{P}\left(Z_Y \ge \frac{8-m}{\sigma}\right)$

즉, $\mathrm{P}\left(0\le Z_X\le\frac{4}{3}\right)+\mathrm{P}\left(Z_Y\ge\frac{8-m}{\sigma}\right)=\frac{1}{2}$이므로

$\frac{8-m}{\sigma}=\frac{4}{3}\qquad\therefore m=8-\frac{4}{3}\sigma$

$$\begin{aligned}\therefore \mathrm{P}\left(Y\le 8+\frac{2\sigma}{3}\right)&=\mathrm{P}\left(Z_Y\le\frac{8+\frac{2}{3}\sigma-m}{\sigma}\right)\\&=\mathrm{P}\left(Z_Y\le\frac{8+\frac{2}{3}\sigma-\left(8-\frac{4}{3}\sigma\right)}{\sigma}\right)\\&=\mathrm{P}(Z_Y\le 2)\\&=\mathrm{P}(Z_Y\le 0)+\mathrm{P}(0\le Z_Y\le 2)\\&=0.5+0.4772=0.9772\end{aligned}$$

답 ④

172

확률변수 X는 정규분포 $\mathrm{N}(m,\ 2^2)$을 따르므로 $Z_X=\frac{X-m}{2}$으로 놓으면 확률변수 Z_X은 표준정규분포 $\mathrm{N}(0,\ 1)$을 따른다.

확률변수 Y는 정규분포 $\mathrm{N}(2m,\ 4^2)$을 따르므로 $Z_Y=\frac{Y-2m}{4}$으로 놓으면 확률변수 Z_Y는 표준정규분포 $\mathrm{N}(0,\ 1)$를 따른다.

$\mathrm{P}(X\ge 48)+\mathrm{P}(Y\ge 48)=1$에서

$\mathrm{P}\left(Z_X\ge\frac{48-m}{2}\right)+\mathrm{P}\left(Z_Y\ge\frac{48-2m}{4}\right)=1$

$\mathrm{P}\left(Z_X\le\frac{m-48}{2}\right)+\mathrm{P}\left(Z_Y\ge\frac{24-m}{2}\right)=1$

즉, $\frac{m-48}{2}=\frac{24-m}{2}$이므로

$2m=72\qquad\therefore m=36$

따라서 확률변수 Y는 정규분포 $\mathrm{N}(72,\ 4^2)$을 따르므로

$$\begin{aligned}\mathrm{P}(Y\ge 80)&=\mathrm{P}\left(Z_Y\ge\frac{80-72}{4}\right)=\mathrm{P}(Z_Y\ge 2)\\&=\mathrm{P}(Z_Y\ge 0)-\mathrm{P}(0\le Z_Y\le 2)\\&=0.5-0.4772=0.0228\end{aligned}$$

답 ②

173

확률변수 X는 정규분포 $\mathrm{N}(3,\ 2^2)$을 따르므로 $Z_X=\frac{X-3}{2}$으로 놓으면 확률변수 Z_1은 표준정규분포 $\mathrm{N}(0,\ 1)$을 따른다.

$\therefore \mathrm{P}(0\le X\le 5)=\mathrm{P}\left(\frac{0-3}{2}\le Z_X\le\frac{5-3}{2}\right)=\mathrm{P}(-1.5\le Z_X\le 1)$

확률변수 Y는 정규분포 $\mathrm{N}(5,\ \sigma^2)$을 따르므로 $Z_Y=\frac{Y-5}{\sigma}$로 놓으면 확률변수 Z_Y는 표준정규분포 $\mathrm{N}(0,\ 1)$을 따른다.

$\therefore \mathrm{P}(3\le Y\le 8)=\mathrm{P}\left(\frac{3-5}{\sigma}\le Z_Y\le\frac{8-5}{\sigma}\right)=\mathrm{P}\left(-\frac{2}{\sigma}\le Z_Y\le\frac{3}{\sigma}\right)$

따라서 표준정규분포 $\mathrm{N}(0,\ 1)$을 따르는 확률변수 Z에 대하여

$\mathrm{P}(-1.5\le Z\le 1)=\mathrm{P}\left(-\frac{2}{\sigma}\le Z\le\frac{3}{\sigma}\right)$이므로

$-\frac{2}{\sigma}=-1,\ \frac{3}{\sigma}=1.5\qquad\therefore \sigma=2$

답 ③

174

확률변수 X는 정규분포 $\mathrm{N}(16,\ a^2)$을 따르고, 확률변수 Y는 정규분포 $\mathrm{N}(20,\ b^2)$을 따르므로 $Z_X=\frac{X-16}{a},\ Z_Y=\frac{Y-20}{b}$으로 놓으면 확률변수 $Z_X,\ Z_Y$는 표준정규분포 $\mathrm{N}(0,\ 1)$을 따른다.

또, 조건 ㈎에서 $\mathrm{P}(10\le X\le 16)=\mathrm{P}(20\le Y\le 23)$이므로

$\mathrm{P}\left(\frac{10-16}{a}\le Z_X\le\frac{16-16}{a}\right)=\mathrm{P}\left(\frac{20-20}{b}\le Z_Y\le\frac{23-20}{b}\right)$

$\mathrm{P}\left(-\frac{6}{a}\le Z_X\le 0\right)=\mathrm{P}\left(0\le Z_Y\le\frac{3}{b}\right)$

따라서 표준정규분포 $\mathrm{N}(0,\ 1)$을 따르는 확률변수 Z에 대하여

$\mathrm{P}\left(0\le Z\le\frac{6}{a}\right)=\mathrm{P}\left(0\le Z\le\frac{3}{b}\right)$이므로

$\frac{6}{a}=\frac{3}{b}\qquad\therefore a=2b\qquad\cdots\cdots$ ㉠

조건 ㈏에서

$$\begin{aligned}&\mathrm{P}(16\le X\le 28)+\mathrm{P}(14\le Y\le 20)\\&=\mathrm{P}\left(\frac{16-16}{a}\le Z_X\le\frac{28-16}{a}\right)+\mathrm{P}\left(\frac{14-20}{b}\le Z_Y\le\frac{20-20}{b}\right)\\&=\mathrm{P}\left(0\le Z_X\le\frac{12}{a}\right)+\mathrm{P}\left(-\frac{6}{b}\le Z_Y\le 0\right)\\&=\mathrm{P}\left(0\le Z_X\le\frac{6}{b}\right)+\mathrm{P}\left(0\le Z_Y\le\frac{6}{b}\right)\ (\because ㉠)\\&=2\mathrm{P}\left(0\le Z\le\frac{6}{b}\right)=0.8664\end{aligned}$$

$\therefore \mathrm{P}\left(0\le Z\le\frac{6}{b}\right)=0.4332$

이때 $\mathrm{P}(0\le Z\le 1.5)=0.4332$이므로

$\frac{6}{b}=1.5\qquad\therefore b=4,\ a=2b=8$

$$\begin{aligned}\therefore\ &\mathrm{P}(16\le X\le 16+b)+\mathrm{P}(20\le Y\le 20+a)\\&=\mathrm{P}(16\le X\le 20)+\mathrm{P}(20\le Y\le 28)\\&=\mathrm{P}\left(\frac{16-16}{8}\le Z_X\le\frac{20-16}{8}\right)+\mathrm{P}\left(\frac{20-20}{4}\le Z_Y\le\frac{28-20}{4}\right)\\&=\mathrm{P}(0\le Z_X\le 0.5)+\mathrm{P}(0\le Z_Y\le 2)\\&=0.1915+0.4772\\&=0.6687\end{aligned}$$

답 ①

175

이 농장에서 수확하는 파프리카 1개의 무게를 X g이라 하면 확률변수 X는 정규분포 $\mathrm{N}(180,\ 20^2)$을 따르므로 $Z=\frac{X-180}{20}$으로 놓으면 확률변수 Z는 표준정규분포 $\mathrm{N}(0,\ 1)$을 따른다.

따라서 구하는 확률은

$$\begin{aligned}\mathrm{P}(190\le X\le 210)&=\mathrm{P}\left(\frac{190-180}{20}\le Z\le\frac{210-180}{20}\right)\\&=\mathrm{P}(0.5\le Z\le 1.5)\\&=\mathrm{P}(0\le Z\le 1.5)-\mathrm{P}(0\le Z\le 0.5)\\&=0.4332-0.1915\\&=0.2417\end{aligned}$$

답 ⑤

176

이 공장에서 생산한 자전거 1대의 무게를 X kg이라 하면 확률변수 X는 정규분포 $\mathrm{N}(6.8,\ 0.2^2)$을 따르므로 $Z=\frac{X-6.8}{0.2}$로 놓으면 확률변수 Z는 표준정규분포 $\mathrm{N}(0,\ 1)$을 따른다.
따라서 구하는 확률은

$$\begin{aligned}\mathrm{P}(6.6\le X\le 7.2)&=\mathrm{P}\left(\frac{6.6-6.8}{0.2}\le Z\le \frac{7.2-6.8}{0.2}\right)\\&=\mathrm{P}(-1\le Z\le 2)\\&=\mathrm{P}(0\le Z\le 1)+\mathrm{P}(0\le Z\le 2)\\&=0.3413+0.4772=0.8185\end{aligned}$$

답 ⑤

177

이 농장에서 수확한 고구마 1개의 무게를 X g이라 하면 확률변수 X는 정규분포 $\mathrm{N}(100,\ 8^2)$을 따르므로 $Z=\frac{X-100}{8}$으로 놓으면 확률변수 Z는 표준정규분포 $\mathrm{N}(0,\ 1)$을 따른다.

$$\begin{aligned}\therefore\ \mathrm{P}(108\le X\le a)&=\mathrm{P}\left(\frac{108-100}{8}\le Z\le \frac{a-100}{8}\right)\\&=\mathrm{P}\left(1\le Z\le \frac{a-100}{8}\right)\\&=\mathrm{P}\left(0\le Z\le \frac{a-100}{8}\right)-\mathrm{P}(0\le Z\le 1)\\&=\mathrm{P}\left(0\le Z\le \frac{a-100}{8}\right)-0.3413\end{aligned}$$

이때 $\mathrm{P}(108\le X\le a)=0.1525$이므로

$\mathrm{P}\left(0\le Z\le \frac{a-100}{8}\right)-0.3413=0.1525$

$\therefore\ \mathrm{P}\left(0\le Z\le \frac{a-100}{8}\right)=0.4938$

따라서 $\frac{a-100}{8}=2.5$이므로 $a=120$

답 ③

178

이 고등학교의 각 학생의 수학 점수를 X점이라 하면 확률변수 X는 정규분포 $\mathrm{N}(75,\ 5^2)$을 따르므로 $Z=\frac{X-75}{5}$로 놓으면 확률변수 Z는 표준정규분포 $\mathrm{N}(0,\ 1)$을 따른다.
A학점을 받은 학생들의 최저 점수를 a점이라 하면

$\mathrm{P}(X\ge a)=\frac{32}{200}=0.16$이므로

$$\begin{aligned}\mathrm{P}(X\ge a)&=\mathrm{P}\left(Z\ge \frac{a-75}{5}\right)\\&=\mathrm{P}(Z\ge 0)-\mathrm{P}\left(0\le Z\le \frac{a-75}{5}\right)\\&=0.5-\mathrm{P}\left(0\le Z\le \frac{a-75}{5}\right)=0.16\end{aligned}$$

$\therefore\ \mathrm{P}\left(0\le Z\le \frac{a-75}{5}\right)=0.34$

즉, $\frac{a-75}{5}=1$이므로 $a=80$

따라서 구하는 최저 점수는 80점이다.

답 ②

179

확률의 총합이 1이므로

$\frac{1}{6}+a+b=1$

$\therefore\ a+b=\frac{5}{6}$ …… ㉠

$\mathrm{E}(X^2)=\frac{16}{3}$이므로

$0^2\times\frac{1}{6}+2^2\times a+4^2\times b=\frac{16}{3}$

$\therefore\ a+4b=\frac{4}{3}$ …… ㉡

㉠, ㉡을 연립하여 풀면 $a=\frac{2}{3},\ b=\frac{1}{6}$이므로

$\mathrm{E}(X)=0\times\frac{1}{6}+2\times\frac{2}{3}+4\times\frac{1}{6}=2$

$\therefore\ \mathrm{V}(X)=\mathrm{E}(X^2)-\{\mathrm{E}(X)\}^2=\frac{16}{3}-2^2=\frac{4}{3}$

이때 표본의 크기 $n=20$이므로 표본평균 $\overline{X}$에 대하여

$\mathrm{V}(\overline{X})=\frac{\mathrm{V}(X)}{20}=\frac{\frac{4}{3}}{20}=\frac{1}{15}$

답 ④

180

확률의 총합이 1이므로

$a+\frac{1}{3}+b=1$

$\therefore\ a+b=\frac{2}{3}$ …… ㉠

$\mathrm{E}(X)=\frac{1}{6}$이므로

$(-2)\times a+0\times\frac{1}{3}+1\times b=\frac{1}{6}$

$\therefore\ -2a+b=\frac{1}{6}$ …… ㉡

㉠, ㉡을 연립하여 풀면 $a=\frac{1}{6},\ b=\frac{1}{2}$이므로

$\mathrm{E}(X^2)=(-2)^2\times\frac{1}{6}+0^2\times\frac{1}{3}+1^2\times\frac{1}{2}=\frac{7}{6}$

$\therefore\ \mathrm{V}(X)=\mathrm{E}(X^2)-\{\mathrm{E}(X)\}^2=\frac{7}{6}-\left(\frac{1}{6}\right)^2=\frac{41}{36}$

이때 표본의 크기 $n=4$이므로 표본평균 $\overline{X}$에 대하여

$\mathrm{V}(\overline{X})=\frac{\mathrm{V}(X)}{4}=\frac{\frac{41}{36}}{4}=\frac{41}{144}$

답 ①

181

모표준편차가 8이므로 $\mathrm{V}(X)=8^2=64$

$\mathrm{E}(X)=\mathrm{E}(\overline{X})=m\ (m>0)$이라 하면

$\mathrm{E}(X^2)=\mathrm{V}(X)+\{\mathrm{E}(X)\}^2$이므로

$\mathrm{E}(X^2)+\mathrm{E}(\overline{X})=84$에서

$V(X)+\{E(X)\}^2+E(\overline{X})=64+m^2+m=84$

$m^2+m-20=0$, $(m+5)(m-4)=0$

$\therefore m=4$ ($\because m>0$)

표본의 크기 $n=16$이므로 표본평균 $\overline{X}$에 대하여

$V(\overline{X})=\frac{V(X)}{16}=\frac{64}{16}=4$

$\therefore E(\overline{X}^2)=V(\overline{X})+\{E(\overline{X})\}^2=4+4^2=20$ 답 ⑤

182

주머니에서 1개의 공을 꺼냈을 때, 공에 적혀 있는 수를 확률변수 X라 하면 X의 확률분포를 표로 나타내면 다음과 같다.

X	2	4	6	합계
$P(X=x)$	$\frac{1}{8}$	$\frac{2}{8}$	$\frac{5}{8}$	1

$E(X)=2\times\frac{1}{8}+4\times\frac{2}{8}+6\times\frac{5}{8}=\frac{40}{8}=5$

$E(X^2)=2^2\times\frac{1}{8}+4^2\times\frac{2}{8}+6^2\times\frac{5}{8}=\frac{216}{8}=27$

$\therefore V(X)=E(X^2)-\{E(X)\}^2=27-5^2=2$

이때 표본의 크기 $n=8$이므로 표본평균 $\overline{X}$에 대하여

$V(\overline{X})=\frac{V(X)}{8}=\frac{2}{8}=\frac{1}{4}$

$\therefore V(2\overline{X})=2^2V(\overline{X})=4\times\frac{1}{4}=1$ 답 ②

183

확률변수 X가 정규분포 $N(m, \sigma^2)$을 따른다고 하면

$P(X\geq 3.4)=\frac{1}{2}$에서 $m=3.4$

또, $P(Z\leq -1)=P(Z\geq 1)$이고, $Z=\frac{X-3.4}{\sigma}$로 놓으면 확률변수 Z는 표준정규분포 $N(0, 1)$을 따르므로

$P(X\leq 3.9)+P(Z\leq -1)=1$에서

$P\left(Z\leq\frac{3.9-3.4}{\sigma}\right)+P(Z\geq 1)=1$

$\therefore P\left(Z\leq\frac{0.5}{\sigma}\right)+P(Z\geq 1)=1$

따라서 $\frac{0.5}{\sigma}=1$이므로 $\sigma=0.5$

즉, 확률변수 X가 정규분포 $N(3.4, 0.5^2)$을 따르므로 표본평균 $\overline{X}$는 정규분포 $N\left(3.4, \frac{0.5^2}{25}\right)$, 즉 $N(3.4, 0.1^2)$을 따른다.

따라서 $Z_{\overline{X}}=\frac{\overline{X}-3.4}{0.1}$로 놓으면 확률변수 $Z_{\overline{X}}$는 표준정규분포 $N(0, 1)$을 따르므로 구하는 확률은

$P(\overline{X}\geq 3.55)=P\left(Z_{\overline{X}}\geq\frac{3.55-3.4}{0.1}\right)$

$=P(Z_{\overline{X}}\geq 1.5)$

$=P(Z_{\overline{X}}\geq 0)-P(0\leq Z_{\overline{X}}\leq 1.5)$

$=0.5-0.4332=0.0668$ 답 ③

184

확률변수 X가 정규분포 $N(m, \sigma^2)$ (m은 자연수)을 따른다고 하면

$P(X\leq 3)+P(4\leq X\leq 5)=\frac{1}{2}$

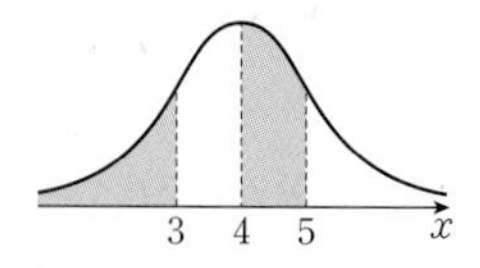

이므로 오른쪽 그림에서

$m=4$

즉, 확률변수 X가 정규분포 $N(4, \sigma^2)$을 따르므로 $Z=\frac{X-4}{\sigma}$로 놓으면 확률변수 Z는 표준정규분포 $N(0, 1)$을 따른다.

$P(X\leq 3.5)+P(Z\geq -0.25)=1$에서

$P\left(Z\leq -\frac{0.5}{\sigma}\right)+P(Z\geq -0.25)=1$

따라서 $-\frac{0.5}{\sigma}=-0.25$이므로 $\sigma=2$

즉, 확률변수 X가 정규분포 $N(4, 2^2)$을 따르므로 표본평균 $\overline{X}$는 정규분포 $N\left(4, \frac{2^2}{16}\right)$, 즉 $N\left(4, \left(\frac{1}{2}\right)^2\right)$을 따른다.

따라서 $Z_{\overline{X}}=\frac{\overline{X}-4}{\frac{1}{2}}$로 놓으면 확률변수 $Z_{\overline{X}}$는 표준정규분포 $N(0, 1)$을 따르므로 구하는 확률은

$P(\overline{X}\geq 3.75)=P\left(Z_{\overline{X}}\geq\frac{3.75-4}{\frac{1}{2}}\right)$

$=P(Z_{\overline{X}}\geq -0.5)=P(Z_{\overline{X}}\leq 0.5)$

$=P(Z_{\overline{X}}\leq 0)+P(0\leq Z_{\overline{X}}\leq 0.5)$

$=0.5+0.1915=0.6915$ 답 ①

185

손님의 대기 시간을 X분이라 하면 확률변수 X는 정규분포 $N(32, 4^2)$을 따르므로 이 식당의 손님 중 임의추출한 4명의 대기 시간의 평균을 $\overline{X}$분이라 하면 표본평균 $\overline{X}$는 정규분포 $N\left(32, \frac{4^2}{4}\right)$, 즉 $N(32, 2^2)$을 따른다.

$Z=\frac{\overline{X}-32}{2}$로 놓으면 확률변수 Z는 표준정규분포 $N(0, 1)$을 따르므로 구하는 확률은

$P(\overline{X}\geq 36)=P\left(Z\geq\frac{36-32}{2}\right)=P(Z\geq 2)$

$=P(Z\geq 0)-P(0\leq Z\leq 2)$

$=0.5-0.4772=0.0228$ 답 ①

186

이 농장에서 생산되는 자두 1개의 무게를 X라 하면 확률변수 X는 정규분포 $N(194, 8^2)$을 따르므로 한 상자에 담긴 자두 4개의 무게의 평균을 $\overline{X}$라 하면 표본평균 $\overline{X}$는 정규분포 $N\left(194, \frac{8^2}{4}\right)$, 즉 $N(194, 4^2)$을 따른다.

따라서 $Z=\frac{\overline{X}-194}{4}$로 놓으면 확률변수 Z는 표준정규분포 $N(0, 1)$을 따르므로 구하는 확률은

$$\mathrm{P}(4\overline{X}\le 800)=\mathrm{P}(\overline{X}\le 200)$$
$$=\mathrm{P}\left(Z\le \frac{200-194}{4}\right)$$
$$=\mathrm{P}(Z\le 1.5)$$
$$=\mathrm{P}(Z\le 0)+\mathrm{P}(0\le Z\le 1.5)$$
$$=0.5+0.4332=0.9332$$

답 ⑤

187

고객 중에서 임의추출한 25명이 매장에 머무르는 시간의 표본평균을 $\overline{X}$시간이라 하면 표본평균 $\overline{X}$는 정규분포 $\mathrm{N}\left(m,\ \frac{0.5^2}{25}\right)$, 즉 $\mathrm{N}(m,\ 0.1^2)$을 따르므로 $Z=\frac{\overline{X}-m}{0.1}=10(\overline{X}-m)$으로 놓으면 확률변수 Z는 표준정규분포 $\mathrm{N}(0,\ 1)$을 따른다.

이때 $\mathrm{P}(\overline{X}\ge 2.4)=0.9772$이므로

$\mathrm{P}(Z\ge 10(2.4-m))=0.9772$

즉, $\mathrm{P}(Z\le 10m-24)=0.5+0.4772$이고,

$\mathrm{P}(0\le Z\le 2)=0.4772$이므로

$10m-24=2,\ 10m=26$

$\therefore m=2.6$

답 ②

188

표본평균 $\overline{X}$는 정규분포 $\mathrm{N}\left(m,\ \frac{10^2}{n}\right)$, 즉 $\mathrm{N}\left(m,\ \left(\frac{10}{\sqrt{n}}\right)^2\right)$을 따르므로 $Z=\frac{\overline{X}-m}{\frac{10}{\sqrt{n}}}=\frac{\sqrt{n}(\overline{X}-m)}{10}$으로 놓으면 확률변수 Z는 표준정규분포 $\mathrm{N}(0,\ 1)$을 따른다.

$$\therefore \mathrm{P}(|\overline{X}-m|\le 5)=\mathrm{P}\left(|Z|\le 5\times\frac{\sqrt{n}}{10}\right)$$
$$=\mathrm{P}\left(|Z|\le\frac{\sqrt{n}}{2}\right)\ge 0.95$$

이때 $\mathrm{P}(|Z|\le 1.96)=0.95$이므로

$\frac{\sqrt{n}}{2}\ge 1.96,\ \sqrt{n}\ge 3.92$

$\therefore n\ge 3.92^2=15.3664$

따라서 자연수 n의 최솟값은 16이다.

답 ③

189

모표준편차가 1, 표본의 크기가 n이므로 표본평균의 값을 $\overline{x}$라 하면 모평균 m에 대한 신뢰도 95 %의 신뢰구간은

$$\overline{x}-1.96\times\frac{1}{\sqrt{n}}\le m\le\overline{x}+1.96\times\frac{1}{\sqrt{n}}$$

즉, $a=\overline{x}-1.96\times\frac{1}{\sqrt{n}},\ b=\overline{x}+1.96\times\frac{1}{\sqrt{n}}$이므로

$$b-a=\left(\overline{x}+1.96\times\frac{1}{\sqrt{n}}\right)-\left(\overline{x}-1.96\times\frac{1}{\sqrt{n}}\right)$$
$$=2\times 1.96\times\frac{1}{\sqrt{n}}$$

이때 $100(b-a)=49$이므로

$100\times 2\times 1.96\times\frac{1}{\sqrt{n}}=49$

$\sqrt{n}=8$

$\therefore n=64$

답 64

190

모표준편차가 10, 표본의 크기가 n이므로 표본평균의 값을 $\overline{x}$라 하면 모평균 m에 대한 신뢰도 99 %의 신뢰구간은

$$\overline{x}-2.58\times\frac{10}{\sqrt{n}}\le m\le\overline{x}+2.58\times\frac{10}{\sqrt{n}}$$

즉, $a=\overline{x}-\frac{25.8}{\sqrt{n}},\ b=\overline{x}+\frac{25.8}{\sqrt{n}}$이므로

$$b-a=\left(\overline{x}+\frac{25.8}{\sqrt{n}}\right)-\left(\overline{x}-\frac{25.8}{\sqrt{n}}\right)=2\times\frac{25.8}{\sqrt{n}}$$

이때 $40(b-a)=344$이므로

$40\times\left(2\times\frac{25.8}{\sqrt{n}}\right)=344$

$\sqrt{n}=6$

$\therefore n=36$

답 36

191

모표준편차가 9, 표본의 크기가 36이므로 표본평균의 값을 $\overline{x}$라 하면 모평균 m에 대한 신뢰도 95 %의 신뢰구간은

$$\overline{x}-1.96\times\frac{9}{\sqrt{36}}\le m\le\overline{x}+1.96\times\frac{9}{\sqrt{36}}$$

$$\therefore \overline{x}-1.96\times\frac{3}{2}\le m\le\overline{x}+1.96\times\frac{3}{2}$$

즉, $a=\overline{x}-1.96\times\frac{3}{2},\ b=\overline{x}+1.96\times\frac{3}{2}$이므로

$$b-a=\left(\overline{x}+1.96\times\frac{3}{2}\right)-\left(\overline{x}-1.96\times\frac{3}{2}\right)$$
$$=2\times 1.96\times\frac{3}{2}=5.88$$

답 ②

192

모표준편차가 5, 표본의 크기가 n이므로 표본평균의 값을 $\overline{x}$라 하면 모평균 m에 대한 신뢰도 95 %의 신뢰구간은

$$\overline{x}-1.96\times\frac{5}{\sqrt{n}}\le m\le\overline{x}+1.96\times\frac{5}{\sqrt{n}}$$

따라서 $a=\overline{x}-1.96\times\frac{5}{\sqrt{n}},\ b=\overline{x}+1.96\times\frac{5}{\sqrt{n}}$이므로

$$b-a=\left(\overline{x}+1.96\times\frac{5}{\sqrt{n}}\right)-\left(\overline{x}-1.96\times\frac{5}{\sqrt{n}}\right)$$
$$=2\times 1.96\times\frac{5}{\sqrt{n}}\le 4$$

$\sqrt{n}\ge\frac{2\times 1.96\times 5}{4}=4.9$

$\therefore n\ge 4.9^2=24.01$

따라서 구하는 자연수 n의 최솟값은 25이다.

답 ③

193

첫 번째 표본에서 모표준편차는 σ, 표본의 크기는 9이므로 표본평균의 값을 $\overline{x_1}$이라 하면 모평균 m에 대한 신뢰도 99 %의 신뢰구간은

$$\overline{x_1}-2.58\times\frac{\sigma}{\sqrt{9}}\le m\le\overline{x_1}+2.58\times\frac{\sigma}{\sqrt{9}}$$

즉, $a=\overline{x_1}-0.86\sigma$, $b=\overline{x_1}+0.86\sigma$이므로 $b-a=2\times0.86\sigma$

두 번째 표본에서 모표준편차는 σ, 표본의 크기는 n이므로 표본평균의 값을 $\overline{x_2}$라 하면 모평균 m에 대한 신뢰도 95 %의 신뢰구간은

$$\overline{x_2}-1.96\times\frac{\sigma}{\sqrt{n}}\le m\le\overline{x_2}+1.96\times\frac{\sigma}{\sqrt{n}}$$

즉, $c=\overline{x_2}-1.96\times\frac{\sigma}{\sqrt{n}}$, $d=\overline{x_2}+1.96\times\frac{\sigma}{\sqrt{n}}$이므로

$$d-c=2\times1.96\times\frac{\sigma}{\sqrt{n}}$$

$b-a\ge8.6(d-c)$에서 $2\times0.86\sigma\ge8.6\times2\times1.96\times\frac{\sigma}{\sqrt{n}}$

$\sqrt{n}\ge19.6$ $\quad\therefore n\ge19.6^2=384.16$

따라서 자연수 n의 최솟값은 385이다.

답 385

194

모표준편차가 σ이므로 이 고등학교 학생 중에서 n명을 임의추출하여 얻은 표본평균의 값을 $\overline{x}$라 하면 모평균 m에 대한 신뢰도 95 %의 신뢰구간은

$$\overline{x}-1.96\times\frac{\sigma}{\sqrt{n}}\le m\le\overline{x}+1.96\times\frac{\sigma}{\sqrt{n}}$$

즉, $a=\overline{x}-1.96\times\frac{\sigma}{\sqrt{n}}$, $b=\overline{x}+1.96\times\frac{\sigma}{\sqrt{n}}$이므로

$$\frac{(b-a)\sqrt{n}}{8}=\frac{2\times1.96\times\frac{\sigma}{\sqrt{n}}\times\sqrt{n}}{8}=0.49\sigma$$

또, 모평균 m에 대한 신뢰도 99 %의 신뢰구간은

$$\overline{x}-2.58\times\frac{\sigma}{\sqrt{n}}\le m\le\overline{x}+2.58\times\frac{\sigma}{\sqrt{n}}$$

즉, $c=\overline{x}-2.58\times\frac{\sigma}{\sqrt{n}}$, $d=\overline{x}+2.58\times\frac{\sigma}{\sqrt{n}}$이므로

$$\frac{(d-c)\sqrt{n}}{12}=\frac{2\times2.58\times\frac{\sigma}{\sqrt{n}}\times\sqrt{n}}{12}=0.43\sigma$$

한편, 이 고등학교 학생 중에서 25명을 임의추출하여 얻은 표본평균 $\overline{X}$는 정규분포 $\mathrm{N}\left(m,\ \left(\frac{\sigma}{5}\right)^2\right)$을 따르므로 $Z=\frac{\overline{X}-m}{\frac{\sigma}{5}}$으로 놓으면

확률변수 Z는 표준정규분포 $\mathrm{N}(0,\ 1)$을 따른다.

따라서 구하는 확률은

$$\mathrm{P}\left(\frac{(d-c)\sqrt{n}}{12}\le\overline{X}-m\le\frac{(b-a)\sqrt{n}}{8}\right)$$

$$=\mathrm{P}(0.43\sigma\le\overline{X}-m\le0.49\sigma)=\mathrm{P}\left(\frac{0.43\sigma}{\frac{\sigma}{5}}\le Z\le\frac{0.49\sigma}{\frac{\sigma}{5}}\right)$$

$$=\mathrm{P}(2.15\le Z\le2.45)=\mathrm{P}(0\le Z\le2.45)-\mathrm{P}(0\le Z\le2.15)$$

$$=0.4929-0.4842=0.0087$$

답 ⑤

step 2 등급을 가르는 핵심 특강

본문 75쪽

195

확률변수 X의 확률밀도함수의 그래프는 직선 $x=40$에 대하여 대칭이므로 확률변수 X는 정규분포 $\mathrm{N}(40,\ 5^2)$을 따른다.

따라서 $Z=\frac{X-40}{5}$으로 놓으면 확률변수 Z는 표준정규분포 $\mathrm{N}(0,\ 1)$을 따르므로

$$\mathrm{P}(X\le44)=\mathrm{P}\left(Z\le\frac{44-40}{5}\right)=\mathrm{P}\left(Z\le\frac{4}{5}\right)$$

이 모집단에서 크기가 n인 표본을 임의추출하여 얻은 표본평균 $\overline{X}$에 대하여

$$\mathrm{E}(\overline{X})=\mathrm{E}(X)=40,\ \sigma(\overline{X})=\frac{\sigma(X)}{\sqrt{n}}=\frac{5}{\sqrt{n}}$$

이므로 표본평균 $\overline{X}$는 정규분포 $\mathrm{N}\left(40,\ \left(\frac{5}{\sqrt{n}}\right)^2\right)$을 따른다.

따라서 $Z_{\overline{X}}=\frac{\overline{X}-40}{\frac{5}{\sqrt{n}}}$으로 놓으면 확률변수 $Z_{\overline{X}}$는 표준정규분포 $\mathrm{N}(0,\ 1)$을 따르므로

$$\mathrm{P}(\overline{X}\ge39)=\mathrm{P}\left(Z_{\overline{X}}\ge\frac{39-40}{\frac{5}{\sqrt{n}}}\right)=\mathrm{P}\left(Z_{\overline{X}}\ge-\frac{\sqrt{n}}{5}\right)$$

이때 $\mathrm{P}(X\le44)=\mathrm{P}(\overline{X}\ge39)$이므로

$$\mathrm{P}\left(Z\le\frac{4}{5}\right)=\mathrm{P}\left(Z_{\overline{X}}\ge-\frac{\sqrt{n}}{5}\right)$$

따라서 $\frac{\sqrt{n}}{5}=\frac{4}{5}$이므로

$\sqrt{n}=4$

$\therefore n=16$

답 ③

196

확률변수 X가 정규분포 $\mathrm{N}(m,\ \sigma^2)$을 따르므로 $Z=\frac{X-m}{\sigma}$으로 놓으면 확률변수 Z는 표준정규분포 $\mathrm{N}(0,\ 1)$을 따른다.

조건 (나)에서 곡선 $y=f(x)$와 두 직선 $x=18$, $x=24$ 및 x축으로 둘러싸인 부분의 넓이는 $\mathrm{P}(18\le X\le24)$와 같으므로

$\mathrm{P}(18\le X\le24)=0.0606<0.5$

또한, 조건 (가)에서 $f(18)>f(24)$이므로

$m<18$

이때 $0.0606=0.4938-0.4332$이므로

$$\mathrm{P}(18\le X\le24)=\mathrm{P}(0\le Z\le2.5)-\mathrm{P}(0\le Z\le1.5)$$
$$=\mathrm{P}(1.5\le Z\le2.5)$$

즉, $\frac{18-m}{\sigma}=1.5$, $\frac{24-m}{\sigma}=2.5$이므로 두 식을 연립하여 풀면

$m=9$, $\sigma=6$

$$\therefore \mathrm{P}(m\le X\le k)=\mathrm{P}\left(0\le Z\le\frac{k-9}{6}\right)=0.3413$$

즉, $\frac{k-9}{6}=1$이므로 $k=15$

답 15

197

확률변수 X와 확률변수 Y의 표준편차가 같으므로 두 확률변수의 확률밀도함수의 그래프는 모양이 같다.

조건 (가)에 의하여 $P(X \le 5) < 0.5$, $P(X \ge 8) < 0.5$이므로

$5 < m_1 < 8$ ...... ㉠

또, $P(X \le 5) < P(X \ge 8)$이므로

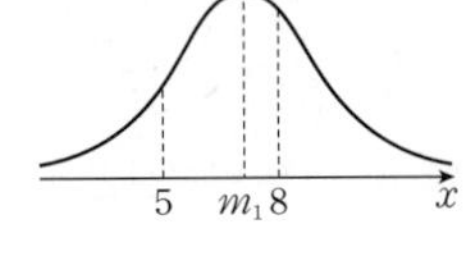

$|m_1 - 5| > |m_1 - 8|$

㉠에 의하여 $m_1 - 5 > 8 - m_1$

$\therefore m_1 > \frac{13}{2}$ ...... ㉡

㉠, ㉡에서 $\frac{13}{2} < m_1 < 8$이고 m_1은 자연수이므로

$m_1 = 7$

따라서 $Z_X = \frac{X-7}{\sigma}$, $Z_Y = \frac{Y-m_2}{\sigma}$로 놓으면 확률변수 Z_X, Z_Y는 표준정규분포 $N(0, 1)$을 따르므로 조건 (나)에 의하여

$P\left(Z_X \le \frac{5-7}{\sigma}\right) + P\left(Z_Y \ge \frac{22-m_2}{\sigma}\right) = 1$

즉, $\frac{-2}{\sigma} = \frac{22-m_2}{\sigma}$이므로 $m_2 = 24$

$\therefore m_1 + m_2 = 7 + 24 = 31$

답 31

198

확률밀도함수 $y = f(x)$의 그래프는 직선 $x = m$에 대하여 대칭이다.

조건 (나)에서

$f(10) > f(16)$이므로 $m < \frac{10+16}{2}$ $\therefore m < 13$ ...... ㉠

$f(4) < f(18)$이므로 $m > \frac{4+18}{2}$ $\therefore m > 11$ ...... ㉡

㉠, ㉡에서 $11 < m < 13$

이때 조건 (가)에서 m은 자연수이므로 $m = 12$

조건 (다)에서 $g(x) = f(x-a)$이므로 함수 $y = g(x)$의 그래프는 함수 $y = f(x)$의 그래프를 x축의 방향으로 a만큼 평행이동한 것이다.

따라서 두 함수의 그래프의 모양이 같고, 조건 (라)에서 두 그래프가 $x = 15$에서 만나므로 확률변수 Y의 평균을 M이라 하면

$\frac{m+M}{2} = \frac{12+M}{2} = 15$ $\therefore M = 18$

이때 $m + a = M$이므로

$12 + a = 18$ $\therefore a = 6$

한편, 양수 σ에 대하여 확률변수 X가 정규분포 $N(12, \sigma^2)$을 따르므로 $Z_X = \frac{X-12}{\sigma}$로 놓으면 확률변수 Z_X는 표준정규분포 $N(0, 1)$을 따른다.

$\therefore P(X \le a) = P\left(Z_X \le \frac{6-12}{\sigma}\right) = P\left(Z_X \le -\frac{6}{\sigma}\right) = P\left(Z_X \ge \frac{6}{\sigma}\right)$

즉, $P\left(Z_X \ge \frac{6}{\sigma}\right) = 0.1587$이므로

$0.5 - P\left(0 \le Z_X \le \frac{6}{\sigma}\right) = 0.1587$

$\therefore P\left(0 \le Z_X \le \frac{6}{\sigma}\right) = 0.3413$

따라서 $\frac{6}{\sigma} = 1$이므로 $\sigma = 6$

또한, 확률변수 Y의 확률밀도함수의 그래프가 확률변수 X의 확률밀도함수의 그래프와 그 모양이 같으므로 두 확률변수의 표준편차가 같다.

즉, 확률변수 Y는 정규분포 $N(18, 6^2)$을 따르므로 $Z_Y = \frac{Y-18}{6}$로 놓으면 확률변수 Z_Y는 표준정규분포 $N(0, 1)$을 따른다.

따라서 구하는 확률은

$P(Y \ge 30) = P\left(Z_Y \ge \frac{30-18}{6}\right) = P(Z_Y \ge 2)$

$= P(Z_Y \ge 0) - P(0 \le Z_Y \le 2)$

$= 0.5 - 0.4772 = 0.0228$

답 ①

step 3 1등급 도약하기

본문 76~79쪽

199

전략 확률분포를 나타낸 표를 완성하고, 표본평균과 기댓값의 정의를 이용한다.

확률의 총합은 1이므로

$\frac{1}{3} + a + \frac{1}{6} = 1$ $\therefore a = \frac{1}{2}$

(i) $\overline{X} \le 0$인 경우는 $\overline{X} = -1$ 또는 $\overline{X} = -\frac{1}{2}$ 또는 $\overline{X} = 0$

모집단에서 임의추출한 크기가 2인 표본을 X_1, X_2라 하면

$\overline{X} = -1$인 경우는 순서쌍 (X_1, X_2)가 $(-1, -1)$일 때이므로

$P(\overline{X} = -1) = \frac{1}{3} \times \frac{1}{3} = \frac{1}{9}$

$\overline{X} = -\frac{1}{2}$인 경우는 순서쌍 (X_1, X_2)가 $(-1, 0)$ 또는 $(0, -1)$일 때이므로

$P\left(\overline{X} = -\frac{1}{2}\right) = \frac{1}{3} \times \frac{1}{2} + \frac{1}{2} \times \frac{1}{3} = \frac{1}{3}$

$\overline{X} = 0$인 경우는 순서쌍 (X_1, X_2)가 $(0, 0)$ 또는 $(-1, 1)$ 또는 $(1, -1)$일 때이므로

$P(\overline{X} = 0) = \frac{1}{2} \times \frac{1}{2} + \frac{1}{3} \times \frac{1}{6} + \frac{1}{6} \times \frac{1}{3} = \frac{13}{36}$

$\therefore P(\overline{X} \le 0) = P(\overline{X} = -1) + P\left(\overline{X} = -\frac{1}{2}\right) + P(\overline{X} = 0)$

$= \frac{1}{9} + \frac{1}{3} + \frac{13}{36} = \frac{29}{36}$

(ii) $E(X) = (-1) \times \frac{1}{3} + 0 \times \frac{1}{2} + 1 \times \frac{1}{6} = -\frac{1}{6}$이므로

$E(\overline{X}) = E(X) = -\frac{1}{6}$

$\therefore E\left(\frac{1}{a}\overline{X}\right) = E(2\overline{X}) = 2E(\overline{X}) = 2 \times \left(-\frac{1}{6}\right) = -\frac{1}{3}$

(i), (ii)에 의하여

$P(\overline{X} \le 0) + E\left(\frac{1}{a}\overline{X}\right) = \frac{29}{36} + \left(-\frac{1}{3}\right) = \frac{17}{36}$

답 ④

200

전략 확률밀도함수의 성질과 그래프의 대칭성을 이용한다.

$f(-1)=f(1)=0$이고, $-1\le X\le 3$에서 $f(x)\ge 0$이어야 하므로
$a<0$

$\mathrm{P}(-1\le X\le 0)=\frac{1}{2}\times 1\times(-a)=\frac{2}{5}$이므로

$a=-\frac{4}{5}$

$1\le x\le 3$에서 $f(x)=bf(2-x)$이므로 함수 $y=f(x)$의 그래프의 $1\le x\le 3$인 부분은 $-1\le x\le 1$인 부분을 y축에 대하여 대칭이동한 후 x축의 방향으로 2만큼 평행이동한 다음 y축의 방향으로 b배 한 것이다.

함수 $f(x)=a|x|-a$의 그래프는 y축에 대하여 대칭이므로

$\mathrm{P}(-1\le X\le 0)=\frac{2}{5}$에서

$\mathrm{P}(-1\le X\le 1)=\frac{4}{5}$

이때 확률밀도함수 $y=f(x)$의 그래프와 x축으로 둘러싸인 부분의 넓이는 1이므로

$\mathrm{P}(1\le X\le 3)=\frac{1}{5}$

따라서 $\frac{1}{2}\times 2\times(-ab)=\frac{1}{5}$이므로

$ab=-\frac{1}{5}\qquad \therefore b=-\frac{1}{5}\times\frac{1}{a}=\frac{1}{4}$

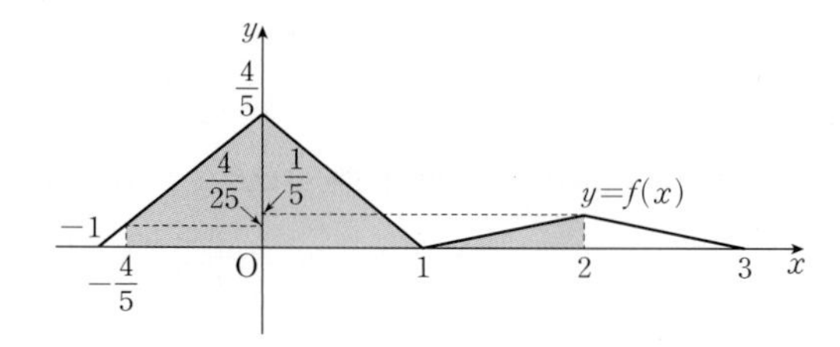

함수 $f(x)$의 그래프는 위의 그림과 같으므로

$\mathrm{P}(a\le X\le 8b)$

$=\mathrm{P}\left(-\frac{4}{5}\le X\le 2\right)$

$=\mathrm{P}\left(-\frac{4}{5}\le X\le 0\right)+\mathrm{P}(0\le X\le 1)+\mathrm{P}(1\le X\le 2)$

$=\left(\frac{1}{2}\times 1\times\frac{4}{5}-\frac{1}{2}\times\frac{1}{5}\times\frac{4}{25}\right)+\frac{1}{2}\times 1\times\frac{4}{5}+\frac{1}{2}\times 1\times\frac{1}{5}$

$=\frac{48}{125}+\frac{2}{5}+\frac{1}{10}=\frac{221}{250}$ 답 ①

201

전략 정규분포를 이용하여 한 상자가 주어진 조건을 만족시킬 확률을 구한 다음, 독립시행의 확률을 이용한다.

우유 1팩의 무게를 X g이라 하면 확률변수 X는 정규분포 $\mathrm{N}(120,\ 3^2)$을 따르므로 크기가 9인 표본의 표본평균을 $\overline{X}$ g이라 하면 $\overline{X}$는 정규분포 $\mathrm{N}\left(120,\ \frac{3^2}{9}\right)$, 즉 $\mathrm{N}(120,\ 1^2)$을 따른다.

따라서 $Z=\overline{X}-120$으로 놓으면 확률변수 Z는 표준정규분포 $\mathrm{N}(0,\ 1)$을 따르므로 상자의 무게가 1074.6 g 이상 1089.9 g 이하일 확률은

$\mathrm{P}(1074.6\le 9\overline{X}\le 1089.9)=\mathrm{P}(119.4\le\overline{X}\le 121.1)$

$=\mathrm{P}(-0.6\le Z\le 1.1)$

$=\mathrm{P}(0\le Z\le 0.6)+\mathrm{P}(0\le Z\le 1.1)$

$=0.2257+0.3643$

$=0.59$

따라서 두 상자 모두 1074.6 g 이상이고 1089.9 g 이하일 확률은

${}_2\mathrm{C}_2\times(0.59)^2=0.3481$ 답 ②

202

전략 신뢰구간의 정의를 이용한다.

모표준편차가 5, 크기가 n이므로 표본평균의 값을 $\bar{x}$라 하면 모평균 m에 대한 신뢰도 95 %의 신뢰구간은

$\bar{x}-1.96\times\frac{5}{\sqrt{n}}\le m\le\bar{x}+1.96\times\frac{5}{\sqrt{n}}$

$\therefore \bar{x}-\frac{9.8}{\sqrt{n}}\le m\le\bar{x}+\frac{9.8}{\sqrt{n}}$

이때 $\bar{x}$가 정수이므로 이 신뢰구간에 포함된 정수의 개수가 7이기 위해서는 $3\le\frac{9.8}{\sqrt{n}}<4$이어야 한다.

즉, $\frac{9.8}{4}<\sqrt{n}\le\frac{9.8}{3}$이므로

$2.45<\sqrt{n}\le\frac{9.8}{3}$

$\therefore 6.0025<n\le\frac{96.04}{9}$

따라서 자연수 n은 7, 8, 9, 10의 4개이다. 답 ②

203

전략 한 상자에 들어가는 포도 4송이의 무게 X_1, X_2, X_3, X_4에 대하여 $X_1+X_2+X_3+X_4=4\overline{X}$임을 이용한다.

이 과수원에서 생산하는 포도 한 송이의 무게를 X g이라 하면 확률변수 X는 정규분포 $\mathrm{N}(852,\ 12^2)$을 따르므로 이 과수원에서 판매하는 포도 한 상자에 담긴 포도 4송이의 무게의 평균을 $\overline{X}$ g이라 하면 표본평균 $\overline{X}$는 정규분포 $\mathrm{N}\left(852,\ \frac{12^2}{4}\right)$, 즉 $\mathrm{N}(852,\ 6^2)$을 따른다.

따라서 $Z=\frac{\overline{X}-852}{6}$로 놓으면 확률변수 Z는 표준정규분포 $\mathrm{N}(0,\ 1)$을 따르므로 포도 1상자가 1등급으로 판정될 확률은

$\mathrm{P}(4\overline{X}\ge M)=\mathrm{P}\left(\overline{X}\ge\frac{M}{4}\right)$

$=\mathrm{P}\left(Z\ge\frac{\frac{M}{4}-852}{6}\right)$

$=\mathrm{P}\left(Z\ge\frac{M-3408}{24}\right)$

$\therefore \mathrm{P}\left(Z\ge\frac{M-3408}{24}\right)=0.0668$

이때 $0.06668=0.5-0.4332$이므로

$$P\left(Z\ge\frac{M-3408}{24}\right)=P(Z\ge0)-P(0\le Z\le1.5)$$
$$=P(Z\ge1.5)$$

따라서 $\frac{M-3408}{24}=1.5$이므로

$M-3408=36$

$\therefore M=3444$

답 ⑤

204

전략 확률의 합이 1임을 이용하여 확률질량함수를 구하고, 기댓값의 정의를 이용한다.

$$P(Y=2x)=a\times P(X=x)+\frac{a}{(2x-1)(2x+1)}\ (x=1,\ 2,\ 3)$$

에서

$$\sum_{x=1}^{3}P(Y=2x)=a\sum_{x=1}^{3}P(X=x)+\sum_{x=1}^{3}\frac{a}{(2x-1)(2x+1)}\quad\cdots\cdots ㉠$$

이때 확률질량함수의 성질에 의하여

$\sum_{x=1}^{3}P(Y=2x)=\sum_{x=1}^{3}P(X=x)=1$이고

$$\sum_{x=1}^{3}\frac{a}{(2x-1)(2x+1)}=\frac{a}{2}\sum_{x=1}^{3}\left(\frac{1}{2x-1}-\frac{1}{2x+1}\right)$$
$$=\frac{a}{2}\left\{\left(\frac{1}{1}-\frac{1}{3}\right)+\left(\frac{1}{3}-\frac{1}{5}\right)+\left(\frac{1}{5}-\frac{1}{7}\right)\right\}$$
$$=\frac{a}{2}\left(1-\frac{1}{7}\right)=\frac{3}{7}a$$

이므로 ㉠에서

$1=a+\frac{3}{7}a$

$\therefore a=\frac{7}{10}$

또, $E(X)=\sum_{x=1}^{3}xP(X=x)=\frac{12}{5}$이므로

$$E(Y)=\sum_{x=1}^{3}\{2xP(Y=2x)\}$$
$$=a\sum_{x=1}^{3}\{2xP(X=x)\}+\sum_{x=1}^{3}\frac{a\times2x}{(2x-1)(2x+1)}$$
$$=2a\sum_{x=1}^{3}\{xP(X=x)\}+2a\sum_{x=1}^{3}\frac{x}{(2x-1)(2x+1)}$$
$$=2aE(X)+2a\left(\frac{1}{3}+\frac{2}{15}+\frac{3}{35}\right)$$
$$=2a\left(\frac{12}{5}+\frac{1}{3}+\frac{2}{15}+\frac{3}{35}\right)$$
$$=2\times\frac{7}{10}\times\frac{62}{21}=\frac{62}{15}\ \left(\because a=\frac{7}{10}\right)$$

$$\therefore E\left(3Y+\frac{3}{5}\right)=3E(Y)+\frac{3}{5}$$
$$=3\times\frac{62}{15}+\frac{3}{5}=13$$

답 ③

205

전략 신뢰구간의 정의를 이용한다.

첫 번째 표본에서 모표준편차는 σ, 표본의 크기는 16이므로 표본평균의 값을 $\overline{x_1}$이라 하면 모평균 m에 대한 신뢰도 95 %의 신뢰구간은

$$\overline{x_1}-1.96\times\frac{\sigma}{\sqrt{16}}\le m\le\overline{x_1}+1.96\times\frac{\sigma}{\sqrt{16}}$$

즉, $a=\overline{x_1}-0.49\sigma$, $b=\overline{x_1}+0.49\sigma$이므로

$b-a=0.98\sigma$

두 번째 표본에서 모표준편차는 σ, 표본의 크기는 n이므로 표본평균의 값을 $\overline{x_2}$라 하면 모평균 m에 대한 신뢰도 99 %의 신뢰구간은

$$\overline{x_2}-2.58\times\frac{\sigma}{\sqrt{n}}\le m\le\overline{x_2}+2.58\times\frac{\sigma}{\sqrt{n}}$$

즉, $c=\overline{x_2}-2.58\times\frac{\sigma}{\sqrt{n}}$, $d=\overline{x_2}+2.58\times\frac{\sigma}{\sqrt{n}}$이므로

$$d-c=2\times2.58\times\frac{\sigma}{\sqrt{n}}$$

이때 $\frac{d-c}{b-a}=\frac{2\times2.58\times\frac{\sigma}{\sqrt{n}}}{0.98\sigma}=\frac{43}{49}$에서

$\frac{258}{49\sqrt{n}}=\frac{43}{49}$, $\sqrt{n}=6$

$\therefore n=36$

답 ②

206

전략 X, $\overline{X}$를 각각 표준화하고 정규분포 곡선의 대칭성을 이용한다.

모집단의 확률변수 X가 정규분포 $N(m,\ \sigma^2)$을 따르므로 크기가 n인 표본의 표본평균 $\overline{X}$는 정규분포 $N\left(m,\ \frac{\sigma^2}{n}\right)$을 따른다.

조건 (가)에서 $P(X\ge14)+P(\overline{X}\ge14)=1$이므로

$m=14$

또한, $Z_X=\frac{X-14}{\sigma}$, $Z_{\overline{X}}=\frac{\overline{X}-14}{\frac{\sigma}{\sqrt{n}}}$로 놓으면 확률변수 Z_X, $Z_{\overline{X}}$는 모두 표준정규분포 $N(0,\ 1)$을 따른다.

조건 (나)에서 $P(X\ge20)+P(\overline{X}\ge12)=1$이므로

$$P\left(Z_X\ge\frac{20-14}{\sigma}\right)+P\left(Z_{\overline{X}}\ge\frac{12-14}{\frac{\sigma}{\sqrt{n}}}\right)=1$$

$$P\left(Z_X\ge\frac{6}{\sigma}\right)+P\left(Z_{\overline{X}}\ge-\frac{2\sqrt{n}}{\sigma}\right)=1$$

즉, $\frac{6}{\sigma}=\frac{2\sqrt{n}}{\sigma}$이므로

$\sqrt{n}=3\quad\therefore n=9$

조건 (다)에서 $P(\overline{X}\ge13)=0.8413$이고

$0.8413=0.5+0.3413$이므로

$$P(\overline{X}\ge13)=P(Z\le0)+P(0\le Z\le1.0)$$
$$=P(Z\le1.0)$$

즉, $\frac{13-14}{\frac{\sigma}{\sqrt{9}}}=1.0$이므로

$\frac{3}{\sigma}=1 \qquad \therefore \sigma=3$

$\therefore \mathrm{P}(\overline{X}\ge 16)=\mathrm{P}\left(Z_{\overline{X}}\ge \frac{16-14}{\frac{3}{\sqrt{9}}}\right)=\mathrm{P}(Z_{\overline{X}}\ge 2)$

$=\mathrm{P}(Z_{\overline{X}}\ge 0)-\mathrm{P}(0\le Z_{\overline{X}}\le 2)$

$=0.5-0.4772=0.0228$ 답 ①

참고 조건 (가)에서 $\mathrm{P}\left(Z_X\ge \frac{14-m}{\sigma}\right)+\mathrm{P}\left(Z_{\overline{X}}\ge \frac{14-m}{\frac{\sigma}{\sqrt{n}}}\right)=1$이므로

$-\frac{14-m}{\sigma}=\frac{14-m}{\frac{\sigma}{\sqrt{n}}}$

$\frac{14-m}{\sigma}\times(\sqrt{n}+1)=0$에서

$14-m=0 \qquad \therefore m=14$

207

전략 정규분포를 이용하여 주스용 수박으로 분류될 확률을 구한 다음 조건부 확률을 구한다.

A 농장의 수박 1개의 무게를 X kg, B 농장의 수박 1개의 무게를 Y kg이라 하면 두 확률변수 X, Y는 각각 정규분포 $\mathrm{N}(7.8,\ 0.4^2)$, $\mathrm{N}(8.2,\ 0.6^2)$을 따른다.

$Z_X=\frac{X-7.8}{0.4}$, $Z_Y=\frac{Y-8.2}{0.6}$로 놓으면 확률변수 Z_X, Z_Y는 표준정규분포 $\mathrm{N}(0,\ 1)$을 따른다.

A 농장의 수박이 주스용으로 분류될 확률은

$\mathrm{P}(X\le 7)=\mathrm{P}\left(Z_X\le \frac{7-7.8}{0.4}\right)$

$=\mathrm{P}(Z_X\le -2)=\mathrm{P}(Z_X\ge 2)$

$=\mathrm{P}(Z_X\ge 0)-\mathrm{P}(0\le Z_X\le 2)$

$=0.5-0.48=0.02$

B 농장의 수박이 주스용으로 분류될 확률은

$\mathrm{P}(Y\le 7.3)=\mathrm{P}\left(Z_Y\le \frac{7.3-8.2}{0.6}\right)$

$=\mathrm{P}(Z_Y\le -1.5)=\mathrm{P}(Z_Y\ge 1.5)$

$=\mathrm{P}(Z_Y\ge 0)-\mathrm{P}(0\le Z_Y\le 1.5)$

$=0.5-0.43=0.07$

임의로 A, B 두 농장 중 한 군데에서 구매한 수박 1개가 주스용 수박인 사건을 E, 구매한 수박이 A 농장의 수박인 사건을 A라 하면

$\mathrm{P}(A\cap E)=\mathrm{P}(A)\mathrm{P}(E|A)=\frac{1}{2}\times 0.02=0.01$

$\mathrm{P}(A^C\cap E)=\mathrm{P}(A^C)\mathrm{P}(E|A^C)=\frac{1}{2}\times 0.07=0.035$

$\therefore \mathrm{P}(E)=\mathrm{P}(A\cap E)+\mathrm{P}(A^C\cap E)$

$=0.01+0.035=0.045$

따라서 구하는 확률은

$\mathrm{P}(A|E)=\frac{\mathrm{P}(A\cap E)}{\mathrm{P}(E)}=\frac{0.01}{0.045}=\frac{10}{45}=\frac{2}{9}$ 답 ①

208

전략 이항분포와 정규분포의 관계를 이용한다.

abc가 4의 배수인 사건을 A라 하면 A^C은 abc가 홀수이거나 abc가 2의 배수이지만 4의 배수는 아닌 사건이다.

(i) abc가 홀수인 경우

a, b, c가 모두 홀수이어야 하므로 이 확률은

$\frac{{}_5\mathrm{C}_3}{{}_9\mathrm{C}_3}=\frac{5}{42}$

(ii) abc가 2의 배수이지만 4의 배수는 아닌 경우

a, b, c 중에서 2개는 홀수이고 나머지는 2 또는 6이어야 하므로 확률은

$\frac{{}_5\mathrm{C}_2\times{}_2\mathrm{C}_1}{{}_9\mathrm{C}_3}=\frac{10\times 2}{84}=\frac{5}{21}$

(i), (ii)에 의하여

$\mathrm{P}(A^C)=\frac{5}{42}+\frac{5}{21}=\frac{5}{14}$

$\therefore \mathrm{P}(A)=1-\mathrm{P}(A^C)$

$=1-\frac{5}{14}=\frac{9}{14}$

따라서 확률변수 X는 이항분포 $\mathrm{B}\left(980,\ \frac{9}{14}\right)$를 따르므로

$\mathrm{E}(X)=980\times\frac{9}{14}=630$, $\mathrm{V}(X)=980\times\frac{9}{14}\times\frac{5}{14}=15^2$

이때 980은 충분히 큰 수이므로 확률변수 X는 근사적으로 정규분포 $\mathrm{N}(630,\ 15^2)$을 따른다.

$Z=\frac{X-630}{15}$으로 놓으면 확률변수 Z는 표준정규분포 $\mathrm{N}(0,\ 1)$을 따르므로 구하는 확률은

$\mathrm{P}(624\le X\le 657)=\mathrm{P}\left(\frac{624-630}{15}\le Z\le \frac{657-630}{15}\right)$

$=\mathrm{P}(-0.4\le Z\le 1.8)$

$=\mathrm{P}(0\le Z\le 0.4)+\mathrm{P}(0\le Z\le 1.8)$

$=0.1554+0.4641=0.6195$ 답 ③

미니 모의고사

1회 미니 모의고사

본문 82~85쪽

1 ②	2 63	3 ③	4 ③	5 ②
6 ⑤	7 ⑤	8 ①	9 150	10 ④

1

전략 여사건의 확률을 이용한다.

꺼낸 세 공에 적힌 수의 곱이 짝수인 사건을 A라 하면 A^C은 곱이 홀수인 사건이므로 세 공에 적힌 수가 모두 홀수인 사건이다.

$\therefore \mathrm{P}(A^C)=\frac{{}_6\mathrm{C}_3}{{}_9\mathrm{C}_3}=\frac{20}{84}=\frac{5}{21}$

따라서 구하는 확률은

$\mathrm{P}(A)=1-\mathrm{P}(A^C)=1-\frac{5}{21}=\frac{16}{21}$ 답 ②

2

전략 중복조합을 이용하여 경우의 수를 구한다.

짝수 2, 4에서 중복을 허락하여 2개를 선택하는 경우의 수는

${}_2\mathrm{H}_2={}_3\mathrm{C}_2={}_3\mathrm{C}_1=3$

홀수 1, 3, 5에서 중복을 허락하여 5개를 선택하는 경우의 수는

${}_3\mathrm{H}_5={}_7\mathrm{C}_5={}_7\mathrm{C}_2=21$

따라서 구하는 경우의 수는 $3\times21=63$ 답 63

3

전략 조건부확률을 이용하여 a, b에 대한 식을 세운다.

학생 200명을 대상으로 조사한 결과이므로

$10a+b+(48-2a)+(b-8)=200$

$\therefore 4a+b=80$ ...... ㉠

조사에 참여한 학생 중 임의로 선택한 1명의 학생이 남학생인 사건을 X, 휴대폰 요금제 A를 선택한 사건을 Y라 하면

$\mathrm{P}(Y|X)=\frac{\mathrm{P}(X\cap Y)}{\mathrm{P}(X)}=\frac{\frac{10a}{200}}{\frac{10a+b}{200}}=\frac{5}{8}$

$5(10a+b)=80a$ $\therefore b=6a$ ...... ㉡

㉠, ㉡을 연립하여 풀면 $a=8$, $b=48$이므로

$b-a=40$ 답 ③

4

전략 주어진 조건을 이용하여 신뢰구간을 구한다.

첫 번째 표본에서 모표준편차는 σ, 표본의 크기는 n이고 모평균 m에 대한 신뢰도 95 %의 신뢰구간이 $6.6608\le m\le6.9389$이므로

$2\times1.96\times\frac{\sigma}{\sqrt{n}}=6.9389-6.6608=0.2781$

한편, 두 번째 표본에서 모표준편차는 σ, 표본의 크기는 $9n$이고 모평균 m에 대한 신뢰도 95 %의 신뢰구간이 $\alpha\le m\le\beta$이므로

$$\beta-\alpha=2\times1.96\times\frac{\sigma}{\sqrt{9n}}=2\times1.96\times\frac{\sigma}{\sqrt{n}}\times\frac{1}{3}=\frac{0.2781}{3}=0.0927$$

답 ③

5

전략 두 정규분포 곡선의 모양이 일치함을 이용하여 m_1과 m_2 사이의 관계식을 구한다.

$\sigma_1=\sigma_2$에서 확률변수 X, Y는 표준편차가 같은 정규분포를 따르고, $f(24)=g(28)$이므로 조건 ㈎에 의하여

$m_1<24<28<m_2$

따라서 확률밀도함수 $f(x)$, $g(x)$의 그래프의 개형은 다음과 같다.

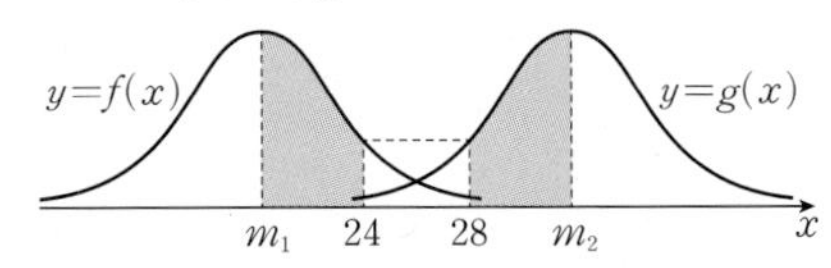

즉, $\mathrm{P}(m_1\le X\le24)=\mathrm{P}(28\le Y\le m_2)$이므로

$\mathrm{P}(m_1\le X\le24)=\mathrm{P}(28\le Y\le m_2)=\frac{1}{2}\times0.9544=0.4772$

$Z_X=\frac{X-m_1}{\sigma_1}$, $Z_Y=\frac{Y-m_2}{\sigma_2}$로 놓으면 확률변수 Z_X, Z_Y는 모두 표준정규분포 $\mathrm{N}(0, 1)$을 따르므로

$\mathrm{P}\left(0\le Z_X\le\frac{24-m_1}{\sigma_1}\right)=\mathrm{P}\left(\frac{28-m_2}{\sigma_2}\le Z_Y\le0\right)=0.4772$

이때 $\mathrm{P}(0\le Z\le2)=0.4772$이므로

$\frac{24-m_1}{\sigma_1}=2$, $\frac{28-m_2}{\sigma_2}=-2$

$\therefore 24-m_1=2\sigma_1$, $m_2-28=2\sigma_2$ ...... ㉠

조건 ㈏에서 $\mathrm{P}(Y\ge36)=1-\mathrm{P}(X\le24)$이므로

$\mathrm{P}\left(Z_Y\ge\frac{36-m_2}{\sigma_2}\right)=1-\mathrm{P}(Z\le2)=\mathrm{P}(Z\ge2)$

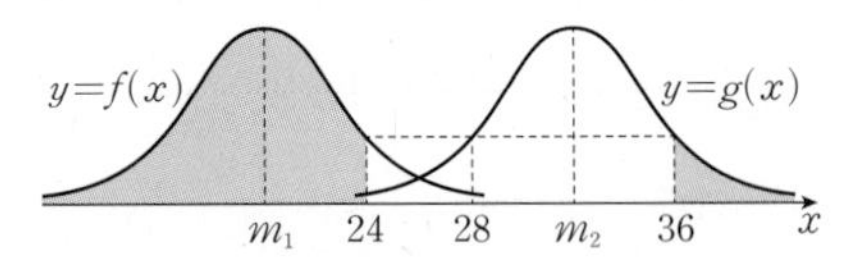

즉, $\frac{36-m_2}{\sigma_2}=2$이므로 $36-m_2=2\sigma_2$ ...... ㉡

㉠, ㉡에 의하여

$m_2-28=36-m_2$ $\therefore m_2=32$

$m_2=32$를 ㉡에 대입하여 풀면 $\sigma=2$

$\sigma_1=\sigma_2=2$이므로 ㉠에서 $m_1=20$

$$\therefore \mathrm{P}(18\le X\le21)=\mathrm{P}\left(\frac{18-20}{2}\le Z_X\le\frac{21-20}{2}\right)=\mathrm{P}(-1\le Z_X\le0.5)=\mathrm{P}(0\le Z\le1)+\mathrm{P}(0\le Z\le0.5)=0.3413+0.1915=0.5328$$

답 ②

6

전략 $f(4)$의 값에 따라 경우를 나누어 조건을 만족시키는 함수의 개수를 구한다.

(i) $f(4)=1$인 경우

조건 ㈎에 의하여 $f(1)+f(2)+f(3)\ge 3$

조건 ㈏에 의하여 $f(1)$, $f(2)$, $f(3)$의 값을 정하는 경우의 수는 2, 3, 4 중에서 중복을 허락하여 3개를 선택하는 중복순열의 수와 같으므로 이 경우의 함수의 개수는

${}_3\Pi_3=3^3=27$

(ii) $f(4)=2$인 경우

조건 ㈎에 의하여 $f(1)+f(2)+f(3)\ge 6$

조건 ㈏에 의하여 $f(1)$, $f(2)$, $f(3)$의 값을 정하는 경우의 수는 1, 3, 4 중에서 중복을 허락하여 3개를 선택하는 중복순열의 수와 같으므로

${}_3\Pi_3=3^3=27$

이때 $1+1+1=3$, $1+1+3=5$이므로 $f(1)$, $f(2)$, $f(3)$의 값이 1, 1, 1 또는 1, 1, 3 또는 1, 3, 1 또는 3, 1, 1 인 경우를 제외해야 한다.

따라서 이 경우의 함수의 개수는

$27-4=23$

(iii) $f(4)=3$인 경우

조건 ㈎에 의하여 $f(1)+f(2)+f(3)\ge 9$

조건 ㈏에 의하여 $f(1)$, $f(2)$, $f(3)$의 값은 1, 2, 4 중에서 택해야 하고, 이때

$4+4+4=12$, $4+4+2=10$, $4+4+1=9$

인 경우만 조건을 만족시키므로 이 경우의 함수의 개수는

$1+\dfrac{3!}{2!}+\dfrac{3!}{2!}=7$

(iv) $f(4)=4$인 경우

조건 ㈎에 의하여 $f(1)+f(2)+f(3)\ge 12$

조건 ㈏에 의하여 $f(1)$, $f(2)$, $f(3)$의 값은 1, 2, 3 중에서 택해야 하는데

$f(1)+f(2)+f(3)\le 3+3+3=9$

이므로 조건을 만족시키는 함수는 없다.

(i)~(iv)에 의하여 구하는 함수의 개수는

$27+23+7=57$ 답 ⑤

7

전략 순열의 수를 이용하여 조건을 만족시키는 자연수의 개수를 구한다.

1부터 6까지의 자연수 중 서로 다른 네 수를 택해 일렬로 나열하여 만들 수 있는 모든 자연수의 개수는

${}_6P_4=6\times5\times4\times3=360$

(i) 일의 자리의 수와 십의 자리의 수의 곱이 6인 경우

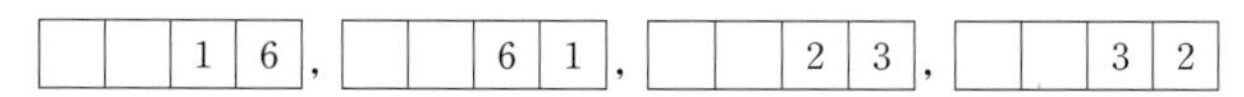

이 경우의 자연수의 개수는

$4\times{}_4P_2=4\times(4\times3)=48$

(ii) 십의 자리의 수와 백의 자리의 수의 합이 6인 경우

[ ][1][5][ ], [ ][5][1][ ], [ ][2][4][ ], [ ][4][2][ ]

이 경우의 자연수의 개수는

$4\times{}_4P_2=4\times(4\times3)=48$

(iii) 일의 자리의 수와 십의 자리의 수의 곱이 6이고 십의 자리의 수와 백의 자리의 수의 합이 6인 경우

[ ][4][2][3], [ ][5][1][6]

이 경우의 자연수의 개수는

$2\times3=6$

(i), (ii), (iii)에 의하여 조건을 만족시키는 자연수의 개수는

$48+48-6=90$

따라서 구하는 확률은 $\dfrac{90}{360}=\dfrac{1}{4}$ 답 ⑤

8

전략 이항정리를 이용하여 항의 계수를 구한다.

$\dfrac{(1+x)^m(1+x^2)^4}{x^2}$의 전개식에서 $\dfrac{1}{x}$의 계수는

$(1+x)^m(1+x^2)^4$의 전개식에서 x의 계수와 같다.

$(1+x)^m$의 일반항은

${}_mC_r x^r$ (단, $r=0, 1, 2, \cdots, m$)

$(1+x^2)^4$의 일반항은

${}_4C_s x^{2s}$ (단, $s=0, 1, 2, 3, 4$)

즉, $(1+x)^m(1+x^2)^4$의 전개식의 일반항은

${}_mC_r x^r\times{}_4C_s x^{2s}={}_mC_r\times{}_4C_s x^{r+2s}$

이때 $(1+x)^m(1+x^2)^m$의 전개식에서 x항은 $r+2s=1$, 즉 $r=1$, $s=0$일 때이므로

${}_mC_1\times{}_4C_0=m\times1=5$ $\quad\therefore m=5$

또한, $\dfrac{(1+x)^5(1+x^2)^4}{x^2}$의 전개식에서 x의 계수는

$(1+x)^5(1+x^2)^4$의 전개식에서 x^3의 계수와 같다.

$(1+x)^5(1+x^2)^4$의 전개식에서 x^3항은 $r+2s=3$, 즉 $r=1$, $s=1$ 또는 $r=3$, $s=0$일 때이므로 구하는 계수는

${}_5C_1\times{}_4C_1+{}_5C_3\times{}_4C_0=5\times4+10\times1=30$ 답 ①

9

전략 같은 것이 있는 순열을 이용하여 조건을 만족시키는 자연수의 개수를 구한다.

일의 자리와 백의 자리의 수가 1일 때, 나머지 네 자리에 2와 3이 적어도 하나씩 포함되도록 나열하는 경우는 다음과 같다.

(i) 1, 1, 2, 3을 나열하는 경우

4개의 숫자를 나열하는 경우의 수는

$\dfrac{4!}{2!}=12$

(ii) 1, 2, 2, 3 또는 1, 2, 3, 3을 나열하는 경우

4개의 숫자를 나열하는 경우의 수는 $\frac{4!}{2!}=12$이므로 이 경우의 수는

$2\times 12=24$

(iii) 2, 2, 2, 3 또는 2, 3, 3, 3을 나열하는 경우

4개의 숫자를 나열하는 경우의 수는 $\frac{4!}{3!}=4$이므로 이 경우의 수는

$2\times 4=8$

(iv) 2, 2, 3, 3을 나열하는 경우

4개의 숫자를 나열하는 경우의 수는

$\frac{4!}{2!\times 2!}=6$

(i)~(iv)에 의하여 일의 자리의 수와 백의 자리의 수가 1인 경우의 수는

$12+24+8+6=50$

일의 자리와 백의 자리의 수가 2인 경우의 수와 3인 경우의 수도 각각 50이므로 구하는 자연수의 개수는

$3\times 50=150$ 답 150

10

전략 확률변수 X의 확률분포를 구한다.

면접 순서가 1번인 학생이 좌석 번호가 홀수인 의자에 앉는 경우는 좌석 번호가 1 또는 3인 의자에 앉는 경우이다.

면접 순서가 1번인 학생이 좌석 번호가 1번이 붙은 의자에 앉을 때, 나머지 세 학생이 의자에 앉는 경우의 수는

$3!=6$

면접 순서가 1번인 학생은 좌석 번호가 3번이 붙은 의자에 앉을 때, 나머지 세 학생이 의자에 앉는 경우의 수는

$3!=6$

이므로 모든 경우의 수는

$6+6=12$

좌석번호와 면접 순서가 일치하는 학생 수가 확률변수 X이므로 12가지 경우에 대하여 X의 값을 조사하면 다음과 같다.

좌석 번호	1번	2번	3번	4번	X
면접 순서	1번 학생	2번 학생	3번 학생	4번 학생	4
	1번 학생	2번 학생	4번 학생	3번 학생	2
	1번 학생	3번 학생	2번 학생	4번 학생	2
	1번 학생	3번 학생	4번 학생	2번 학생	1
	1번 학생	4번 학생	2번 학생	3번 학생	1
	1번 학생	4번 학생	3번 학생	2번 학생	2
	2번 학생	3번 학생	1번 학생	4번 학생	1
	2번 학생	4번 학생	1번 학생	3번 학생	0
	3번 학생	2번 학생	1번 학생	4번 학생	2
	3번 학생	4번 학생	1번 학생	2번 학생	0
	4번 학생	2번 학생	1번 학생	3번 학생	1
	4번 학생	3번 학생	1번 학생	2번 학생	0

$\therefore \mathrm{P}(X=0)=\frac{3}{12}=\frac{1}{4}$

$\mathrm{P}(X=1)=\frac{4}{12}=\frac{1}{3}$

$\mathrm{P}(X=2)=\frac{4}{12}=\frac{1}{3}$

$\mathrm{P}(X=4)=\frac{1}{12}$

확률변수 X의 확률분포를 표로 나타내면 다음과 같다.

X	0	1	2	4	합계
$\mathrm{P}(X=x)$	$\frac{1}{4}$	$\frac{1}{3}$	$\frac{1}{3}$	$\frac{1}{12}$	1

$\mathrm{E}(X)=0\times\frac{1}{4}+1\times\frac{1}{3}+2\times\frac{1}{3}+4\times\frac{1}{12}$

$=\frac{4}{3}$

$\mathrm{E}(X^2)=0^2\times\frac{1}{4}+1^2\times\frac{1}{3}+2^2\times\frac{1}{3}+4^2\times\frac{1}{12}$

$=3$

$\therefore \mathrm{V}(X)=\mathrm{E}(X^2)-\{\mathrm{E}(X)\}^2$

$=3-\left(\frac{4}{3}\right)^2=\frac{11}{9}$ 답 ④

2회 미니 모의고사

본문 86~89쪽

1 ④	2 ④	3 491	4 ④	5 ⑤
6 ①	7 546	8 ③	9 8	10 8

1

전략 사건 E가 일어날 확률을 이용하여 확률변수 X의 확률분포를 구한다.

두 주사위 A, B를 동시에 던질 때 나오는 경우의 수는

$6\times 6=36$

$10a+b$가 4의 배수가 되는 a, b의 순서쌍 (a, b)는

$(1, 2)$, $(1, 6)$, $(2, 4)$, $(3, 2)$, $(3, 6)$, $(4, 4)$, $(5, 2)$, $(5, 6)$, $(6, 4)$

의 9가지이므로 사건 E가 일어날 확률은

$\frac{9}{36}=\frac{1}{4}$

n번의 시행에서 사건 E가 일어나는 횟수가 X이므로 확률변수 X는 이항분포 $\mathrm{B}\left(n, \frac{1}{4}\right)$을 따른다.

$\therefore \mathrm{E}(X)=n\times\frac{1}{4}=\frac{n}{4}$, $\mathrm{V}(X)=n\times\frac{1}{4}\times\frac{3}{4}=\frac{3n}{16}$

이때 $\mathrm{E}(X)+\mathrm{V}(X)=112$이므로

$\frac{n}{4}+\frac{3n}{16}=112$, $\frac{7n}{16}=112$

$\therefore n=256$ 답 ④

2

전략 중복조합을 이용하여 조건을 만족시키는 순서쌍의 개수를 구한다.

조건 (가)에서 $x+y+z=10$을 만족시키는 음이 아닌 정수 x, y, z의 순서쌍 (x, y, z)의 개수는

${}_3H_{10}={}_{12}C_{10}={}_{12}C_2=66$

이때 $y+z=0$인 순서쌍 (x, y, z)의 개수는 $(10, 0, 0)$의 1이고,

$y+z=10$인 순서쌍 (x, y, z)의 개수는

${}_2H_{10}={}_{11}C_{10}={}_{11}C_1=11$

이므로 조건 (나)를 만족시키지 않는 순서쌍의 개수는

$1+11=12$

따라서 구하는 순서쌍 (x, y, z)의 개수는

$66-12=54$

답 ④

3

전략 여사건의 확률과 확률의 곱셈정리를 이용한다.

첫 번째 시행에서 검은 공만 꺼낼 확률은

$\frac{{}_5C_3}{{}_9C_3}=\frac{10}{84}=\frac{5}{42}$

두 번째 시행에서 검은 공을 적어도 1개 꺼낼 확률은

$1-(\text{흰 공을 3개 꺼낼 확률})=1-\frac{{}_4C_3}{{}_9C_3}$

$=1-\frac{4}{84}=\frac{20}{21}$

따라서 구하는 확률은

$\frac{5}{42}\times\frac{20}{21}=\frac{50}{441}$

이므로 $p=441$, $q=50$

$\therefore p+q=441+50=491$

답 491

4

전략 두 수의 합이 짝수이려면 두 수가 모두 홀수이거나 짝수이어야 함을 이용하여 경우의 수를 구한다.

1부터 9까지 적힌 9장의 카드를 일렬로 나열하는 경우의 수는

$9!$

처음과 마지막에 나열된 카드에 적힌 두 수의 합이 짝수인 경우는 처음과 마지막에 모두 홀수가 적힌 카드를 나열하거나 모두 짝수가 적힌 카드를 나열하는 경우이다.

(i) 처음과 마지막에 모두 홀수가 적힌 카드를 나열하는 경우

처음과 마지막에 모두 홀수가 적힌 카드를 나열하는 경우의 수는

${}_5P_2=5\times4=20$

이 각각에 대하여 처음과 마지막에 나열된 카드를 제외한 나머지 7개의 카드를 일렬로 나열하는 경우의 수는 $7!$

이므로 이 경우의 수는

$20\times7!$

(ii) 처음과 마지막에 모두 짝수가 적힌 카드를 나열하는 경우

처음과 마지막에 모두 짝수가 적힌 카드를 나열하는 경우의 수는

${}_4P_2=4\times3=12$

이 각각에 대하여 처음과 마지막에 나열된 카드를 제외한 나머지 7개의 카드를 일렬로 나열하는 경우의 수는 $7!$

이므로 이 경우의 수는

$12\times7!$

(i), (ii)에 의하여 구하는 확률은

$\frac{20\times7!+12\times7!}{9!}=\frac{32\times7!}{9!}=\frac{32}{72}=\frac{4}{9}$

답 ④

5

전략 조건부확률을 이용한다.

8개의 공 중에서 3개의 공을 동시에 꺼내는 경우의 수는

${}_8C_3=56$

$a+b+c$가 짝수인 사건을 A, a가 홀수인 사건을 B라 하면 사건 A는 세 수 a, b, c가 모두 짝수이거나 하나만 짝수인 사건이다.

세 수 a, b, c가 모두 짝수인 경우의 수는

${}_4C_3={}_4C_1=4$

하나만 짝수인 경우의 수는

${}_4C_1\times{}_4C_2=4\times6=24$

$\therefore P(A)=\frac{4+24}{56}=\frac{1}{2}$

한편, $a<b<c$이므로 사건 $A\cap B$는 $a+b+c$가 짝수이면서 a가 1, 3, 5 중 하나인 사건이다.

$a=1$인 경우의 수는 ${}_3C_1\times{}_4C_1=3\times4=12$

$a=3$인 경우의 수는 ${}_2C_1\times{}_3C_1=2\times3=6$

$a=5$인 경우의 수는 ${}_1C_1\times{}_2C_1=1\times2=2$

$\therefore P(A\cap B)=\frac{12+6+2}{56}=\frac{5}{14}$

따라서 구하는 확률은

$$P(B|A)=\frac{P(A\cap B)}{P(A)}=\frac{\frac{5}{14}}{\frac{1}{2}}=\frac{5}{7}$$

답 ⑤

6

전략 모평균에 대한 신뢰구간을 구한다.

25명을 임의추출하여 구한 표본평균의 값이 $\overline{x_1}$이므로 모평균 m에 대한 신뢰도 99 %의 신뢰구간은

$\overline{x_1}-2.58\times\frac{10}{\sqrt{25}}\le m\le\overline{x_1}+2.58\times\frac{10}{\sqrt{25}}$

$\therefore \overline{x_1}-5.16\le m\le\overline{x_1}+5.16$

이 신뢰구간이 $175-a\le m\le175+a$와 일치하므로

$\overline{x_1}=175$, $a=5.16$

한편, 36명을 임의추출하여 구한 표본평균의 값이 $\overline{x_2}$이므로 모평균 m에 대한 신뢰도 99 %의 신뢰구간은

$$\overline{x_2}-2.58\times\frac{10}{\sqrt{36}}\le m\le\overline{x_2}+2.58\times\frac{10}{\sqrt{36}}$$

이 신뢰구간이 $\frac{126}{125}\overline{x_1}-ka\le m\le\frac{126}{125}\overline{x_1}+ka$와 일치하므로

$$\overline{x_2}=\frac{126}{125}\overline{x_1}=\frac{126}{125}\times175=\frac{882}{5}$$

$ka=2.58\times\frac{5}{3}$에서 $a=5.16$이므로

$$k=2.58\times\frac{5}{3}\times\frac{1}{5.16}=\frac{5}{6}$$

$\therefore k\times\overline{x_2}=\frac{5}{6}\times\frac{882}{5}=147$

답 ①

7

전략 세 홀수의 합이 7인 경우를 구하고, 같은 것이 있는 순열의 수를 이용한다.

선택한 7개의 문자 중 A, B, C의 개수를 차례로 a, b, c라 하면 세 수 a, b, c는 모두 홀수이고 그 합이 7이어야 하므로 다음 경우가 있다.

(i) (a, b, c)가 $(1, 1, 5)$인 경우

7개의 문자 A, B, C, C, C, C, C를 일렬로 나열하는 경우의 수는

$\frac{7!}{5!}=42$

(a, b, c)가 $(1, 5, 1)$, $(5, 1, 1)$인 경우의 수도 각각 42이다.

(ii) (a, b, c)가 $(1, 3, 3)$인 경우

7개의 문자 A, B, B, B, C, C, C를 일렬로 나열하는 경우의 수는

$\frac{7!}{3!\times3!}=140$

(a, b, c)가 $(3, 1, 3)$, $(3, 3, 1)$인 경우의 수도 각각 140이다.

(i), (ii)에 의하여 구하는 경우의 수는

$3\times42+3\times140=546$

답 546

8

전략 확률의 덧셈정리를 이용한다.

집합 X에서 집합 Y로의 함수의 개수는

$5^4=625$

(i) $f(3)f(4)=-8$인 경우

순서쌍 $(f(3), f(4))$는

$(-2, 4)$, $(4, -2)$, $(-4, 2)$, $(2, -4)$의 4가지

이때 $f(1)$, $f(2)$의 값이 될 수 있는 것은 -4, -2, 1, 2, 4이므로 이 함수의 개수는

$4\times{}_5\Pi_2=4\times5^2=100$

따라서 이 경우의 확률은 $\frac{100}{625}=\frac{4}{25}$

(ii) $|f(1)f(3)|=4$, 즉 $f(1)f(3)=-4$ 또는 $f(1)f(3)=4$인 경우

순서쌍 $(f(1), f(3))$은

$(-4, 1)$, $(2, -2)$, $(-2, 2)$, $(1, -4)$,

$(1, 4)$, $(-2, -2)$, $(2, 2)$, $(4, 1)$의 8가지

이때 $f(2)$, $f(4)$의 값이 될 수 있는 것은 -4, -2, 1, 2, 4이므로 이 함수의 개수는

$8\times{}_5\Pi_2=8\times5^2=200$

따라서 이 경우의 확률은

$\frac{200}{625}=\frac{8}{25}$

(iii) $f(3)f(4)=-8$이고, $|f(1)f(3)|=4$인 경우

순서쌍 $(f(1), f(3), f(4))$는

$(-2, -2, 4)$, $(-2, 2, -4)$, $(1, -4, 2)$,

$(1, 4, -2)$, $(2, -2, 4)$, $(2, 2, -4)$의 6가지

이때 $f(2)$의 값이 될 수 있는 것은 -4, -2, 1, 2, 4이므로 이 함수의 개수는

$6\times5=30$

따라서 이 경우의 확률은

$\frac{30}{625}=\frac{6}{125}$

(i), (ii), (iii)에 의하여 구하는 확률은

$\frac{4}{25}+\frac{8}{25}-\frac{6}{125}=\frac{54}{125}$

답 ③

9

전략 확률변수 X를 표준화하여 $F(x)$를 m과 σ에 대한 식으로 나타낸다.

확률변수 X가 정규분포 $\mathrm{N}(m, \sigma^2)$을 따르므로 $Z=\frac{X-m}{\sigma}$으로 놓으면 확률변수 Z는 표준정규분포 $\mathrm{N}(0, 1)$을 따른다.

$\therefore F(x)=\mathrm{P}(X\le x)=\mathrm{P}\left(Z\le\frac{x-m}{\sigma}\right)$

$F\left(\frac{13}{2}\right)=0.8413$에서 $\mathrm{P}\left(Z\le\frac{\frac{13}{2}-m}{\sigma}\right)=0.8413$

이때 $0.8413=0.5+0.3413$이므로

$$\mathrm{P}\left(Z\le\frac{\frac{13}{2}-m}{\sigma}\right)=\mathrm{P}(Z\le0)+\mathrm{P}(0\le Z\le1)=\mathrm{P}(Z\le1)$$

즉, $\frac{\frac{13}{2}-m}{\sigma}=1$이므로

$\sigma=\frac{13}{2}-m$ …… ㉠

$0.5\le F\left(\frac{11}{2}\right)\le0.6915$에서 $0.5\le\mathrm{P}\left(Z\le\frac{\frac{11}{2}-m}{\sigma}\right)\le0.6915$

이때 $0.6915=0.5+0.1915$이고 $\mathrm{P}(0\le Z\le0.5)=0.1915$이므로

$$\mathrm{P}(Z\le0)\le\mathrm{P}\left(Z\le\frac{\frac{11}{2}-m}{\sigma}\right)\le\mathrm{P}(Z\le0.5)$$

$\mathrm{P}(Z\le0.5)=0.5+0.1915=0.6915$

즉, $0\le\frac{\frac{11}{2}-m}{\sigma}\le0.5$이므로

$\frac{11}{2}-0.5\sigma \le m \le \frac{11}{2}$ ...... ㉡

㉠을 ㉡에 대입하여 정리하면

$\frac{9}{2} \le m \le \frac{11}{2}$

$\therefore m=5$ ($\because m$은 자연수)

이를 ㉠에 대입하면

$\sigma=\frac{3}{2}$

$F(k)=0.9772$이므로

$\mathrm{P}\left(Z \le \frac{k-5}{\frac{3}{2}}\right)=0.9772$

이때 $0.9772=0.5+0.4772$이므로

$\mathrm{P}\left(Z \le \frac{k-5}{\frac{3}{2}}\right)=\mathrm{P}(Z \le 0)+\mathrm{P}(0 \le Z \le 2)=\mathrm{P}(Z \le 2)$

즉, $\frac{k-5}{\frac{3}{2}}=2$이므로 $k-5=3$

$\therefore k=8$

답 8

10

전략 원순열의 수를 이용하여 경우의 수를 구한다.

가운데 정사각형은 모든 정사각형과 꼭짓점을 공유하므로 가운데 정사각형에는 빨간색 또는 파란색을 칠할 수 없다.

A	B	①
		②
③	④	⑤

위의 그림과 같이 A, B를 정하고 다음과 같이 경우를 나누어 생각해 보자.

(i) A에 빨간색을 칠하는 경우

조건 (다)에 의하여 파란색을 칠할 수 있는 경우는 ①, ②, ③, ④, ⑤의 5가지이다.

나머지 7개의 정사각형에 남은 7개의 색을 칠하는 경우의 수는 $7!$이므로 이 경우의 수는

$5 \times 7!$

(ii) B에 빨간색을 칠하는 경우

조건 (다)에 의하여 파란색을 칠할 수 있는 경우는 ③, ④, ⑤의 3가지이다.

나머지 7개의 정사각형에 남은 7개의 색을 칠하는 경우의 수는 $7!$이므로 이 경우의 수는

$3 \times 7!$

(i), (ii)에 의하여 구하는 경우의 수는

$5 \times 7!+3 \times 7!=8 \times 7!$

$\therefore k=8$

답 8

3회 미니 모의고사

본문 90~93쪽

1 180	2 ②	3 35	4 12	5 ③
6 ③	7 ③	8 ⑤	9 ①	10 672

1

전략 같은 것이 있는 순열의 수를 이용하여 경우의 수를 구한다.

4, 5, 6이 적힌 칸에 흰 공 ①, ②, ②를 넣는 경우의 수는

$\frac{3!}{2!}=3$

나머지 5개의 칸에 흰 공 ①과 검은 공 ❶, ❶, ❷, ❷를 넣는 경우의 수는

$\frac{5!}{2! \times 2!}=30$

따라서 이 경우의 수는

$3 \times 30=90$

4, 5, 6이 적힌 칸에 검은 공 ❶, ❷, ❷를 넣는 경우의 수도 마찬가지로 90이므로 구하는 경우의 수는

$90+90=180$

답 180

2

전략 조합의 수를 이용하여 확률을 구한다.

9명의 학생 중에서 5명의 학생을 뽑는 경우의 수는

${}_9C_5={}_9C_4=126$

1학년과 2학년 학생을 2명 이상씩 뽑는 경우는 다음과 같다.

(i) 1학년 3명, 2학년 2명을 뽑는 경우의 수는

${}_3C_3 \times {}_6C_2=1 \times 15=15$

(ii) 1학년 2명, 2학년 3명을 뽑는 경우의 수는

${}_3C_2 \times {}_6C_3=3 \times 20=60$

(i), (ii)에 의하여 조건을 만족시키는 경우의 수는

$15+60=75$

따라서 구하는 확률은 $\frac{75}{126}=\frac{25}{42}$

답 ②

3

전략 중복조합의 수를 이용하여 경우의 수를 구한다.

선택한 2, 3, 5, 7의 개수를 각각 a, b, c, d라 하면 8개의 수의 곱은

$2^a \times 3^b \times 5^c \times 7^d$

꼴이고

$a+b+c+d=8$ (단, a, b, c, d는 음이 아닌 정수) ...... ㉠

$60=2^2 \times 3 \times 5$이므로 8개의 수의 곱이 60의 배수이려면

$2^a \times 3^b \times 5^c \times 7^d=(2^2 \times 3 \times 5) \times k$ (k는 자연수)

꼴이어야 한다.

따라서 $a \ge 2$, $b \ge 1$, $c \ge 1$, $d \ge 0$이므로 ㉠에서

$a=a'+2$, $b=b'+1$, $c=c'+1$로 놓으면

$a'+b'+c'+d=4$ (단, a', b', c'은 음이 아닌 정수)

순서쌍 (a, b, c, d)의 개수는 순서쌍 (a', b', c', d)의 개수와 같으므로 구하는 경우의 수는

${}_4H_4={}_7C_4={}_7C_3=35$ 답 35

다른 풀이 $60=2^2\times3\times5$이므로 2를 2개, 3을 1개, 5를 1개 선택한 후 2, 3, 5, 7에서 중복을 허용하여 4개를 선택하면 된다.

따라서 구하는 경우의 수는

${}_4H_4={}_7C_4={}_7C_3=35$

4

전략 여사건의 확률을 이용하여 이웃하지 않을 확률을 구한다.

7개의 공을 일렬로 나열하는 경우의 수는

$7!$

같은 숫자가 적혀 있는 공이 서로 이웃하지 않게 나열되는 사건을 A라 하면 A^C은 같은 숫자가 적혀 있는 공이 서로 이웃하게 나열되는 사건이다.

4가 적혀 있는 흰 공과 검은 공을 하나의 공으로 생각하여 6개의 공을 일렬로 나열하는 경우의 수는 $6!$이고, 이 각각에 대하여 두 공의 위치를 바꿀 수 있으므로 이때의 경우의 수는

$6!\times2!$

$\therefore P(A^C)=\frac{6!\times2!}{7!}=\frac{2}{7}$

따라서 구하는 확률은

$P(A)=1-P(A^C)=1-\frac{2}{7}=\frac{5}{7}$

이므로 $p=7,\ q=5$

$\therefore p+q=12$ 답 12

5

전략 2 이하의 눈이 나오는 횟수를 확률변수 Y로 놓고 Y의 평균을 구한다.

주사위를 15번 던져서 2 이하의 눈이 나오는 횟수를 Y라 하면 확률변수 Y는 이항분포 $B\left(15, \frac{1}{3}\right)$을 따르므로

$E(Y)=15\times\frac{1}{3}=5$

이때 원점에 있던 점 P가 이동된 점의 좌표는

$(3Y, 15-Y)$

점 P와 직선 $3x+4y=0$ 사이의 거리가 확률변수 X이므로

$$X=\frac{|3\times3Y+4\times(15-Y)|}{\sqrt{3^2+4^2}}$$
$$=\frac{|5Y+60|}{5}$$
$$=Y+12\ (\because Y\ge0)$$

$\therefore E(X)=E(Y+12)$
$=E(Y)+12$
$=5+12=17$ 답 ③

6

전략 X를 표준화한 후 주어진 조건을 이용하여 m, σ의 값을 구한다.

확률변수 X가 정규분포 $N(m, \sigma^2)$을 따르므로 $Z_X=\frac{X-m}{\sigma}$으로 놓으면 확률변수 Z_X는 표준정규분포 $N(0, 1)$을 따른다.

$P(X\le13)=P\left(Z_X\le\frac{13-m}{\sigma}\right)=P\left(Z_X\ge\frac{m-13}{\sigma}\right)$,

$P(X\ge17)=P\left(Z_X\ge\frac{17-m}{\sigma}\right)$

이므로 조건 (가)에서

$\frac{m-13}{\sigma}=\frac{17-m}{\sigma}$

$2m=30 \quad \therefore m=15$

조건 (나)에서

$$P(11\le X\le19)=P\left(\frac{11-15}{\sigma}\le Z_X\le\frac{19-15}{\sigma}\right)$$
$$=P\left(-\frac{4}{\sigma}\le Z_X\le\frac{4}{\sigma}\right)$$
$$=2P\left(0\le Z_X\le\frac{4}{\sigma}\right)=2P(0\le Z\le2)$$

따라서 $\frac{4}{\sigma}=2$이므로 $\sigma=2$

$$\therefore P(13\le X\le18)=P\left(\frac{13-15}{2}\le Z_X\le\frac{18-15}{2}\right)$$
$$=P(-1\le Z_X\le1.5)$$
$$=P(0\le Z_X\le1)+P(0\le Z_X\le1.5)$$
$$=0.3413+0.4332=0.7745$$ 답 ③

7

전략 순열을 이용하여 확률을 구한다.

1부터 7까지의 7개의 자연수를 일렬로 나열하는 경우의 수는

$7!$

두 번째와 세 번째에 뽑힌 공에 적힌 두 수의 합이 7인 경우는

$(1, 6), (2, 5), (3, 4), (4, 3), (5, 2), (6, 1)$

의 6가지이다.

이 각각에 대하여 나머지 5개의 수를 나열하는 경우의 수가 $5!$이므로 이 경우의 수는

$6\times5!=6!$

따라서 구하는 확률은 $\frac{6!}{7!}=\frac{1}{7}$ 답 ③

8

전략 조건부확률을 이용한다.

집합 $X=\{1, 2, 3\}$에서 집합 $Y=\{-3, -2, -1, 0, 1\}$로의 함수 f의 개수는

${}_5\Pi_3=5^3=125$

$f(1)f(2)f(3)<0$인 사건을 A, $f(1)=1$인 사건을 B라 하면 구하는 확률은 $P(B|A)$이다.

$f(1)f(2)f(3)<0$인 경우는 다음과 같다.

(i) 치역의 원소가 모두 음수인 경우

집합 X에서 집합 $\{-3, -2, -1\}$로의 함수의 개수와 같으므로

${}_3\Pi_3=3^3=27$

(ii) 치역의 원소가 음수 1개, 양수 2개인 경우

함숫값이 음수인 X의 원소를 택하는 경우의 수는

${}_3C_1=3$

Y의 원소 중에서 음수 1개, 양수 2개를 택하는 경우의 수는

$3\times1\times1=3$

따라서 이 경우의 함수의 개수는

$3\times3=9$

(i), (ii)에 의하여 $P(A)=\frac{27+9}{125}=\frac{36}{125}$

한편, $f(1)f(2)f(3)<0$이고 $f(1)=1$이면 $f(2)f(3)<0$이므로 순서쌍 $(f(2), f(3))$은

$(-3, 1), (-2, 1), (-1, 1), (1, -3), (1, -2), (1, -1)$

의 6가지이다.

$\therefore P(A\cap B)=\frac{6}{125}$

따라서 구하는 확률은

$$P(B|A)=\frac{P(A\cap B)}{P(A)}=\frac{\frac{6}{125}}{\frac{36}{125}}=\frac{1}{6}$$

답 ⑤

9

전략 이산확률변수의 평균을 구하는 과정을 이해하여 빈칸에 알맞은 식과 수를 찾는다.

전체 공의 개수는 $n+(n-1)+\cdots+1=\frac{n(n+1)}{2}$이므로

$$P(X=k)=\frac{n-k+1}{\frac{n(n+1)}{2}}=\frac{2(n-k+1)}{\boxed{n(n+1)}}$$

확률변수 X의 평균은

$$E(X)=\sum_{k=1}^{n}kP(X=k)=\sum_{k=1}^{n}\frac{2k(n-k+1)}{n(n+1)}$$

$$=\frac{2}{\boxed{n(n+1)}}\times\sum_{k=1}^{n}k(n-k+1)$$

$$=\frac{2}{n(n+1)}\times\sum_{k=1}^{n}\{(n+1)k-k^2\}$$

$$=\frac{2}{n(n+1)}\left\{(n+1)\times\frac{n(n+1)}{2}-\frac{n(n+1)(2n+1)}{6}\right\}$$

$$=(n+1)-\frac{2n+1}{3}=\boxed{\frac{1}{3}(n+2)}$$

$E(X)=\frac{1}{3}(n+2)\geq5$에서

$n+2\geq15 \quad \therefore n\geq13$

따라서 n의 최솟값은 $\boxed{13}$이다.

즉, $f(n)=n(n+1)$, $g(n)=\frac{1}{3}(n+2)$, $a=13$이므로

$f(7)+g(7)+a=7\times8+\frac{1}{3}\times9+13=72$

답 ①

10

전략 중복순열의 수를 이용하여 경우의 수를 구한다.

9명의 동아리 부원이 모두 속하는 전체집합을 U, 두 소모임 A, B에 속하는 동아리 부원의 집합을 각각 A, B라 하면

$n(U)=9$

조건 (가)에 의하여 $n(A\cap B)=2$

조건 (나)에 의하여 $n(A\cup B)=7$

이때 $n((A\cup B)^C)=9-7=2$이므로 갑과 을을 제외한 나머지 7명의 부원 중에서 집합 $(A\cup B)^C$에 속하는 부원을 뽑는 경우의 수는

${}_7C_2=21$

이 각각에 대하여 집합 $A\cap B$의 원소인 갑과 을, 집합 $(A\cup B)^C$에 속하는 두 명의 부원을 제외한 나머지 5명의 부원은 집합 $A-B$와 집합 $B-A$ 중 어느 하나의 원소가 되어야 한다.

이 경우의 수는 서로 다른 2개에서 중복을 허락하여 5개를 택해 일렬로 나열하는 중복순열의 수와 같으므로

${}_2\Pi_5=2^5=32$

따라서 두 소모임 A, B를 정하는 경우의 수는

$21\times32=672$

답 672

다른 풀이 갑, 을과 $(A\cup B)^C$에 속하는 2명을 제외한 5명을 A, B의 두 모임으로 나누는 경우의 수는

${}_5C_0+{}_5C_1+{}_5C_2+{}_5C_3+{}_5C_4+{}_5C_5=2^5=32$

4회 미니 모의고사

본문 94~97쪽

1 ③	2 ②	3 ①	4 ③	5 ②
6 468	7 ④	8 ⑤	9 ③	10 115

1

전략 이산확률변수의 평균과 확률의 총합이 1임을 이용하여 a, b의 값을 구한다.

확률의 총합은 1이므로

$\frac{1}{6}+a+b+\frac{1}{3}=1$

$\therefore a+b=\frac{1}{2}$ …… ㉠

$E(X)=\frac{17}{6}$에서

$1\times\frac{1}{6}+2a+3b+4\times\frac{1}{3}=\frac{17}{6}$

$\therefore 6a+9b=4$ …… ㉡

㉠, ㉡을 연립하여 풀면

$a=\frac{1}{6}$, $b=\frac{1}{3}$

$\therefore \mathrm{E}(aX+b)=\mathrm{E}\left(\frac{1}{6}X+\frac{1}{3}\right)=\frac{1}{6}\mathrm{E}(X)+\frac{1}{3}$

$=\frac{1}{6}\times\frac{17}{6}+\frac{1}{3}=\frac{29}{36}$ 답 ③

2

전략 순열을 이용하여 수학적 확률을 구한다.

사과 주스 3병, 포도 주스 5병을 일렬로 나열하는 경우의 수는

$\frac{8!}{3!5!}=56$

포도 주스를 적어도 2병 이상씩 이웃하게 진열하는 경우는 다음과 같이 나눌 수 있다.

(i) 포도 주스 5병을 모두 이웃하게 진열하는 경우

포도 주스 5병을 1개로 생각하여 사과 주스 3병과 일렬로 나열하는 경우의 수는

$\frac{4!}{3!}=4$

(ii) 포도 주스가 2병, 3병씩 이웃하게 진열하는 경우

포도 주스 2병과 3병을 각각 1개로 생각하여 사과 주스 3병의 사이사이와 양 끝의 4자리 중 두 곳에 나열하는 경우의 수는

${}_4\mathrm{P}_2=12$

(i), (ii)에 의하여 포도 주스를 적어도 2병 이상씩 서로 이웃하게 진열하는 경우의 수는

$4+12=16$

따라서 구하는 확률은 $\frac{16}{56}=\frac{2}{7}$ 답 ②

3

전략 확률밀도함수의 그래프의 성질을 이용하여 확률을 구한다.

$0\le x\le 4$에서 확률밀도함수의 그래프와 x축으로 둘러싸인 부분의 넓이가 1이므로

$\frac{1}{2}\times\{4+(a-1)\}\times\frac{1}{3}=1$

$a+3=6 \qquad \therefore a=3$

따라서 $\mathrm{P}(k\le X\le k+2)$의 값은 $k=1$일 때 최대이므로 최댓값은

$b=\mathrm{P}(1\le X\le 3)$

$=\frac{1}{3}\times 2=\frac{2}{3}$

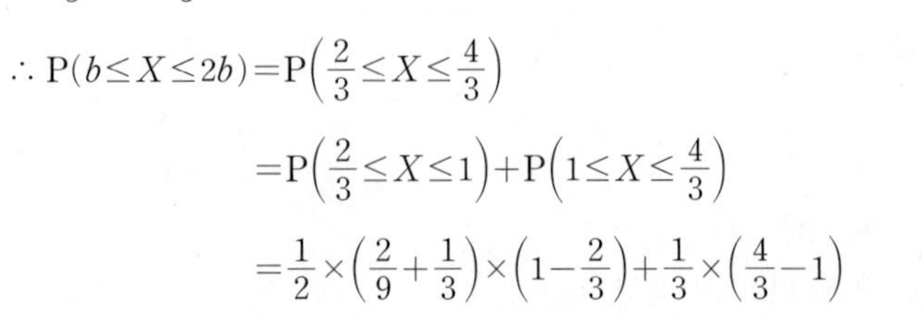

$\therefore \mathrm{P}(b\le X\le 2b)=\mathrm{P}\left(\frac{2}{3}\le X\le\frac{4}{3}\right)$

$=\mathrm{P}\left(\frac{2}{3}\le X\le 1\right)+\mathrm{P}\left(1\le X\le\frac{4}{3}\right)$

$=\frac{1}{2}\times\left(\frac{2}{9}+\frac{1}{3}\right)\times\left(1-\frac{2}{3}\right)+\frac{1}{3}\times\left(\frac{4}{3}-1\right)$

$=\frac{11}{54}$ 답 ①

4

전략 독립시행의 확률을 이용한다.

6번째 시행 후 상자 B에 들어 있는 공의 개수가 처음으로 8이 되어야 하므로 5번째 시행 후에는 7이어야 하고 4번째 시행 후에는 6이어야 한다.

따라서 4번째 시행까지 앞면이 2번, 뒷면이 2번 나와야 하고 이 중 상자 B에 공이 8개 들어가는 경우를 제외하면 된다.

앞면을 ○, 뒷면을 ×로 나타내면 문제의 조건을 만족시키는 경우는 다음과 같다.

1회	2회	3회	4회	5회	6회
○	×	○	×	○	○
○	×	×	○	○	○
×	○	○	×	○	○
×	○	×	○	○	○
×	×	○	○	○	○

5가지 경우 모두 앞면이 4번, 뒷면이 2번 나와야 하므로 구하는 확률은

$5\times\left(\frac{1}{2}\right)^4\times\left(\frac{1}{2}\right)^2=\frac{5}{64}$ 답 ③

5

전략 4와 5가 이웃하는 경우와 이웃하지 않는 경우로 나누어 생각한다.

7장의 카드를 일렬로 나열하는 경우의 수는

$7!$

조건 (가)에 의하여 4가 적혀 있는 카드의 양옆에 있는 카드는 5, 6, 7이 적혀 있는 3장의 카드 중 2장이 올 수 있다.

(i) 4가 적혀 있는 카드와 5가 적혀 있는 카드가 이웃하는 경우

| a | 4 | 5 | b | 또는 | b | 5 | 4 | a |

이 각각에 대하여 a에 올 수 있는 숫자는 6, 7의 2가지이고, b에 올 수 있는 숫자는 3, 2, 1의 3가지이다.

이 묶음과 나머지 3개의 카드를 일렬로 나열하는 경우의 수는

$4!$

따라서 이 경우의 수는

$2\times2\times3\times4!=288$

(ii) 4가 적혀 있는 카드와 5가 적혀 있는 카드가 이웃하지 않는 경우

4의 양옆에 6, 7을 나열하는 경우의 수는 $2!$

1, 2, 3 중에서 2개를 택하여 5의 양옆에 나열하는 경우의 수는

${}_3\mathrm{P}_2=6$

이 두 묶음과 나머지 1개의 카드를 일렬로 나열하는 경우의 수는

$3!=6$

따라서 이 경우의 수는

$2!\times6\times6=72$

(i), (ii)에 의하여 주어진 조건을 만족시키는 경우의 수는

$288+72=360$

따라서 구하는 확률은 $\frac{360}{7!}=\frac{1}{14}$ 답 ②

6

전략 조건 (나)를 만족시키는 자연수 중에서 조건 (가)를 만족시키지 않는 자연수를 제외한다.

만의 자리의 수와 일의 자리의 수가 짝수인 다섯 자리 자연수의 개수는

${}_2\Pi_2 \times {}_5\Pi_3 = 2^2 \times 5^3 = 500$

모든 자리의 수가 짝수인 다섯 자리 자연수의 개수는

${}_2\Pi_5 = 2^5 = 32$

따라서 구하는 자연수의 개수는 $500-32=468$ 답 468

7

전략 확률의 덧셈정리를 이용하여 확률을 구한다.

택한 수가 5의 배수인 사건을 A, 3500 이상인 사건을 B라 하자.

만들 수 있는 모든 네 자리 자연수의 개수는

${}_5P_4=120$

5의 배수는 일의 자리의 수가 5이어야 하므로 5의 배수인 네 자리 자연수의 개수는

${}_4P_3=24$

$\therefore \mathrm{P}(A)=\frac{24}{120}=\frac{1}{5}$

또, 천의 자리의 수가 3이고 3500 이상인 네 자리 자연수의 개수는

${}_3P_2=6$

천의 자리의 수가 4 또는 5인 네 자리 자연수의 개수는

$2\times{}_4P_3=48$

즉, 3500 이상인 네 자리 자연수의 개수는 $6+48=54$

$\therefore \mathrm{P}(B)=\frac{54}{120}=\frac{9}{20}$

이때 5의 배수이면서 3500 이상인 네 자리 자연수는 천의 자리의 수가 4이고 일의 자리의 수가 5인 자연수이므로 그 개수는

${}_3P_2=6$

$\therefore \mathrm{P}(A\cap B)=\frac{6}{120}=\frac{1}{20}$

따라서 구하는 확률은

$\mathrm{P}(A\cup B)=\mathrm{P}(A)+\mathrm{P}(B)-\mathrm{P}(A\cap B)$

$=\frac{1}{5}+\frac{9}{20}-\frac{1}{20}=\frac{3}{5}$ 답 ④

8

전략 같은 것이 있는 순열의 수를 이용하여 최단 거리로 가는 경로의 수를 구한다.

다음 그림과 같이 다섯 지점 Q_1, Q_2, Q_3, R_1, R_2를 정하자.

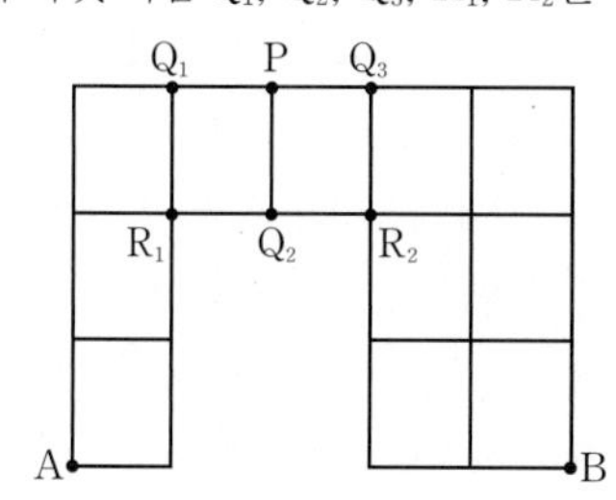

A 지점에서 출발하여 P 지점까지 가기 위해서는 Q_1 지점 또는 Q_2 지점 중 한 지점을 반드시 지나야 하고 P 지점에서 출발하여 B 지점까지 가기 위해서는 Q_2 지점 또는 Q_3 지점 중 한 지점을 반드시 지나야 한다.

이때 한 번 지난 도로는 다시 지나지 않아야 하므로 다음과 같이 세 경우가 가능하다.

(i) $A \to Q_1 \to P \to Q_2 \to R_2 \to B$의 순서로 이동하는 경우

$\frac{4!}{3!}\times1\times1\times1\times\frac{4!}{2!\times2!}=24$

(ii) $A \to Q_1 \to P \to Q_3 \to B$의 순서로 이동하는 경우

$\frac{4!}{3!}\times1\times1\times\frac{5!}{2!\times3!}=40$

(iii) $A \to R_1 \to Q_2 \to P \to Q_3 \to B$의 순서로 이동하는 경우

$\frac{3!}{2!}\times1\times1\times1\times\frac{5!}{2!\times3!}=30$

(i), (ii), (iii)에 의하여 구하는 경우의 수는

$24+40+30=94$ 답 ⑤

9

전략 확률변수 X와 표본평균 $\overline{X}$를 각각 표준화하여 a의 값을 구한다.

확률변수 X는 정규분포 $\mathrm{N}(58, 4^2)$을 따르므로 표본평균 $\overline{X}$는 정규분포 $\mathrm{N}\left(58, \frac{4^2}{64}\right)$, 즉 $\mathrm{N}\left(58, \left(\frac{1}{2}\right)^2\right)$을 따른다.

따라서 $Z_X=\frac{X-58}{4}$, $Z_{\overline{X}}=\frac{\overline{X}-58}{\frac{1}{2}}$로 놓으면 확률변수 Z_X, $Z_{\overline{X}}$는 모두 정규분포 $\mathrm{N}(0, 1)$을 따른다.

$\mathrm{P}(X\le66)=\mathrm{P}(\overline{X}\ge a)$에서

$\mathrm{P}\left(Z_X\le\frac{66-58}{4}\right)=\mathrm{P}\left(Z_{\overline{X}}\ge\frac{a-58}{\frac{1}{2}}\right)$

즉, $\mathrm{P}(Z_X\le2)=\mathrm{P}(Z_{\overline{X}}\ge2a-116)$이므로

$2=116-2a \qquad \therefore a=57$

$\therefore \mathrm{P}(\overline{X}\le a+0.5)=\mathrm{P}(\overline{X}\le57+0.5)$

$=\mathrm{P}\left(Z_{\overline{X}}\ge\frac{57.5-58}{\frac{1}{2}}\right)$

$=\mathrm{P}(Z_{\overline{X}}\le-1)=\mathrm{P}(Z_{\overline{X}}\ge1)$

$=\mathrm{P}(Z_{\overline{X}}\ge0)-\mathrm{P}(0\le Z_{\overline{X}}\le1)$

$=0.5-0.3413=0.1587$ 답 ③

10

전략 $f(1)$의 값에 따라 경우를 나누어 함수의 개수를 구한다.

조건 (가)에 의하여 $f(1)\ne1$

(i) $f(1)=2$인 경우

조건 (가)에서 $f(f(1))=f(2)=4$

조건 (나)에 의하여 $2\le f(3)\le f(5)$

따라서 $f(3)$, $f(5)$의 값을 정하는 경우의 수는 2, 3, 4, 5 중에서 중복을 허락하여 2개를 택하는 중복조합의 수와 같으므로

${}_4H_2={}_5C_2=10$

$f(4)$의 값을 정하는 경우의 수는 5이므로 이 경우의 함수 f의 개수는

$10\times5=50$

(ii) $f(1)=3$인 경우

조건 (가)에서 $f(f(1))=f(3)=4$

조건 (나)에 의하여 $f(5)\ge4$이므로 $f(5)$의 값을 정하는 경우의 수는 2

$f(2)$, $f(4)$의 값을 정하는 경우의 수는

${}_5\Pi_2=5^2=25$

이므로 이 경우의 함수 f의 개수는

$2\times25=50$

(iii) $f(1)=4$인 경우

조건 (가)에서 $f(f(1))=f(4)=4$

조건 (나)에 의하여 $4\le f(3)\le f(5)$

따라서 $f(3)$, $f(5)$의 값을 정하는 경우의 수는 4, 5 중에서 중복을 허락하여 2개를 택하는 중복조합의 수와 같으므로

${}_2H_2={}_3C_2={}_3C_1=3$

$f(2)$의 값을 정하는 경우의 수는 5이므로 이 경우의 함수 f의 개수는

$3\times5=15$

(iv) $f(1)=5$인 경우

조건 (가)에서 $f(f(1))=f(5)=4$이므로 이 경우는 조건 (나)를 만족시키지 않는다.

(i)~(iv)에 의하여 구하는 함수 f의 개수는

$50+50+15=115$ 답 115

5회 미니 모의고사

본문 98~101쪽

1 ②	2 ⑤	3 ①	4 ④	5 ③
6 10	7 238	8 ⑤	9 ③	10 ④

1

전략 원순열의 수를 이용하여 경우의 수를 구한다.

여학생 3명이 원탁에 둘러앉는 경우의 수는

$(3-1)!=2!$

이 각각에 대하여 여학생과 여학생 사이 세 곳에 앉는 남학생의 수는 모두 다르므로 남학생 6명을 3명, 2명, 1명의 세 조로 나누어 여학생과 여학생 사이에 앉혀야 한다.

이와 같이 남학생을 세 조로 나누는 경우의 수는

${}_6C_3\times{}_3C_2\times{}_1C_1=\frac{6!}{3!\times3!}\times\frac{3!}{2!\times1}\times1=\frac{6!}{3!\times2!}$

이 각각에 대하여 세 조를 여학생과 여학생 사이의 세 곳에 배열하는 경우의 수는 $3!$

이 각각에 대하여 남학생끼리 자리를 바꾸는 경우의 수는

$3!\times2!$

따라서 구하는 경우의 수는

$2!\times\frac{6!}{3!\times2!}\times3!\times3!\times2!=12\times6!$

$\therefore n=12$ 답 ②

2

전략 $f(4)$의 값에 따라 경우를 나누어 함수의 개수를 구한다.

집합 X에서 집합 Y로의 함수의 개수는

${}_5\Pi_4=5^4=625$

$f(4)=f(1)+f(2)+f(3)\ge1+1+1=3$

이므로 $f(4)$의 값에 따라 다음과 같이 나눌 수 있다.

(i) $f(4)=3$인 경우

$f(1)=f(2)=f(3)=1$

이어야 하므로 이 경우의 함수의 개수는 1

(ii) $f(4)=4$인 경우

$f(1)$, $f(2)$, $f(3)$의 값이 1, 1, 2이어야 하므로 이 경우의 함수의 개수는

$\frac{3!}{2!}=3$

(iii) $f(4)=6$인 경우

$f(1)$, $f(2)$, $f(3)$의 값이

1, 1, 4 또는 1, 2, 3 또는 2, 2, 2

이어야 하므로 이 경우의 함수의 개수는

$\frac{3!}{2!}+3!+1=3+6+1=10$

(i), (ii), (iii)에 의하여 조건을 만족시키는 함수의 개수는

$1+3+10=14$

따라서 구하는 확률은 $\frac{14}{625}$ 답 ⑤

3

전략 3으로 나누었을 때의 나머지를 기준으로 주어진 집합의 원소를 분류한다.

원소의 개수가 4인 부분집합의 개수는

${}_{10}C_4=210$

1부터 10까지의 자연수 중에서 3으로 나누었을 때의 나머지가 0, 1, 2인 수의 집합을 각각 A_0, A_1, A_2라 하면

$A_0=\{3, 6, 9\}$, $A_1=\{1, 4, 7, 10\}$, $A_2=\{2, 5, 8\}$

집합 X의 서로 다른 세 원소의 합이 항상 3의 배수가 아니려면 집합 X는 세 집합 A_0, A_1, A_2 중 두 집합에서 각각 2개의 원소를 택하여 이 네 수를 원소로 해야 하므로 조건을 만족시키는 집합 X의 개수는

${}_3C_2 \times {}_4C_2 + {}_3C_2 \times {}_3C_2 + {}_4C_2 \times {}_3C_2 = {}_3C_1 \times 6 + {}_3C_1 \times {}_3C_1 + 6 \times {}_3C_1$

$= 3 \times 6 + 3 \times 3 + 6 \times 3 = 45$

따라서 구하는 확률은 $\frac{45}{210} = \frac{3}{14}$ 답 ①

4

전략 $\overline{X}$의 확률분포를 구하여 $\overline{X}$를 표준화한다.

정규분포 $N(8, 0.2^2)$을 따르는 모집단에서 크기가 n인 표본을 임의추출하여 구한 표본평균 $\overline{X}$는 정규분포 $N\left(8, \left(\frac{0.2}{\sqrt{n}}\right)^2\right)$을 따른다.

이때 $Z = \frac{\overline{X}-8}{\frac{0.2}{\sqrt{n}}}$로 놓으면 확률변수 Z는 표준정규분포 $N(0, 1)$을 따르므로

$$P(7.96 \le \overline{X} \le 8.04) = P\left(\frac{7.96-8}{\frac{0.2}{\sqrt{n}}} \le Z \le \frac{8.04-8}{\frac{0.2}{\sqrt{n}}}\right)$$

$$= P\left(-\frac{\sqrt{n}}{5} \le Z \le \frac{\sqrt{n}}{5}\right)$$

$$= 2\,P\left(0 \le Z \le \frac{\sqrt{n}}{5}\right)$$

즉, $P\left(0 \le Z \le \frac{\sqrt{n}}{5}\right) \le 0.475$이므로

$\frac{\sqrt{n}}{5} \le 1.96$, $\sqrt{n} \le 9.8$

$\therefore n \le 96.04$

따라서 자연수 n의 최댓값은 96이다. 답 ④

5

전략 $f(3)$의 값을 기준으로 경우를 나누어 조건을 만족시키는 함수의 개수를 구한다.

두 조건 (가), (나)에 의하여

$f(3) \ne 2$, $f(3) \ne 12$

(i) $f(3)=4$ 또는 $f(3)=10$인 경우

$f(3)=4$이면 $f(2)=f(5)=2$이고,

$f(1)$, $f(4)$의 값이 될 수 있는 것은 6, 8, 10, 12

또, $f(3)=10$이면 $f(1)=f(4)=12$이고,

$f(2)$, $f(5)$의 값이 될 수 있는 것은 2, 4, 6, 8

따라서 이 경우의 함수의 개수는

$2 \times {}_4\Pi_2 = 2 \times 4^2 = 32$

(ii) $f(3)=6$ 또는 $f(3)=8$인 경우

$f(3)=6$이면 $f(2)$, $f(5)$의 값이 될 수 있는 것은 2, 4이고,

$f(1)$, $f(4)$의 값이 될 수 있는 것은 8, 10, 12

또, $f(3)=8$이면 $f(1)$, $f(4)$의 값이 될 수 있는 것은 10, 12이고,

$f(2)$, $f(5)$의 값이 될 수 있는 것은 2, 4, 6

따라서 이 경우의 함수의 개수는

$2 \times {}_2\Pi_2 \times {}_3\Pi_2 = 2 \times 2^2 \times 3^2 = 72$

(i), (ii)에 의하여 구하는 함수의 개수는

$32 + 72 = 104$ 답 ③

6

전략 이산확률변수의 확률분포를 구하여 평균, 분산을 구한다.

확률변수 X가 가질 수 있는 값은 $-3, -2, -1, 0, 1, 2, 3$이고, 확률변수 X의 확률분포를 표로 나타내면 다음과 같다.

X	-3	-2	-1	0	1	2	3	합계
$P(X=x)$	$\frac{1}{16}$	$\frac{2}{16}$	$\frac{3}{16}$	$\frac{4}{16}$	$\frac{3}{16}$	$\frac{2}{16}$	$\frac{1}{16}$	1

$$E(X) = (-3) \times \frac{1}{16} + (-2) \times \frac{2}{16} + (-1) \times \frac{3}{16} + 0 \times \frac{4}{16} + 1 \times \frac{3}{16} + 2 \times \frac{2}{16} + 3 \times \frac{1}{16} = 0$$

$$E(X^2) = (-3)^2 \times \frac{1}{16} + (-2)^2 \times \frac{2}{16} + (-1)^2 \times \frac{3}{16} + 0^2 \times \frac{4}{16} + 1^2 \times \frac{3}{16} + 2^2 \times \frac{2}{16} + 3^2 \times \frac{1}{16} = \frac{5}{2}$$

즉,

$V(X) = E(X^2) - \{E(X)\}^2 = \frac{5}{2} - 0^2 = \frac{5}{2}$

이므로

$V(Y) = V(2X+1) = 2^2 V(X) = 4 \times \frac{5}{2} = 10$ 답 10

7

전략 중복조합의 수를 이용하여 순서쌍의 개수를 구한다.

$a+b+c+d+e=7$을 만족시키는 음이 아닌 정수 a, b, c, d, e의 모든 순서쌍 (a, b, c, d, e)의 개수는

${}_5H_7 = {}_{11}C_7 = {}_{11}C_4 = 330$

이 중에서 $a+b+c>5$인 음이 아닌 정수 a, b, c, d, e의 순서쌍 (a, b, c, d, e)의 개수를 빼면 된다.

(i) $a+b+c=6$인 경우

$a+b+c=6$에서 $d+e=1$

$a+b+c=6$인 음이 아닌 정수 a, b, c의 순서쌍 (a, b, c)의 개수는

${}_3H_6 = {}_8C_6 = {}_8C_2 = 28$

이 각각에 대하여 $d+e=1$인 음이 아닌 정수 d, e의 순서쌍 (d, e)는

$(1, 0)$, $(0, 1)$

의 2개이므로 이 경우의 순서쌍 (a, b, c, d, e)의 개수는

$28 \times 2 = 56$

(ii) $a+b+c=7$인 경우

$a+b+c=7$에서 $d+e=0$

$a+b+c=7$인 음이 아닌 정수 a, b, c의 순서쌍 (a, b, c)의 개수는

${}_3H_7 = {}_9C_7 = {}_9C_2 = 36$

이때 $d+e=0$인 음이 아닌 정수 d, e의 순서쌍 (d, e)는 $(0, 0)$의 1개이므로 이 경우의 순서쌍 (a, b, c, d, e)의 개수는

$36 \times 1 = 36$

(i), (ii)에 의하여 $a+b+c+d+e=7$이고 $a+b+c>5$인 음이 아닌 정수 a, b, c, d, e의 순서쌍 (a, b, c, d, e)의 개수는

$56+36=92$

따라서 구하는 순서쌍 (a, b, c, d, e)의 개수는

$330-92=238$ 답 238

다른 풀이 (i) $a+b+c=5$, $d+e=2$인 순서쌍 (a, b, c, d, e)의 개수는

$_3H_5\times{}_2H_2={}_7C_5\times{}_3C_2={}_7C_2\times{}_3C_1=21\times3=63$

(ii) $a+b+c=4$, $d+e=3$인 순서쌍 (a, b, c, d, e)의 개수는

$_3H_4\times{}_2H_3={}_6C_4\times{}_4C_3={}_6C_2\times{}_4C_1=15\times4=60$

(iii) $a+b+c=3$, $d+e=4$인 순서쌍 (a, b, c, d, e)의 개수는

$_3H_3\times{}_2H_4={}_5C_3\times{}_5C_4={}_5C_2\times{}_5C_1=10\times5=50$

(iv) $a+b+c=2$, $d+e=5$인 순서쌍 (a, b, c, d, e)의 개수는

$_3H_2\times{}_2H_5={}_4C_2\times{}_6C_5=6\times{}_6C_1=6\times6=36$

(v) $a+b+c=1$, $d+e=6$인 순서쌍 (a, b, c, d, e)의 개수는

$_3H_1\times{}_2H_6={}_3C_1\times{}_7C_6=3\times{}_7C_1=3\times7=21$

(vi) $a+b+c=0$, $d+e=7$인 순서쌍 (a, b, c, d, e)의 개수는

$_3H_0\times{}_2H_7={}_2C_0\times{}_8C_7=1\times{}_8C_1=1\times8=8$

(i)~(vi)에 의하여 구하는 순서쌍의 개수는

$63+60+50+36+21+8=238$

8

전략 주어진 조건을 이용하여 m과 σ의 값을 구한 후 X, Y를 각각 표준화한다.

조건 (가)에서 $Y=3X-a$이므로

$\mathrm{E}(Y)=\mathrm{E}(3X-a)=3\mathrm{E}(X)-a=3m-a$

즉, $m=3m-a$이므로

$a=2m$ …… ㉠

또, $\sigma(Y)=\sigma(3X-a)=3\sigma(X)=3\times2=6$

$Z_X=\frac{X-m}{2}$, $Z_Y=\frac{Y-m}{6}$으로 놓으면 확률변수 Z_X, Z_Y는 모두 표준정규분포 $\mathrm{N}(0, 1)$을 따른다.

이때 조건 (나)에서 $\mathrm{P}(X\le4)=\mathrm{P}(Y\ge a)$이므로

$\mathrm{P}\left(Z_X\le\frac{4-m}{2}\right)=\mathrm{P}\left(Z_Y\ge\frac{a-m}{6}\right)=\mathrm{P}\left(Z_Y\le\frac{m-a}{6}\right)$

즉, $\frac{4-m}{2}=\frac{m-a}{6}=-\frac{m}{6}$ ($\because$ ㉠)이므로

$12-3m=-m$ $\therefore m=6$

따라서 확률변수 Y는 정규분포 $\mathrm{N}(6, 6^2)$을 따르므로

$\mathrm{P}(Y\ge9)=\mathrm{P}\left(Z_Y\ge\frac{9-6}{6}\right)=\mathrm{P}(Z_Y\ge0.5)$

$=\mathrm{P}(Z_Y\ge0)-\mathrm{P}(0\le Z_Y\le0.5)$

$=0.5-0.1915=0.3085$ 답 ⑤

9

전략 순열과 같은 것이 있는 순열의 수를 이용하여 수학적 확률을 구한다.

1, 2, 3, 4가 적힌 흰 공 4개와 빨간 공 5개를 일렬로 나열하는 경우의 수는

$\frac{9!}{5!}=9\times8\times7\times6$

자연수가 적힌 흰 공끼리 서로 이웃하지 않으려면 빨간 공 5개 사이사이 및 양 끝의 6곳 중에서 서로 다른 4곳을 택하여 흰 공 4개를 배열하면 되므로 이 경우의 수는

$_6P_4=6\times5\times4\times3$

따라서 구하는 확률은

$\frac{6\times5\times4\times3}{9\times8\times7\times6}=\frac{5}{42}$ 답 ③

10

전략 독립시행의 확률을 이용한다.

점 P가 x축의 방향으로 2만큼 이동하는 사건을 A, y축의 방향으로 1만큼 이동하는 사건을 B, 이동하지 않는 사건을 C라 하면

$\mathrm{P}(A)=\frac{1}{3}$, $\mathrm{P}(B)=\frac{1}{6}$, $\mathrm{P}(C)=\frac{1}{2}$

주사위를 4번 던져서 점 P가 직선 $y=\frac{1}{2}x+1$ 위의 점이 되는 경우는 점 P의 좌표가 $(0, 1)$, $(2, 2)$일 때이다.

(i) 점 P의 좌표가 $(0, 1)$인 경우

B가 1번, C가 3번 일어나야 하므로 이 경우의 확률은

$\frac{4!}{3!}\times\frac{1}{6}\times\left(\frac{1}{2}\right)^3=\frac{1}{12}$

(ii) 점 P의 좌표가 $(2, 2)$인 경우

A가 1번, B가 2번, C가 1번 일어나야 하므로 이 경우의 확률은

$\frac{4!}{2!}\times\frac{1}{3}\times\left(\frac{1}{6}\right)^2\times\frac{1}{2}=\frac{1}{18}$

(i), (ii)에 의하여 구하는 확률은

$\frac{1}{12}+\frac{1}{18}=\frac{5}{36}$ 답 ④

6회 미니 모의고사

본문 102~105쪽

1 ③	2 ④	3 ①	4 ③	5 ②
6 121	7 ④	8 ①	9 46	10 49

1

전략 두 사건이 서로 독립임을 이용한다.

두 사건 A, B가 서로 독립이므로

$\mathrm{P}(B)=\mathrm{P}(B|A)=\frac{1}{4}$

$\mathrm{P}(A)=\mathrm{P}(A|B^C)=\frac{2}{3}$

$\therefore \mathrm{P}(A\cap B)=\mathrm{P}(A)\mathrm{P}(B)=\frac{1}{4}\times\frac{2}{3}=\frac{1}{6}$

$\therefore \mathrm{P}(A\cup B)=\mathrm{P}(A)+\mathrm{P}(B)-\mathrm{P}(A\cap B)$

$=\frac{1}{4}+\frac{2}{3}-\frac{1}{6}=\frac{3}{4}$ 답 ③

2

전략 두 다항식의 곱에서 x^2항이 나오는 경우를 모두 구하여 계수의 합을 구한다.

$(3x+2)^5$의 전개식의 일반항은

${}_5C_r(3x)^r \times 2^{5-r}$ ($r=0, 1, 2, \cdots, 5$)

$(x+2)(3x+2)^5$의 전개식에서 x^2항이 나오는 경우는 다음과 같다.

(i) $(x+2)$의 x항과 $(3x+2)^5$의 전개식에서 x항을 곱한 경우

$(3x+2)^5$의 전개식에서 x항은

${}_5C_1(3x)^1 \times 2^4 = 240x$

$\therefore x \times 240x = 240x^2$

(ii) $(x+2)$의 상수항과 $(3x+2)^5$의 전개식에서 x^2항을 곱한 경우

$(3x+2)^5$의 전개식에서 x^2항은

${}_5C_2(3x)^2 \times 2^3 = 720x^2$

$\therefore 2 \times 720x^2 = 1440x^2$

(i), (ii)에 의하여 구하는 x^2의 계수는

$240+1440=1680$

답 ④

3

전략 이웃하는 경우는 한 묶음으로 생각하여 나열하고, 묶음 내에서 자리를 바꾸는 경우를 고려한다.

1학년 학생 2명을 한 묶음으로, 2학년 학생 2명을 한 묶음으로 생각하여 3학년 학생 3명과 함께 탁자에 둘러앉는 경우의 수는

$(5-1)! = 4! = 24$

이때 1학년 학생끼리 서로 자리를 바꾸는 경우의 수가 $2!$, 2학년 학생끼리 서로 자리를 바꾸는 경우의 수가 $2!$이므로 구하는 경우의 수는

$24 \times 2! \times 2! = 96$

답 ①

4

전략 확률변수 X가 정규분포 $N(m, \sigma^2)$을 따르면 크기가 n인 표본의 표본평균 $\overline{X}$는 정규분포 $N\left(m, \frac{\sigma^2}{n}\right)$을 따름을 이용한다.

모집단이 정규분포 $N(m, 5^2)$을 따르므로 임의추출한 36명의 일주일 근무 시간의 표본평균을 $\overline{X}$시간이라 하면 확률변수 $\overline{X}$는 정규분포 $N\left(m, \frac{5^2}{36}\right)$, 즉 $N\left(m, \left(\frac{5}{6}\right)^2\right)$을 따른다.

이때 $Z_{\overline{X}} = \dfrac{\overline{X}-m}{\frac{5}{6}} = \frac{6}{5}(\overline{X}-m)$으로 놓으면 표본평균 $Z_{\overline{X}}$는 표준정규분포 $N(0, 1)$을 따르므로

$P(\overline{X} \ge 38) = P\left(Z_{\overline{X}} \ge \frac{6}{5}(38-m)\right) = 0.9332$

이때 $0.9332 = 0.5 + 0.4332$이므로

$P\left(Z_{\overline{X}} \ge \frac{6}{5}(38-m)\right) = P(Z \ge 0) + P(-1.5 \le Z \le 0)$

$= P(Z \ge -1.5)$

따라서 $\frac{6}{5}(38-m) = -1.5$이므로

$38-m=-1.25 \quad \therefore m=39.25$

답 ③

5

전략 상자에 넣을 공의 개수를 먼저 정한 후 각 상자에 넣는 경우의 수를 고려한다. 이때 공과 상자가 모두 다른 것임에 유의한다.

넣은 공의 개수가 1인 상자가 있어야 하므로 넣는 공의 개수에 따라 경우를 나누면 다음과 같다.

(i) 상자에 넣는 공의 개수가 3, 1, 0, 0인 경우

서로 다른 4개의 공을 3개, 1개로 나누는 경우의 수는

${}_4C_3 \times {}_1C_1 = {}_4C_1 \times 1 = 4 \times 1 = 4$

상자 2개를 선택하여 공을 넣는 경우의 수는

${}_4P_2 = 12$

따라서 이 경우의 수는

$4 \times 12 = 48$

(ii) 상자에 넣는 공의 개수가 2, 1, 1, 0인 경우

서로 다른 4개의 공을 2개, 1개, 1개로 나누는 경우의 수는

${}_4C_2 \times {}_2C_1 \times {}_1C_1 \times \frac{1}{2!} = 6$

상자 3개를 선택하여 공을 넣는 경우의 수는

${}_4P_3 = 24$

따라서 이 경우의 수는

$6 \times 24 = 144$

(iii) 상자에 넣는 공의 개수가 1, 1, 1, 1인 경우

각 상자에 공을 1개씩 넣는 경우의 수는

${}_4P_4 = 24$

(i), (ii), (iii)에 의하여 구하는 경우의 수는

$48+144+24=216$

답 ②

6

전략 $E(aX+b) = aE(X)+b$, $V(aX+b) = a^2V(X)$임을 이용한다.

$V(X) = E(X^2) - \{E(X)\}^2 = 5 - 2^2 = 1$

주어진 표에서 $Y = 10X+1$이므로

$E(Y) = E(10X+1) = 10E(X)+1$

$= 10 \times 2 + 1 = 21$

$V(Y) = V(10X+1) = 10^2\,V(X)$

$= 100 \times 1 = 100$

$\therefore E(Y)+V(Y) = 21+100 = 121$

답 121

7

전략 각 자리의 수의 합이 9의 배수이면 그 수는 9의 배수임을 이용한다.

1부터 4까지의 자연수 중에서 중복을 허락하여 4개를 택해 만들 수 있는 자연수의 개수는

${}_4\Pi_4 = 4^4 = 256$

조건 (가)에 의하여 각 자리의 수의 합이 9의 배수가 되어야 하고

$4+4+4+4=16<18$이므로 각 자리의 수의 합은 9가 되어야 한다.

이때

$9=4+3+1+1$

$=4+2+2+1$

$=3+3+2+1$

$=3+2+2+2$

이고, 조건 (나)에 의하여 2를 2개 이상 포함하거나 4를 한 개 이상 포함해야 하므로 각 자리의 수가 4, 3, 1, 1 또는 4, 2, 2, 1 또는 3, 2, 2, 2이어야 한다.

즉, 조건을 만족시키는 경우의 수는

$\frac{4!}{2!}+\frac{4!}{2!}+\frac{4!}{3!}=12+12+4=28$

따라서 구하는 확률은 $\frac{28}{256}=\frac{7}{64}$ 답 ④

8

전략 확률변수 X가 정규분포 $N(m, \sigma^2)$을 따르면 X의 확률밀도함수의 그래프는 직선 $x=m$에 대하여 대칭임을 이용한다.

조건 (가)에서 $y=f(x)$의 그래프는 직선 $x=\frac{12+18}{2}$, 즉 $x=15$에 대하여 대칭이므로

$E(X)=15$

조건 (나)에서 $g(x)=f(x+3)$이므로 함수 $y=g(x)$의 그래프는 함수 $y=f(x)$의 그래프를 x축의 방향으로 -3만큼 평행이동한 것이다.

즉, 확률변수 Y의 평균은 $15-3=12$이고, 그래프의 모양이 같으므로 확률변수 X의 표준편차와 확률변수 Y의 표준편차가 같다.

두 확률변수의 표준편차를 σ라 하면 확률변수 X는 정규분포 $N(15, \sigma^2)$을 따르므로 $Z_X=\frac{X-15}{\sigma}$로 놓으면 확률변수 Z는 표준정규분포 $N(0, 1)$을 따른다.

$\therefore P(12\le X\le 18)=P\left(\frac{12-15}{\sigma}\le Z_X\le \frac{18-15}{\sigma}\right)$

$=P\left(-\frac{3}{\sigma}\le Z_X\le \frac{3}{\sigma}\right)$

$=2P\left(0\le Z_X\le \frac{3}{\sigma}\right)=0.6826$

$\therefore P\left(0\le Z_X\le \frac{3}{\sigma}\right)=0.3413$

즉, $\frac{3}{\sigma}=1$이므로 $\sigma=3$

따라서 확률변수 Y는 정규분포 $N(12, 3^2)$을 따르므로

$Z_Y=\frac{Y-12}{3}$로 놓으면 확률변수 Z_Y은 표준정규분포 $N(0, 1)$을 따른다.

$P(X\ge 21)=P(Y\le k)$에서

$P\left(Z_X\ge \frac{21-15}{3}\right)=P\left(Z_Y\le \frac{k-12}{3}\right)$

따라서 $P(Z_X\ge 2)=P\left(Z_Y\le \frac{k-12}{3}\right)=P\left(Z_Y\ge \frac{12-k}{3}\right)$이므로

$\frac{12-k}{3}=2,\ 12-k=6$

$\therefore k=6$ 답 ①

9

전략 같은 수가 한 쌍인 경우와 두 쌍인 경우를 모두 고려하여 경우의 수를 구한다.

주머니에 있는 8개의 공 중에서 임의로 4개의 공을 꺼내는 경우의 수는

${}_8C_4=70$

꺼낸 공에 적혀 있는 수가 같은 것이 있는 사건을 A, 꺼낸 공 중 검은 공이 2개인 사건을 B라 하자.

(i) 꺼낸 공에 적혀 있는 수가 같은 것이 있는 경우

3이 적힌 두 공을 포함하여 4개의 공을 꺼내는 경우의 수는

${}_6C_2=15$

4가 적힌 두 공을 포함하여 4개의 공을 꺼내는 경우의 수는

${}_6C_2=15$

이때 3, 3, 4, 4가 나오는 경우는 1가지이므로

$P(A)=\frac{15+15-1}{70}=\frac{29}{70}$

(ii) 꺼낸 공에 적혀 있는 수가 같은 것이 있으면서 검은 공이 2개인 경우

3이 적힌 두 공을 꺼내고 나머지 검은 공 3개 중 1개, 흰 공 3개 중 1개를 꺼내는 경우의 수는

${}_3C_1\times{}_3C_1=3\times3=9$

같은 방법으로 4가 적힌 두 공을 꺼내고 나머지 검은 공 3개 중 1개, 흰 공 3개 중 1개를 꺼내는 경우의 수는 9

이때 3, 3, 4, 4가 나오는 경우는 1가지이므로

$P(A\cap B)=\frac{9+9-1}{70}=\frac{17}{70}$

(i), (ii)에 의하여 구하는 확률은

$$P(B|A)=\frac{P(A\cap B)}{P(A)}=\frac{\frac{17}{70}}{\frac{29}{70}}=\frac{17}{29}$$

따라서 $p=29,\ q=17$이므로 $p+q=46$ 답 46

10

전략 여사건의 확률을 이용한다.

세 자리 자연수, 즉 100부터 999까지의 자연수 중에서 하나의 수를 선택하는 경우의 수는 900

$a_1>a_3$이거나 $a_2>a_3$인 사건을 A라 하면 A^C은 $a_1\le a_3$이고 $a_2\le a_3$인 사건이다.

(i) $a_1<a_2<a_3$인 경우

0부터 9까지의 정수 중에서 서로 다른 세 수를 선택하여 작은 수부터 차례로 $a_1,\ a_2,\ a_3$으로 정하는 경우의 수는

${}_{10}C_3=120$

이때 $a_1=0$인 경우를 제외해야 한다.

$a_1=0$인 경우의 수는

${}_9C_2=36$

따라서 이 경우의 수는

$120-36=84$

(ii) $a_2 < a_1 < a_3$인 경우

0부터 9까지의 정수 중에서 서로 다른 세 수를 선택하여 작은 수부터 차례로 a_2, a_1, a_3으로 정하는 경우의 수는

${}_{10}\mathrm{C}_3 = 120$

(iii) a_1, a_2, a_3 중 두 수만 같고, $a_1 \le a_3$이고 $a_2 \le a_3$인 경우

$a_1 = a_2 < a_3$ 또는 $a_1 < a_2 = a_3$ 또는 $a_2 < a_1 = a_3$이므로 0부터 9까지의 정수 중에서 서로 다른 두 수를 선택하여 조건에 맞게 a_1, a_2, a_3으로 정하고 $a_1 = 0$인 경우를 제외하는 경우의 수는

$({}_{10}\mathrm{C}_2 - 9) + ({}_{10}\mathrm{C}_2 - 9) + {}_{10}\mathrm{C}_2 = 36 + 36 + 45 = 117$

(iv) $a_1 = a_2 = a_3$인 경우

$a_1 \neq 0$이므로 9가지

(i)~(iv)에 의하여 $a_1 \le a_3$이고 $a_2 \le a_3$인 경우의 수는

$84 + 120 + 117 + 9 = 330$

$\therefore \mathrm{P}(A^C) = \frac{330}{900} = \frac{11}{30}$

따라서 구하는 확률은

$\mathrm{P}(A) = 1 - \mathrm{P}(A^C) = 1 - \frac{11}{30} = \frac{19}{30}$

즉, $p = 30$, $q = 19$이므로

$p + q = 49$ 답 49

다른 풀이 A^C은 $a_1 \le a_3$이고 $a_2 \le a_3$인 사건이므로

$a_3 = k$ $(k = 0, 1, 2, \cdots, 9)$일 때, a_1의 값을 정하는 경우의 수는 k, a_2의 값을 정하는 경우의 수는 $k+1$이므로 이 경우의 수는

$$\sum_{k=0}^{9} k(k+1) = \sum_{k=1}^{9} (k^2 + k) = \frac{9 \times 10 \times 19}{6} + \frac{9 \times 10}{2}$$

$$= 285 + 45 = 330$$

$\therefore \mathrm{P}(A^C) = \frac{330}{900} = \frac{11}{30}$

7회 미니 모의고사

본문 106~109쪽

1 ②	2 ④	3 ⑤	4 184	5 ②
6 37	7 25	8 43	9 162	10 ②

1

전략 조건부확률의 정의를 이용한다.

이 조사에 참여한 학생 20명 중에서 임의로 선택한 한 명이 진로활동 B를 선택한 학생인 사건을 B, 1학년 학생인 사건을 E라 하면

$\mathrm{P}(B) = \frac{9}{20}$, $\mathrm{P}(E \cap B) = \frac{5}{20} = \frac{1}{4}$

따라서 구하는 확률은

$$\mathrm{P}(E|B) = \frac{\mathrm{P}(E \cap B)}{\mathrm{P}(B)} = \frac{\frac{1}{4}}{\frac{9}{20}} = \frac{5}{9}$$

답 ②

2

전략 일의 자리의 수를 결정하고 같은 것이 있는 순열의 수를 이용한다.

(i) 일의 자리의 수가 1인 경우

1, 2, 2, 3, 3을 선택하고, 일의 자리의 수가 1인 경우의 수는

$\frac{4!}{2! \times 2!} \times 1 = 6$

1, 2, 3, 3, 3을 선택하고, 일의 자리의 수가 1인 경우의 수는

$\frac{4!}{3!} \times 1 = 4$

즉, 이 경우의 수는

$6 + 4 = 10$

(ii) 일의 자리의 수가 3인 경우

1, 2, 2, 3, 3을 선택하고, 일의 자리의 수가 3인 경우의 수는

$\frac{4!}{2!} \times 1 = 12$

1, 2, 3, 3, 3을 선택하고, 일의 자리의 수가 3인 경우의 수는

$\frac{4!}{2!} \times 1 = 12$

2, 2, 3, 3, 3을 선택하고, 일의 자리의 수가 3인 경우의 수는

$\frac{4!}{2! \times 2!} \times 1 = 6$

즉, 이 경우의 수는

$12 + 12 + 6 = 30$

(i), (ii)에 의하여 구하는 경우의 수는

$10 + 30 = 40$ 답 ④

3

전략 정규분포 곡선의 성질을 이용하여 m의 값을 구한다.

평균이 m인 정규분포를 따르는 확률변수 X의 확률밀도함수 $f(x)$의 그래프는 직선 $x = m$에 대하여 대칭이다.

(i) $f(8) > f(14)$에서

$m < \frac{8+14}{2}$ $\quad \therefore m < 11$

(ii) $f(2) < f(16)$에서

$m > \frac{2+16}{2}$ $\quad \therefore m > 9$

(i), (ii)에 의하여

$9 < m < 11$

이때 m은 자연수이므로 $m = 10$

따라서 $Z = \frac{X-10}{4}$으로 놓으면 확률변수 Z는 표준정규분포 $\mathrm{N}(0, 1)$을 따르므로 구하는 확률은

$$\mathrm{P}(X \le 6) = \mathrm{P}\left(Z \le \frac{6-10}{4}\right)$$

$$= \mathrm{P}(Z \le -1) = \mathrm{P}(Z \ge 1)$$

$$= \mathrm{P}(Z \ge 0) - \mathrm{P}(0 \le Z \le 1)$$

$$= 0.5 - 0.3413 = 0.1587$$

답 ⑤

4

전략 표본평균을 이용하여 모평균에 대한 신뢰구간을 구한다.

모표준편차가 2, 표본의 크기가 n이므로 모평균 m에 대한 신뢰도 95 %의 신뢰구간은

$\bar{x}-1.96\times\frac{2}{\sqrt{n}}\le m\le\bar{x}+1.96\times\frac{2}{\sqrt{n}}$

이때 $a+b=2\bar{x}=240$에서

$\bar{x}=120$

또, $b-a=2\times1.96\times\frac{2}{\sqrt{n}}$이므로 $100(b-a)=98$에서

$196\times\frac{4}{\sqrt{n}}=98$

$\sqrt{n}=8 \quad \therefore n=64$

$\therefore n+\bar{x}=64+120=184$

답 184

5

전략 $\mathrm{E}(X)=\sum_{k=1}^{n}k\mathrm{P}(X=k)$임을 이용한다.

$\mathrm{E}(X)=4$이므로

$\sum_{k=1}^{5}k\mathrm{P}(X=k)=4$

이때 $\mathrm{P}(Y=k)=\frac{1}{2}\mathrm{P}(X=k)+\frac{1}{10}$ $(k=1, 2, 3, 4, 5)$이므로

$$\begin{aligned}\mathrm{E}(Y)&=\sum_{k=1}^{5}k\mathrm{P}(Y=k)\\&=\sum_{k=1}^{5}k\left\{\frac{1}{2}\mathrm{P}(X=k)+\frac{1}{10}\right\}\\&=\frac{1}{2}\sum_{k=1}^{5}k\mathrm{P}(X=k)+\frac{1}{10}\sum_{k=1}^{5}k\\&=\frac{1}{2}\times4+\frac{1}{10}\times\frac{5\times6}{2}=\frac{7}{2}\end{aligned}$$

답 ②

6

전략 A에게 배정되는 소품의 개수에 따라 경우를 나누어 경우의 수를 구한다.

A가 소품을 출품하므로 대형 작품 1개도 출품해야 한다. A가 출품하는 소품의 개수에 따라 경우를 나누면 다음과 같다.

(i) A가 소품 4개를 출품하는 경우

남은 대형 작품 2개를 A, B, C, D에게 배정하면 되므로 이 경우의 수는

$_4\mathrm{H}_2={}_5\mathrm{C}_2=10$

(ii) A가 소품 3개를 출품하는 경우

남은 소품 1개를 B, C, D에게 배정하는 경우의 수는

3

소품을 출품하게 된 회원에게 대형 작품을 1개 배정하고, 남은 대형 작품 1개를 A, B, C, D에게 배정하는 경우의 수는 4이므로 이 경우의 수는

$3\times4=12$

(iii) A가 소품 2개를 출품하는 경우

㉠ 남은 소품 2개를 B, C, D 중 한 명에게 모두 배정하는 경우의 수는 3이다.

이 한 명은 대형 작품도 제작해야 하고, 남은 대형 작품 1개를 A, B, C, D에게 배정하는 경우의 수는 4이므로

$3\times4=12$

㉡ 남은 소품 2개를 B, C, D 중 두 명에게 한 개씩 배정하는 경우의 수는

$_3\mathrm{C}_2={}_3\mathrm{C}_1=3$

이 두 명이 남은 대형 작품 2개도 한 개씩 출품하면 된다.

㉠, ㉡에 의하여 이 경우의 수는

$12+3=15$

(i), (ii), (iii)에 의하여 구하는 경우의 수는

$10+12+15=37$

답 37

7

전략 모집단의 확률분포를 이용하여 확률변수 $\bar{X}$의 분포를 구한 다음 표준화하여 확률을 구한다.

모집단이 정규분포 $\mathrm{N}(8, 1.2^2)$을 따르므로 표본평균 $\bar{X}$는 정규분포 $\mathrm{N}\left(8, \left(\frac{1.2}{\sqrt{n}}\right)^2\right)$을 따른다.

따라서 $Z=\frac{\bar{X}-8}{\frac{1.2}{\sqrt{n}}}$로 놓으면 확률변수 Z는 표준정규분포 $\mathrm{N}(0, 1)$을 따르므로

$$\begin{aligned}\mathrm{P}(7.76\le\bar{X}\le8.24)&=\mathrm{P}\left(\frac{7.76-8}{\frac{1.2}{\sqrt{n}}}\le Z\le\frac{8.24-8}{\frac{1.2}{\sqrt{n}}}\right)\\&=\mathrm{P}\left(-\frac{\sqrt{n}}{5}\le Z\le\frac{\sqrt{n}}{5}\right)\\&=2\mathrm{P}\left(0\le Z\le\frac{\sqrt{n}}{5}\right)\end{aligned}$$

이때 $\mathrm{P}(7.76\le\bar{X}\le8.24)\ge0.6826$에서

$2\mathrm{P}\left(0\le Z\le\frac{\sqrt{n}}{5}\right)\ge0.6826$

$\therefore \mathrm{P}\left(0\le Z\le\frac{\sqrt{n}}{5}\right)\ge0.3413$

즉, $\frac{\sqrt{n}}{5}\ge1$이므로 $n\ge25$

따라서 자연수 n의 최솟값은 25이다.

답 25

8

전략 m의 값에 따라 경우를 나누어 확률을 구한다.

$2m\ge n$인 사건을 A, 흰 공의 개수가 2인 사건을 B라 하면 구하는 확률은 $\mathrm{P}(B|A)$이다.

$m+n=3$, $2m\ge n$에서

$2m\ge3-m$

$\therefore m\ge1$

(ⅰ) $m=1$, $n=2$인 경우

흰 공 1개, 검은 공 2개를 꺼낼 확률은

$\frac{{}_3C_1 \times {}_4C_2}{{}_7C_3}=\frac{18}{35}$

(ⅱ) $m=2$, $n=1$인 경우

흰 공 2개, 검은 공 1개를 꺼낼 확률은

$\frac{{}_3C_2 \times {}_4C_1}{{}_7C_3}=\frac{12}{35}$

(ⅲ) $m=3$, $n=0$인 경우

흰 공 3개를 꺼낼 확률은

$\frac{{}_3C_3}{{}_7C_3}=\frac{1}{35}$

(ⅰ), (ⅱ), (ⅲ)에 의하여

$\mathrm{P}(A)=\frac{18}{35}+\frac{12}{35}+\frac{1}{35}=\frac{31}{35}$

$\mathrm{P}(A\cap B)=\frac{12}{35}$이므로

$\mathrm{P}(B|A)=\frac{\mathrm{P}(A\cap B)}{\mathrm{P}(A)}=\frac{\frac{12}{35}}{\frac{31}{35}}=\frac{12}{31}$

즉, $p=31$, $q=12$이므로

$p+q=43$ 답 43

9

전략 $f(1)$의 값에 따라 경우를 나누어 함수의 개수를 구한다.

조건 ㈎에서 $f(i)\neq i$ $(i=1, 2, 3, 4, 5)$이므로

$f(1)\neq 1$

(ⅰ) $f(1)=2$인 경우

조건 ㈏에 의하여 $f(2)=3$

조건 ㈐에서 $2+3+f(3)>2f(4)$

이를 만족시키는 $f(3)$, $f(4)$의 순서쌍 $(f(3), f(4))$는

$(1, 1)$, $(1, 2)$, $(2, 1)$, $(2, 2)$, $(2, 3)$, $(4, 1)$, $(4, 2)$, $(4, 3)$, $(5, 1)$, $(5, 2)$, $(5, 3)$

의 11가지이다.

이 각각에 대하여 $f(5)$의 값이 될 수 있는 것은 1, 2, 3, 4의 4가지이므로 이 경우의 함수의 개수는

$11\times 4=44$

(ⅱ) $f(1)=3$인 경우

조건 ㈏에 의하여 $f(3)=3$이므로 조건 ㈎를 만족시키지 않는다.

(ⅲ) $f(1)=4$인 경우

조건 ㈏에 의하여 $f(4)=3$

조건 ㈐에서 $4+f(2)+f(3)>6$

$\therefore f(2)+f(3)>2$

이를 만족시키는 $f(2)$, $f(3)$의 순서쌍 $(f(2), f(3))$은

$(1, 2)$, $(1, 4)$, $(1, 5)$, $(3, 1)$, $(3, 2)$, $(3, 4)$, $(3, 5)$, $(4, 1)$, $(4, 2)$, $(4, 4)$, $(4, 5)$, $(5, 1)$, $(5, 2)$, $(5, 4)$, $(5, 5)$

의 15가지이다.

이 각각에 대하여 $f(5)$의 값이 될 수 있는 것은 1, 2, 3, 4의 4가지이므로 이 경우의 함수의 개수는

$15\times 4=60$

(ⅳ) $f(1)=5$인 경우

조건 ㈏에 의하여 $f(5)=3$

조건 ㈐에서 $5+f(2)+f(3)>2f(4)$ …… $(*)$

㉠ $f(4)$의 값이 1 또는 2 또는 3인 경우

부등식 $(*)$은 항상 성립하므로 $f(2)$, $f(3)$의 순서쌍 $(f(2), f(3))$의 개수는

$4\times 4=16$

따라서 이 경우의 함수의 개수는

$3\times 16=48$

㉡ $f(4)=5$인 경우

부등식 $(*)$에서 $5+f(2)+f(3)>10$

$\therefore f(2)+f(3)>5$

이를 만족시키는 $f(2)$, $f(3)$의 순서쌍 $(f(2), f(3))$은

$(1, 5)$, $(3, 4)$, $(3, 5)$, $(4, 2)$, $(4, 4)$, $(4, 5)$, $(5, 1)$, $(5, 2)$, $(5, 4)$, $(5, 5)$

의 10가지이다.

㉠, ㉡에 의하여 이 경우의 함수의 개수는

$48+10=58$

(ⅰ)~(ⅳ)에 의하여 구하는 함수의 개수는

$44+60+58=162$ 답 162

10

전략 집합 X가 6을 원소로 갖는 경우와 갖지 않는 경우로 나누고, 이항계수의 성질을 이용하여 확률을 구한다.

$n(A)=20$이므로 집합 A의 모든 부분집합의 개수는

2^{20}

$B=\{2, 4, 6, 8, 10\}$, $C=\{3, 6, 9\}$이므로

$B\cap C=\{6\}$

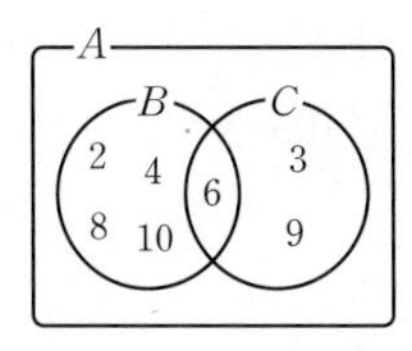

(ⅰ) $6\in X$인 경우

조건 ㈏, ㈐를 모두 만족시키므로 조건 ㈎를 만족시키려면 나머지 19개의 원소 중에서 홀수개를 원소로 가져야 한다.

따라서 이 경우의 수는

${}_{19}C_1+{}_{19}C_3+{}_{19}C_5+\cdots+{}_{19}C_{19}=2^{18}$

(ⅱ) $6\notin X$인 경우

㉠ $n(X\cap C)=1$인 경우

집합 $X\cap C$에 속하는 집합 C의 원소를 선택하는 경우의 수는

${}_2C_1=2$

이 각각에 대하여 집합 $B-\{6\}$과 집합 $A-(B\cup C)$의 원소 중 집합 X의 원소가 될 홀수개의 원소를 선택할 때, 집합 $B-\{6\}$에서 적어도 하나의 원소를 선택하고, 그 개수에 따라 전체 개수가 홀수가 되도록 나머지 원소를 집합 $A-(B\cup C)$에서 선택하면 된다.

$n(B-\{6\})=4$, $n(A-(B\cup C))=13$이므로 집합 X의 나머지 원소를 정하는 경우의 수는

$${}_4C_1\times({}_{13}C_0+{}_{13}C_2+\cdots+{}_{13}C_{12})$$
$$+{}_4C_2\times({}_{13}C_1+{}_{13}C_3+\cdots+{}_{13}C_{13})$$
$$+{}_4C_3\times({}_{13}C_0+{}_{13}C_2+\cdots+{}_{13}C_{12})$$
$$+{}_4C_4\times({}_{13}C_1+{}_{13}C_3+\cdots+{}_{13}C_{13})$$
$$=4\times2^{12}+6\times2^{12}+4\times2^{12}+1\times2^{12}$$
$$=15\times2^{12}$$

따라서 이 경우의 수는

$2\times(15\times2^{12})=30\times2^{12}$

ⓛ $n(X\cap C)=2$인 경우

집합 $X\cap C$에 속하는 집합 C의 원소를 선택하는 경우의 수는

${}_2C_2=1$

집합 $B-\{6\}$과 집합 $A-(B\cup C)$의 원소 중 집합 X의 원소가 될 짝수개의 원소를 선택할 때, 집합 $B-\{6\}$에서 적어도 하나의 원소를 선택하고, 그 개수에 따라 전체 개수가 짝수가 되도록 나머지 원소를 집합 $A-(B\cup C)$에서 선택하면 된다.

즉, 집합 X의 나머지 원소를 정하는 경우의 수는

$${}_4C_1\times({}_{13}C_1+{}_{13}C_3+\cdots+{}_{13}C_{13})$$
$$+{}_4C_2\times({}_{13}C_0+{}_{13}C_2+\cdots+{}_{13}C_{12})$$
$$+{}_4C_3\times({}_{13}C_1+{}_{13}C_3+\cdots+{}_{13}C_{13})$$
$$+{}_4C_4\times({}_{13}C_0+{}_{13}C_2+\cdots+{}_{13}C_{12})$$
$$=4\times2^{12}+6\times2^{12}+4\times2^{12}+1\times2^{12}$$
$$=15\times2^{12}$$

따라서 이 경우의 수는

$1\times(15\times2^{12})=15\times2^{12}$

㉠, ⓛ에 의하여 $6\notin X$인 경우의 수는

$30\times2^{12}+15\times2^{12}=45\times2^{12}$

(i), (ii)에 의하여 구하는 확률은

$$\frac{2^{18}+45\times2^{12}}{2^{20}}=\frac{2^6+45}{2^8}=\frac{109}{256}$$

답 ②

참고 이항계수의 성질

(1) ${}_nC_0+{}_nC_1+{}_nC_2+\cdots+{}_nC_n=2^n$

(2) ${}_nC_0+{}_nC_2+{}_nC_4+\cdots={}_nC_1+{}_nC_3+{}_nC_5+\cdots=2^{n-1}$

8회 미니 모의고사

본문 110~113쪽

1 8	2 ⑤	3 ①	4 ①	5 ④
6 74	7 ⑤	8 ①	9 ④	10 ④

1

전략 정규분포 곡선의 성질을 이용한다.

$g(12)=P(4\le X\le12)$가 $g(k)$의 최댓값이므로

$m=\dfrac{4+12}{2}=8$

답 8

2

전략 같은 것이 있는 순열의 수를 이용한다.

a는 서로 이웃하지 않으므로 나머지 문자를 먼저 나열한 다음 그 사이사이에 a가 들어가면 된다.

이때 c가 항상 d보다 앞에 나열되려면 c와 d를 X로 생각하여 b, b, X, X를 일렬로 나열한 후 앞의 X는 c, 뒤의 X는 d로 바꾸면 되므로 이 경우의 수는

$\dfrac{4!}{2!\times2!}=6$

이 각각에 대하여 오른쪽 그림과 같이 ∨로 표시된 다섯 곳 중 a를 나열할 세 곳을 선택하는 경우의 수는

∨□∨□∨□∨□∨

${}_5C_3={}_5C_2=10$

따라서 구하는 경우의 수는 $6\times10=60$

답 ⑤

3

전략 확률의 덧셈정리를 이용한다.

a, b, c의 값을 정하는 경우의 수는

${}_3\Pi_3=3^3=27$

$(a-b)(a+b-c)=0$에서

$a=b$ 또는 $a+b=c$

$a=b$인 사건을 A, $a+b=c$인 사건을 B라 하면 구하는 확률은 $P(A\cup B)$이다.

(i) $a=b$인 경우

$a=b=1$, $a=b=2$, $a=b=3$의 3가지이고 이 각각에 대하여 c가 될 수 있는 경우는 3가지이므로 이 경우의 수는

$3\times3=9$

$\therefore P(A)=\dfrac{9}{27}$

(ii) $a+b=c$인 경우

a, b, c의 순서쌍 (a, b, c)는

$(1, 1, 2)$, $(1, 2, 3)$, $(2, 1, 3)$

의 3가지이므로

$P(B)=\dfrac{3}{27}$

(iii) $a=b$이고 $a+b=c$인 경우

a, b, c의 순서쌍 (a, b, c)는

$(1, 1, 2)$

의 1가지이므로

$P(A\cap B)=\dfrac{1}{27}$

(i), (ii), (iii)에 의하여 구하는 확률은

$P(A\cup B)=P(A)+P(B)-P(A\cap B)$

$=\frac{9}{27}+\frac{3}{27}-\frac{1}{27}=\frac{11}{27}$ 답 ①

4

전략 정규분포 곡선의 성질을 이용하여 a의 값을 구한다.

두 확률변수 X와 Y는 모두 정규분포를 따르고 표준편차가 같으므로 함수 $y=f(x)$의 그래프를 x축의 방향으로 4만큼 평행이동하면 함수 $y=g(x)$의 그래프와 일치한다.

$\therefore g(x)=f(x-4)$

두 함수 $y=f(x)$, $y=g(x)$의 그래프가 만나는 점의 x좌표가 a이므로

$f(a)=g(a)=f(a-4)$

이때 함수 $y=f(x)$의 그래프는 직선 $x=8$에 대하여 대칭이므로

$\frac{a+(a-4)}{2}=8 \qquad \therefore a=10$

따라서 $Z=\frac{Y-12}{2}$로 놓으면 확률변수 Z는 표준정규분포 $N(0, 1)$을 따르므로 구하는 확률은

$P(8\le Y\le a)=P(8\le Y\le 10)$

$=P\left(\frac{8-12}{2}\le Z\le \frac{10-12}{2}\right)$

$=P(-2\le Z\le -1)=P(1\le Z\le 2)$

$=P(0\le Z\le 2)-P(0\le Z\le 1)$

$=0.4772-0.3413=0.1359$ 답 ①

참고

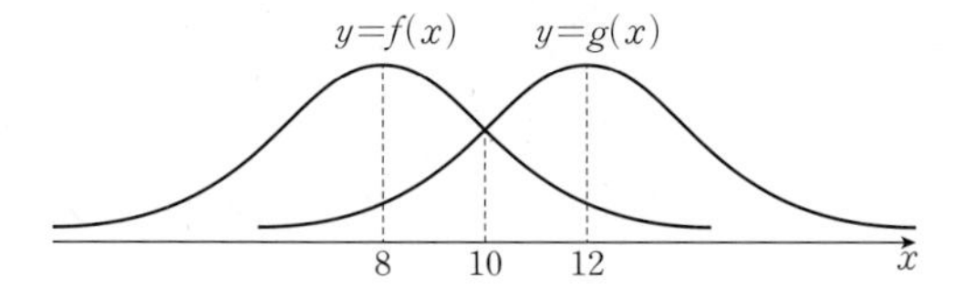

5

전략 $f(2)$와 $f(3)$의 값에 따라 경우를 나누고, 중복조합의 수를 이용한다.

조건 (가), (나)에 의하여

$f(2)=1$, $f(3)=3$ 또는 $f(2)=f(3)=2$

(i) $f(2)=1$, $f(3)=3$일 때

조건 (나)에 의하여 $f(1)=1$

또한, 조건 (나)에 의하여 $f(4)$, $f(5)$의 값을 정하는 경우의 수는 3, 4, 5 중에서 중복을 허락하여 2개를 택하는 중복조합의 수와 같으므로

${}_3H_2={}_4C_2=6$

(ii) $f(2)=f(3)=2$일 때

조건 (나)에 의하여 $f(1)=1$ 또는 $f(1)=2$

또한, 조건 (나)에 의하여 $f(4)$, $f(5)$의 값을 정하는 경우의 수는 2, 3, 4, 5 중에서 중복을 허락하여 2개를 택하는 중복조합의 수와 같으므로

${}_4H_2={}_5C_2=10$

따라서 이 경우의 함수의 개수는 $2\times 10=20$

(i), (ii)에 의하여 구하는 함수의 개수는

$6+20=26$ 답 ④

6

전략 주어진 방정식의 음이 아닌 정수인 해에서 자연수인 해를 제외한다.

조건 (가)를 만족시키는 순서쌍 (a, b, c, d)의 개수는

${}_4H_6={}_9C_6={}_9C_3=84$

이 중에서 조건 (나)를 만족시키지 않는 순서쌍 (a, b, c, d)의 개수는 방정식 $a+b+c+d=6$을 만족시키는 자연수 a, b, c, d의 순서쌍 (a, b, c, d)의 개수와 같다.

$a=a'+1$, $b=b'+1$, $c=c'+1$, $d=d'+1$로 놓으면

$a+b+c+d=6$에서

$(a'+1)+(b'+1)+(c'+1)+(d'+1)=6$

$\therefore a'+b'+c'+d'=2$ (단, a', b', c', d'은 음이 아닌 정수)

이를 만족시키는 a', b', c', d'의 순서쌍 (a', b', c', d')의 개수는

${}_4H_2={}_5C_2=10$

따라서 구하는 순서쌍 (a, b, c, d)의 개수는

$84-10=74$ 답 74

7

전략 표준화를 이용하여 출근 시간이 73분 이상일 확률을 구하고, 확률의 곱셈정리를 이용한다.

이 회사 직원들의 이 날의 출근 시간을 X분이라 하면 확률변수 X는 정규분포 $N(66.4, 15^2)$을 따르므로 $Z=\frac{X-66.4}{15}$로 놓으면 확률변수 Z는 표준정규분포 $N(0, 1)$을 따른다.

따라서 출근 시간이 73분 이상일 확률은

$P(X\ge 73)=P\left(Z\ge \frac{73-66.4}{15}\right)=P(Z\ge 0.44)$

$=P(Z\ge 0)-P(0\le Z\le 0.44)$

$=0.5-0.17=0.33$

임의로 선택한 1명의 출근 시간이 73분 이상인 사건을 A, 지하철을 이용한 사건을 B라 하면

$P(A)=0.33$, $P(B|A)=0.4$, $P(B|A^C)=0.2$

따라서 구하는 확률은

$P(B)=P(A\cap B)+P(A^C\cap B)$

$=P(A)P(B|A)+P(A^C)P(B|A^C)$

$=0.33\times 0.4+0.67\times 0.2=0.266$ 답 ⑤

8

전략 처음에 꺼내는 공에 따라 경우를 나누어 확률을 구한다.

(i) 첫 번째에 흰 공을 2개 꺼내는 경우

첫 번째에 흰 공을 2개 꺼낼 확률은

$\frac{{}_3C_2}{{}_7C_2}=\frac{3}{21}=\frac{1}{7}$

이때 남아 있는 공은 흰 공 1개와 검은 공 4개이므로 이 중에서 3개의 공을 동시에 꺼낼 때 적어도 한 개가 흰 공일 확률은

$1-\frac{{}_4C_3}{{}_5C_3}=1-\frac{{}_4C_1}{{}_5C_2}=1-\frac{4}{10}=\frac{3}{5}$

따라서 이 경우의 확률은

$\frac{1}{7}\times\frac{3}{5}=\frac{3}{35}$

(ii) 첫 번째에 검은 공을 2개 꺼내는 경우

첫 번째에 검은 공을 2개 꺼낼 확률은

$\frac{{}_4C_2}{{}_7C_2}=\frac{6}{21}=\frac{2}{7}$

이때 남아 있는 공은 흰 공 3개와 검은 공 2개이므로 이 중에서 3개의 공을 동시에 꺼낼 때 적어도 한 개는 반드시 흰 공이다.

따라서 이 경우의 확률은

$\frac{2}{7}\times 1=\frac{2}{7}$

(iii) 첫 번째에 서로 다른 색 공을 2개 꺼내는 경우

첫 번째에 흰 공 1개, 검은 공 1개를 꺼낼 확률은

$\frac{{}_3C_1\times{}_4C_1}{{}_7C_2}=\frac{12}{21}=\frac{4}{7}$

이때 남아 있는 공은 흰 공 2개와 검은 공 3개이므로 이 중에서 2개의 공을 동시에 꺼낼 때 적어도 한 개가 흰 공일 확률은

$1-\frac{{}_3C_2}{{}_5C_2}=1-\frac{3}{10}=\frac{7}{10}$

따라서 이 경우의 확률은

$\frac{4}{7}\times\frac{7}{10}=\frac{2}{5}$

(i), (ii), (iii)에 의하여 구하는 확률은

$\frac{3}{35}+\frac{2}{7}+\frac{2}{5}=\frac{27}{35}$ 답 ①

9

전략 삼각형 ABC의 넓이는 점 C의 x좌표에 따라 정해짐을 이용한다.

주사위를 두 번 던질 때 나오는 경우의 수는

$6^2=36$

세 점 A$(0, 4)$, B$(0, -4)$, C$\left(m\cos\frac{n\pi}{3}, m\sin\frac{n\pi}{3}\right)$에 대하여 삼각형 ABC의 밑변을 $\overline{AB}$로 생각하면 높이는 점 C의 x좌표의 절댓값과 같다.

이때 $\overline{AB}=4-(-4)=8$이므로

$\triangle ABC=\frac{1}{2}\times 8\times\left|m\cos\frac{n\pi}{3}\right|$

$=4m\times\left|\cos\frac{n\pi}{3}\right|$

$\triangle ABC<12$이려면 $4m\times\left|\cos\frac{n\pi}{3}\right|<12$

$\therefore m\times\left|\cos\frac{n\pi}{3}\right|<3$

(i) $n=1, 2, 4, 5$일 때

$\left|\cos\frac{n\pi}{3}\right|=\frac{1}{2}$이므로 $m<6$

즉, m은 1, 2, 3, 4, 5의 5가지이므로 이 경우의 수는

$4\times 5=20$

(ii) $n=3, 6$일 때

$\left|\cos\frac{n\pi}{3}\right|=1$이므로 $m<3$

즉, m은 1, 2의 2가지이므로 이 경우의 수는

$2\times 2=4$

(i), (ii)에 의하여 m, n의 순서쌍 (m, n)의 개수는

$20+4=24$

따라서 구하는 확률은 $\frac{24}{36}=\frac{2}{3}$ 답 ④

10

전략 정규분포 곡선의 성질을 이용하여 평균을 구하고, 표본평균의 분포를 구한다.

조건 (가)의 $P(X\geq 10)\leq P(X\leq 16)$에서

$m\leq\frac{10+16}{2}=13$ …… ㉠

조건 (나)의 $P(X\leq 12)\leq P(X\geq 8)$에서

$m\geq\frac{12+8}{2}=10$ …… ㉡

㉠, ㉡에서

$10\leq m\leq 13$ …… ㉢

한편, 확률변수 X는 정규분포 $N(m, \sigma^2)$을 따르므로 $Z=\frac{X-m}{\sigma}$으로 놓으면 확률변수 Z는 표준정규분포 $N(0, 1)$을 따른다.

또, 표본평균 $\overline{X_1}$는 정규분포 $N\left(m, \left(\frac{\sigma}{4}\right)^2\right)$, 표본평균 $\overline{X_2}$는 정규분포 $N\left(m, \left(\frac{\sigma}{2}\right)^2\right)$을 따르므로 $Z_1=\frac{\overline{X_1}-m}{\frac{\sigma}{4}}$, $Z_2=\frac{\overline{X_2}-m}{\frac{\sigma}{2}}$으로 놓으면 확률변수 Z_1, Z_2는 표준정규분포 $N(0, 1)$을 따른다.

$P(\overline{X_1}\leq 9)>P(X\geq 15)$에서

$P\left(Z_1\leq\frac{9-m}{\frac{\sigma}{4}}\right)>P\left(Z\geq\frac{15-m}{\sigma}\right)$

$\therefore P\left(Z_1\leq\frac{36-4m}{\sigma}\right)>P\left(Z\geq\frac{15-m}{\sigma}\right)$

이때 ㉢에서 $\frac{36-4m}{\sigma}<0$, $\frac{15-m}{\sigma}>0$이므로

$\frac{4m-36}{\sigma}<\frac{15-m}{\sigma}$, $5m<51$ ($\because \sigma>0$)

$\therefore m<\frac{51}{5}=10.2$ …… ㉣

㉢, ㉣에서 $10\leq m<10.2$

이때 m은 정수이므로

$m=10$

따라서 $P(\overline{X_1}\leq m-1)+P(\overline{X_2}\geq m+1)=0.4672$에서

$P(\overline{X_1}\leq 9)+P(\overline{X_2}\geq 11)=0.4672$

$P(\overline{X_1}\le 9)=P\left(Z_1\le \frac{9-10}{\frac{\sigma}{4}}\right)$

$=P\left(Z_1\le -\frac{4}{\sigma}\right)$

$=0.5-P\left(0\le Z_1\le \frac{4}{\sigma}\right)$

$P(\overline{X_2}\ge 11)=P\left(Z_2\ge \frac{11-10}{\frac{\sigma}{2}}\right)$

$=P\left(Z_2\ge \frac{2}{\sigma}\right)$

$=0.5-P\left(0\le Z_2\le \frac{2}{\sigma}\right)$

이므로

$0.5-P\left(0\le Z_1\le \frac{4}{\sigma}\right)+0.5-P\left(0\le Z_2\le \frac{2}{\sigma}\right)=0.4672$

$\therefore P\left(0\le Z_1\le \frac{4}{\sigma}\right)+P\left(0\le Z_2\le \frac{2}{\sigma}\right)=0.5328$

이때 $0.5328=0.1915+0.3413$이므로

$\frac{4}{\sigma}=1 \quad \therefore \sigma=4$

$\therefore m+\sigma=10+4=14$ 답 ④

9회 미니 모의고사

본문 114~117쪽

1 75	2 ③	3 ②	4 ②	5 ①
6 ③	7 ①	8 ④	9 ①	10 ②

1

전략 중복순열의 수를 이용하여 홀수의 개수를 구한다.

일의 자리에 올 수 있는 수는 1, 3, 5의 3가지

백의 자리와 십의 자리에는 1, 2, 3, 4, 5 중 두 수를 선택하여 나열하면 되므로 이 경우의 수는

${}_5\Pi_2=5^2=25$

따라서 구하는 자연수의 개수는

$3\times 25=75$ 답 75

2

전략 표본평균의 평균이 모평균과 같음을 이용한다.

확률의 총합은 1이므로

$\frac{1}{3}+a+b=1$

$\therefore a+b=\frac{2}{3}$ ······ ㉠

$E(X)=a+2b$이고 $E(X)=E(\overline{X})=\frac{3}{4}$이므로

$a+2b=\frac{3}{4}$ ······ ㉡

㉠, ㉡을 연립하여 풀면

$a=\frac{7}{12},\ b=\frac{1}{12}$

즉, $E(X^2)=0^2\times\frac{1}{3}+1^2\times\frac{7}{12}+2^2\times\frac{1}{12}=\frac{11}{12}$이므로

$V(X)=E(X^2)-\{E(X)\}^2$

$=\frac{11}{12}-\left(\frac{3}{4}\right)^2=\frac{11}{12}-\frac{9}{16}=\frac{17}{48}$

이때 표본의 크기 $n=9$이므로 표본평균 $\overline{X}$에 대하여

$V(\overline{X})=\frac{V(X)}{9}=\frac{\frac{17}{48}}{9}=\frac{17}{432}$

$\therefore V\left(\frac{1}{b}\overline{X}+a\right)=V\left(12\overline{X}+\frac{7}{12}\right)$

$=12^2V(\overline{X})=12^2\times\frac{17}{432}=\frac{17}{3}$ 답 ③

3

전략 두 사건이 독립임을 이용한다.

$P(A)$, $P(B)$가 이차방정식 $3ax^2-7x+a=0$의 두 근이므로 근과 계수의 관계에 의하여

$P(A)+P(B)=\frac{7}{3a},\ P(A)P(B)=\frac{a}{3a}=\frac{1}{3}$

두 사건 A와 B가 서로 독립이므로

$P(A\cap B)=P(A)P(B)$

$P(A\cup B)=P(A)+P(B)-P(A)P(B)$에서

$\frac{5}{6}=\frac{7}{3a}-\frac{1}{3},\ \frac{7}{3a}=\frac{7}{6}$

$\therefore a=2$

즉, $6x^2-7x+2=0$에서

$(2x-1)(3x-2)=0$

$\therefore x=\frac{1}{2}$ 또는 $x=\frac{2}{3}$

이때 $P(A)<P(B)$이므로

$P(A)=\frac{1}{2},\ P(B)=\frac{2}{3}$

한편, 두 사건 A와 B^C도 서로 독립이므로

$P(A\cap B^C)=P(A)P(B^C)$

$=\frac{1}{2}\times\left(1-\frac{2}{3}\right)=\frac{1}{6}$ 답 ②

4

전략 각각의 신뢰구간을 구하여 비교한다.

첫 번째 표본에서 모표준편차가 σ이므로 전기 자동차 100대를 임의추출하여 얻은 1회 충전 주행 거리의 표본평균이 $\overline{x_1}$일 때, 모평균 m에 대한 신뢰도 95 %의 신뢰구간은

$\overline{x_1}-1.96\times\frac{\sigma}{\sqrt{100}}\le m\le\overline{x_1}+1.96\times\frac{\sigma}{\sqrt{100}}$

즉, $\overline{x_1}-1.96\times\frac{\sigma}{10}\le m\le\overline{x_1}+1.96\times\frac{\sigma}{10}$이므로

$a=\overline{x_1}-1.96\times\frac{\sigma}{10},\ b=\overline{x_1}+1.96\times\frac{\sigma}{10}$

두 번째 표본에서 모표준편차가 σ이므로 전기 자동차 400대를 임의추출하여 얻은 1회 충전 주행 거리의 표본평균이 $\overline{x_2}$일 때, 모평균 m에 대한 신뢰도 99 %의 신뢰구간은

$$\overline{x_2}-2.58\times\frac{\sigma}{\sqrt{400}}\le m\le\overline{x_2}+2.58\times\frac{\sigma}{\sqrt{400}}$$

즉, $\overline{x_2}-1.29\times\frac{\sigma}{10}\le m\le\overline{x_2}+1.29\times\frac{\sigma}{10}$이므로

$$c=\overline{x_2}-1.29\times\frac{\sigma}{10},\ d=\overline{x_2}+1.29\times\frac{\sigma}{10}$$

이때 $a=c$이므로

$$\overline{x_1}-1.96\times\frac{\sigma}{10}=\overline{x_2}-1.29\times\frac{\sigma}{10}$$

$$\therefore\ \overline{x_1}-\overline{x_2}=1.96\times\frac{\sigma}{10}-1.29\times\frac{\sigma}{10}=0.67\times\frac{\sigma}{10}$$

$\overline{x_1}-\overline{x_2}=1.34$이므로

$$0.67\times\frac{\sigma}{10}=1.34\qquad\therefore\ \sigma=20$$

$$\therefore\ b-a=2\times1.96\times\frac{\sigma}{10}=2\times1.96\times2=7.84$$

답 ②

5

전략 이항계수의 성질을 이용하여 계수를 구한다.

자연수 n에 대하여 $\frac{(1+x)^{n+3}}{x^n}$의 전개식에서 x의 계수는 $(1+x)^{n+3}$의 전개식에서 x^{n+1}의 계수와 같다.

이때 다항식 $(1+x)^{n+3}$의 전개식의 일반항은

${}_{n+3}\mathrm{C}_r x^r\ (r=0,\ 1,\ 2,\ \cdots,\ n+3)$

이므로 x^{n+1}의 계수는

${}_{n+3}\mathrm{C}_{n+1}={}_{n+3}\mathrm{C}_2$

따라서 주어진 전개식에서 x의 계수는

$${}_4\mathrm{C}_2+{}_5\mathrm{C}_2+{}_6\mathrm{C}_2+\cdots+{}_{10}\mathrm{C}_2$$
$$={}_4\mathrm{C}_3+{}_4\mathrm{C}_2+{}_5\mathrm{C}_2+{}_6\mathrm{C}_2+\cdots+{}_{10}\mathrm{C}_2-{}_4\mathrm{C}_3$$
$$={}_5\mathrm{C}_3+{}_5\mathrm{C}_2+{}_6\mathrm{C}_2+\cdots+{}_{10}\mathrm{C}_2-4$$
$$={}_6\mathrm{C}_3+{}_6\mathrm{C}_2+\cdots+{}_{10}\mathrm{C}_2-4$$
$$\vdots$$
$$={}_{10}\mathrm{C}_3+{}_{10}\mathrm{C}_2-4$$
$$={}_{11}\mathrm{C}_3-4=165-4=161$$

답 ①

6

전략 y좌표가 처음으로 3이 되기 직전에 점 A의 x좌표가 0, 1, 2인 경우를 고려한다.

점 A가 점 (0, 2) 또는 점 (1, 2) 또는 점 (2, 2)에 있을 때, 동전을 던져 뒷면이 나오면 점 A의 y좌표가 처음으로 3이 되어 시행을 멈춘다.

(i) 점 A가 점 (0, 2)에 있고, 동전의 뒷면이 나올 확률은

$${}_2\mathrm{C}_2\left(\frac{1}{2}\right)^2\times\frac{1}{2}=\frac{1}{8}$$

(ii) 점 A가 점 (1, 2)에 있고, 동전의 뒷면이 나올 확률은

$${}_3\mathrm{C}_2\left(\frac{1}{2}\right)^3\times\frac{1}{2}=\frac{3}{16}$$

(iii) 점 A가 점 (2, 2)에 있고, 동전의 뒷면이 나올 확률은

$${}_4\mathrm{C}_2\left(\frac{1}{2}\right)^4\times\frac{1}{2}=\frac{3}{16}$$

(i), (ii), (iii)에 의하여 구하는 확률은

$$\frac{\frac{3}{16}}{\frac{1}{8}+\frac{3}{16}+\frac{3}{16}}=\frac{\frac{3}{16}}{\frac{1}{2}}=\frac{3}{8}$$

답 ③

7

전략 주어진 조건을 이용하여 $x_i\ (i=1,\ 2,\ 3,\ 4)$의 값의 범위를 구한다.

조건 (가)에서 $x_{n+1}>x_n+2$이므로

$x_2\ge x_1+2,\ x_3\ge x_2+2,\ x_4\ge x_3+2$

$\therefore\ x_4\ge x_3+2\ge x_2+4\ge x_1+6$

$x_3+2=a_3,\ x_2+4=a_2,\ x_1+6=a_1$로 놓으면 $a_1\ge6$이고, 조건 (나)에 의하여

$12\ge x_4\ge a_3\ge a_2\ge a_1\ge6$

위의 부등식을 만족시키는 모든 순서쌍 $(a_1,\ a_2,\ a_3,\ x_4)$의 개수는 조건 (가), (나)를 만족시키는 모든 순서쌍 $(x_1,\ x_2,\ x_3,\ x_4)$의 개수와 같다.

따라서 순서쌍 $(a_1,\ a_2,\ a_3,\ x_4)$의 개수는 6 이상 12 이하의 정수에서 중복을 허락하여 4개를 택하는 중복조합의 수와 같으므로

${}_7\mathrm{H}_4={}_{10}\mathrm{C}_4=210$

답 ①

8

전략 지원자의 점수를 표준화하여 조건부확률을 구한다.

신입사원 선발 시험의 지원자의 점수를 X점이라 하면 확률변수 X는 정규분포 $\mathrm{N}(72,\ 4^2)$을 따르므로 $Z=\frac{X-72}{4}$로 놓으면 확률변수 Z는 표준정규분포 $\mathrm{N}(0,\ 1)$을 따른다.

지원자가 시험에서 합격하는 사건을 A라 하면

$$\begin{aligned}\mathrm{P}(A)&=\mathrm{P}(X\ge76)\\&=\mathrm{P}\left(Z\ge\frac{76-72}{4}\right)\\&=\mathrm{P}(Z\ge1)\\&=\mathrm{P}(Z\ge0)-\mathrm{P}(0\le Z\le1)\\&=0.5-0.34=0.16\end{aligned}$$

불합격할 확률은

$\mathrm{P}(A^C)=1-\mathrm{P}(A)=1-0.16=0.84$

지원자의 점수가 78점 이상인 사건을 B라 하면

$$\begin{aligned}\mathrm{P}(A\cap B)&=\mathrm{P}(X\ge78)\\&=\mathrm{P}\left(Z\ge\frac{78-72}{4}\right)\\&=\mathrm{P}(Z\ge1.5)\\&=\mathrm{P}(Z\ge0)-\mathrm{P}(0\le Z\le1.5)\\&=0.5-0.43=0.07\end{aligned}$$

$$\therefore\ p_1=\mathrm{P}(B|A)=\frac{\mathrm{P}(A\cap B)}{\mathrm{P}(A)}=\frac{0.07}{0.16}=\frac{7}{16}$$

지원자의 점수가 64점 이하인 사건을 C라 하면

$$\begin{aligned}P(A^C\cap C)&=P(X\le 64)\\&=P\left(Z\le\frac{64-72}{4}\right)\\&=P(Z\le -2)=P(Z\ge 2)\\&=P(Z\ge 0)-P(0\le Z\le 2)\\&=0.5-0.48=0.02\end{aligned}$$

$$\therefore p_2=P(C|A^C)=\frac{P(A^C\cap C)}{P(A^C)}=\frac{0.02}{0.84}=\frac{1}{42}$$

$$\therefore \frac{p_1}{p_2}=\frac{\frac{7}{16}}{\frac{1}{42}}=\frac{147}{8}$$

답 ④

9

전략 같은 숫자가 적혀 있는 카드를 모두 구분하여 확률을 구하고, 기댓값의 정의를 이용한다.

가장 큰 수가 4이므로 적어도 2장의 카드를 꺼내야 하고,

$1+2+2=5$

이므로 4장의 카드를 꺼내면 항상 합이 6 이상이 된다.

따라서 확률변수 X가 가질 수 있는 값은 2, 3, 4이고 각각의 확률은 다음과 같다.

(i) $X=2$일 때

첫 번째 꺼낸 카드에 적힌 수가 4, 3, 2일 때 두 번째 꺼낸 카드에 적힌 수를 더해서 6 이상이 되는 경우의 수는 각각 8, 6, 4이므로

$$P(X=2)=\frac{4}{10}\times\frac{8}{9}+\frac{3}{10}\times\frac{6}{9}+\frac{2}{10}\times\frac{4}{9}=\frac{29}{45}$$

(ii) $X=4$일 때

세 번째까지 꺼낸 카드에 적힌 수의 합이 5 이하인 경우이므로 세 카드에 적힌 수가 1, 2, 2이어야 한다. 이때 네 번째 꺼낸 카드에 적힌 수에 관계없이 합이 6 이상이 되므로

$$P(X=4)=\left(\frac{1}{10}\times\frac{2}{9}\times\frac{1}{8}\right)\times\frac{3!}{2!}=\frac{1}{120}$$

(iii) $X=3$일 때

전체 경우에서 (i), (ii)를 제외한 경우이므로

$$P(X=3)=1-\left(\frac{29}{45}+\frac{1}{120}\right)=1-\frac{235}{360}=\frac{25}{72}$$

(i), (ii), (iii)에 의하여

$$E(X)=2\times\frac{29}{45}+3\times\frac{25}{72}+4\times\frac{1}{120}=\frac{851}{360}$$

$$\therefore E(360X)=360E(X)=360\times\frac{851}{360}=851$$

답 ①

10

전략 조건부확률을 구한다.

4 이하의 모든 자연수 n에 대하여 $f(2n-1)<f(2n)$인 사건을 A, $f(1)=f(5)$인 사건을 B라 하면 구하는 확률은 $P(B|A)$이다.

X에서 X로의 모든 함수의 개수는

8^8

4 이하의 자연수 n에 대하여 $f(2n-1)<f(2n)$이므로

$f(1)<f(2)$, $f(3)<f(4)$, $f(5)<f(6)$, $f(7)<f(8)$

$f(1)<f(2)$를 만족시키도록 $f(1)$, $f(2)$의 값을 정하는 경우의 수는

${}_8C_2=28$

$f(3)<f(4)$, $f(5)<f(6)$, $f(7)<f(8)$을 만족시키는 경우의 수도 각각 28이므로

$$P(A)=\frac{28\times28\times28\times28}{8^8}=\frac{28^4}{8^8}$$

(i) $f(1)=f(5)$, $f(2)=f(6)$인 경우

$f(1)=f(5)<f(2)=f(6)$이므로 $f(1)$, $f(2)$, $f(5)$, $f(6)$의 값을 정하는 경우의 수는

${}_8C_2=28$

$f(3)$과 $f(4)$, $f(7)$과 $f(8)$의 값을 정하는 경우의 수는 각각 28이므로 이 경우의 수는

$28\times28\times28=28^3$

(ii) $f(1)=f(5)$, $f(2)\neq f(6)$인 경우

$f(1)=f(5)<f(2)<f(6)$ 또는 $f(1)=f(5)<f(6)<f(2)$이므로 $f(1)$, $f(2)$, $f(5)$, $f(6)$의 값을 정하는 경우의 수는

$2\times{}_8C_3=2\times56=112$

$f(3)$과 $f(4)$, $f(7)$과 $f(8)$의 값을 정하는 경우의 수는 각각 28이므로 이 경우의 수는

$112\times28\times28=112\times28^2$

(i), (ii)에 의하여

$$P(A\cap B)=\frac{28^3+112\times28^2}{8^8}=\frac{140\times28^2}{8^8}$$

따라서 구하는 확률은

$$P(B|A)=\frac{P(A\cap B)}{P(A)}=\frac{\frac{140\times28^2}{8^8}}{\frac{28^4}{8^8}}=\frac{5}{28}$$

답 ②

10회 미니 모의고사

본문 118~120쪽

1 ③	2 ④	3 26	4 25	5 ④
6 ①	7 ⑤	8 89	9 ③	10 ①

1

전략 이항정리의 일반항을 이용한다.

$(x+2)^{19}$의 전개식의 일반항은

${}_{19}C_r 2^{19-r}x^r$ (단, $r=0, 1, 2, \cdots, 19$)

x^k의 계수는 ${}_{19}C_k 2^{19-k}$, x^{k+1}의 계수는 ${}_{19}C_{k+1} 2^{18-k}$이므로

${}_{19}C_k 2^{19-k}>{}_{19}C_{k+1}2^{18-k}$에서

${}_{19}C_k\times2>{}_{19}C_{k+1}$

$$\frac{19!}{k!(19-k)!}\times2>\frac{19!}{(k+1)!(18-k)!}$$

$$\frac{2}{19-k}>\frac{1}{k+1}$$

$19-k>0$이므로

$2(k+1)>19-k$, $3k>17$

$\therefore k>\frac{17}{3}$

따라서 자연수 k의 최솟값은 6이다. 답 ③

2

전략 여사건의 확률을 이용한다.

6개의 숫자를 일렬로 나열하는 경우의 수는

$6!=720$

1과 2 사이에 적어도 두 숫자가 나열될 사건을 E라 하면 E^C은 1, 2가 이웃하여 나열되거나 1과 2 사이에 한 숫자가 나열되는 사건이다.

1, 2가 이웃하여 나열되는 경우의 수는

$5!\times2!=120\times2=240$

1과 2 사이에 한 숫자가 나열되는 경우의 수는

${}_4C_1\times4!\times2!=192$

$\therefore P(E^C)=\frac{240+192}{720}=\frac{432}{720}=\frac{3}{5}$

따라서 구하는 확률은

$P(E)=1-P(E^C)=1-\frac{3}{5}=\frac{2}{5}$ 답 ④

3

전략 반드시 지나야 하는 지점을 고려하고, 같은 것이 있는 경우의 수를 이용한다.

A 지점에서 B 지점까지 최단 거리로 갈 때, 조건 (가), (나)를 만족시키려면 다음 그림의 C 지점 또는 D와 E 지점을 지나야 한다.

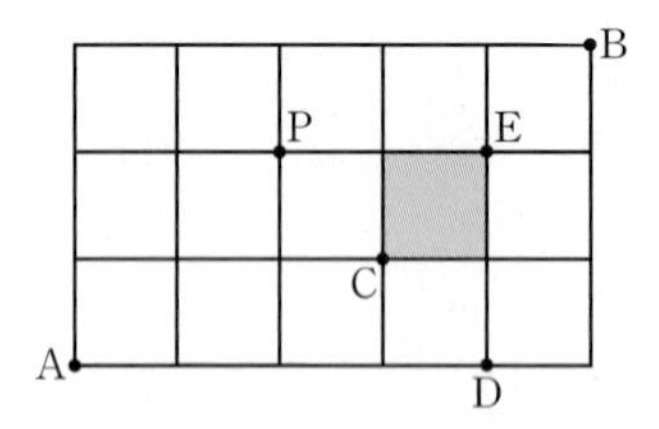

(i) A → C → B로 가는 경우

C 지점에서 B 지점으로 가려면 조건 (가)를 만족시키므로 이 경우의 수는

$\frac{4!}{3!}\times\frac{4!}{2!\times2!}=4\times6=24$

(ii) A → D → E → B로 가는 경우

D 지점에서 B 지점으로 갈 때, 조건 (가)를 만족시키려면 E 지점을 지나야 하므로 이 경우의 수는

$1\times1\times2!=2$

(i), (ii)에 의하여 구하는 경우의 수는

$24+2=26$ 답 26

4

전략 표본평균 $\overline{x}$, 표본의 크기 n에 대하여 모평균 m에 대한 신뢰도 95 %의 신뢰구간이 $\overline{x}-1.96\times\frac{\sigma}{\sqrt{n}}\le m\le\overline{x}+1.96\times\frac{\sigma}{\sqrt{n}}$임을 이용한다.

모표준편차가 σ, 표본의 크기가 49이므로 표본평균의 값이 $\overline{x}$일 때, 모평균 m에 대한 신뢰도 95 %의 신뢰구간은

$\overline{x}-1.96\times\frac{\sigma}{\sqrt{49}}\le m\le\overline{x}+1.96\times\frac{\sigma}{\sqrt{49}}$

$\therefore \overline{x}-0.28\sigma\le m\le\overline{x}+0.28\sigma$

이 신뢰구간이 $1.73\le m\le1.87$과 일치하므로

$\overline{x}-0.28\sigma=1.73$ ······ ㉠

$\overline{x}+0.28\sigma=1.87$ ······ ㉡

㉠, ㉡을 연립하여 풀면

$\overline{x}=1.8$, $\sigma=0.25$

따라서 $k=\frac{0.25}{1.8}=\frac{25}{180}$이므로

$180k=180\times\frac{25}{180}=25$ 답 25

5

전략 확률밀도함수의 성질을 이용하여 k, a의 값을 구한다.

$0\le x\le5$에서 함수 $y=f(x)$의 그래프와 x축으로 둘러싸인 부분의 넓이는 1이므로

$\frac{1}{2}\times5\times k=1$ $\therefore k=\frac{2}{5}$

한편, 함수 $y=2af(x)$의 그래프는 $y=f(x)$의 그래프를 y축의 방향으로 $2a$배 한 것이고, 함수 $y=af(x-5)$의 그래프는 $y=f(x)$의 그래프를 x축의 방향으로 5만큼 평행이동하고 y축의 방향으로 a배 한 것이므로

$\frac{1}{2}\times5\times\left(\frac{2}{5}\times2a\right)+\frac{1}{2}\times5\times\left(\frac{2}{5}\times a\right)=1$

$2a+a=1$, $3a=1$

$\therefore a=\frac{1}{3}$

따라서 $g(x)=\begin{cases}\frac{2}{3}f(x) & (0\le x<5)\\ \frac{1}{3}f(x-5) & (5\le x\le10)\end{cases}$ 이므로 함수 $y=g(x)$의 그래프는 다음 그림과 같다.

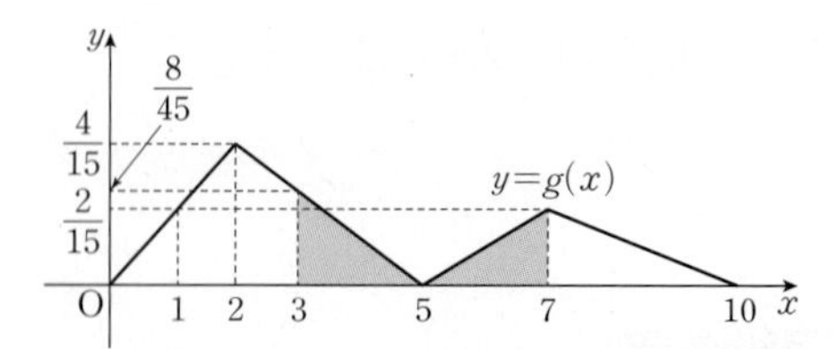

따라서 구하는 확률은 위의 그림의 색칠된 부분의 넓이와 같으므로

$P(3\le Y\le7)=\frac{1}{2}\times2\times\frac{8}{45}+\frac{1}{2}\times2\times\frac{2}{15}$

$=\frac{8}{45}+\frac{2}{15}=\frac{14}{45}$ 답 ④

6

전략 독립시행의 확률과 조건부확률의 정의를 이용한다.

주사위 한 개를 던져서 4 이하의 눈이 나올 확률은

$\frac{4}{6}=\frac{2}{3}$

주사위를 4번 던졌을 때, 4 이하의 눈이 나오는 횟수를

k ($k=0, 1, 2, 3, 4$)라 하면 5 이상의 눈이 나오는 횟수는 $4-k$이다.

이때 주머니에 들어 있는 흰 공의 개수는

$2+2k$

주머니에 들어 있는 검은 공의 개수는

$4+(4-k)=8-k$

즉, $a_4 \geq b_4$인 경우는

$2+2k \geq 8-k$, $3k \geq 6$

$\therefore k \geq 2$

따라서 사건 A가 일어날 확률은

$$\mathrm{P}(A)={}_4\mathrm{C}_2\left(\frac{2}{3}\right)^2\left(\frac{1}{3}\right)^2+{}_4\mathrm{C}_3\left(\frac{2}{3}\right)^3\left(\frac{1}{3}\right)^1+{}_4\mathrm{C}_4\left(\frac{2}{3}\right)^4$$

$$=\frac{24}{81}+\frac{32}{81}+\frac{16}{81}=\frac{8}{9}$$

한편, $A \cap B$인 경우는

$a_1<b_1$, $a_2<b_2$, $a_3 \geq b_3$, $a_4 \geq b_4$

인 경우이므로 1회 시행에서 사건 A가 일어나지 않고, 2회와 3회의 시행에서 사건 A가 일어나야 한다.

이때 (a_n, b_n)은 $(2, 5) \to (4, 5) \to (6, 5)$이므로 4회의 시행에서는 항상 $a_4 \geq b_4$를 만족시킨다.

$$\therefore \mathrm{P}(A \cap B)=\frac{1}{3}\times\frac{2}{3}\times\frac{2}{3}\times 1=\frac{4}{27}$$

따라서 구하는 확률은

$$\mathrm{P}(B|A)=\frac{\mathrm{P}(A\cap B)}{\mathrm{P}(A)}=\frac{\frac{4}{27}}{\frac{8}{9}}=\frac{1}{6}$$

답 ①

7

전략 표본평균의 분포를 구하고 표준화하여 확률을 구한다.

확률변수 X의 표준편차를 σ라 하면 확률변수 X는 정규분포 $\mathrm{N}(220, \sigma^2)$을 따른다.

따라서 표본평균 $\overline{X}$는 정규분포 $\mathrm{N}\left(220, \left(\frac{\sigma}{\sqrt{n}}\right)^2\right)$을 따르므로

$Z_{\overline{X}}=\frac{\overline{X}-220}{\frac{\sigma}{\sqrt{n}}}$으로 놓으면 확률변수 $Z_{\overline{X}}$은 표준정규분포 $\mathrm{N}(0, 1)$을 따른다.

$$\therefore \mathrm{P}(\overline{X}\leq 215)=\mathrm{P}\left(Z_{\overline{X}}\leq \frac{215-220}{\frac{\sigma}{\sqrt{n}}}\right)$$

$$=\mathrm{P}\left(Z_{\overline{X}}\leq -\frac{5\sqrt{n}}{\sigma}\right)=\mathrm{P}\left(Z_{\overline{X}}\geq \frac{5\sqrt{n}}{\sigma}\right)$$

$$=0.5-\mathrm{P}\left(0\leq Z_{\overline{X}}\leq \frac{5\sqrt{n}}{\sigma}\right)$$

$0.5-\mathrm{P}\left(0\leq Z_{\overline{X}}\leq \frac{5\sqrt{n}}{\sigma}\right)=0.1587$에서

$\mathrm{P}\left(0\leq Z_{\overline{X}}\leq \frac{5\sqrt{n}}{\sigma}\right)=0.3413$

즉, $\frac{5\sqrt{n}}{\sigma}=1$이므로

$\frac{\sigma}{\sqrt{n}}=5$ $\cdots\cdots$ ㉠

한편, 조건 (나)에서 확률변수 Y의 표준편차는 $\frac{3}{2}\sigma$이므로 표본평균 $\overline{Y}$는 정규분포 $\mathrm{N}\left(240, \left(\frac{\frac{3}{2}\sigma}{3\sqrt{n}}\right)^2\right)$을 따른다.

㉠에 의하여 $\frac{\frac{3}{2}\sigma}{3\sqrt{n}}=\frac{1}{2}\times\frac{\sigma}{\sqrt{n}}=\frac{5}{2}$이므로 $Z_{\overline{Y}}=\frac{\overline{Y}-240}{\frac{5}{2}}$으로 놓으면

확률변수 $Z_{\overline{Y}}$는 표준정규분포 $\mathrm{N}(0, 1)$을 따른다.

$$\therefore \mathrm{P}(\overline{Y}\geq 235)=\mathrm{P}\left(Z_{\overline{Y}}\geq \frac{235-240}{\frac{5}{2}}\right)$$

$$=\mathrm{P}(Z_{\overline{Y}}\geq -2)$$

$$=\mathrm{P}(-2\leq Z_{\overline{Y}}\leq 0)+\mathrm{P}(Z_{\overline{Y}}\geq 0)$$

$$=\mathrm{P}(0\leq Z_{\overline{Y}}\leq 2)+0.5$$

$$=0.4772+0.5=0.9772$$

답 ⑤

8

전략 $(a<2$ 또는 $b<2)$의 부정은 $(a\geq 2$ 그리고 $b\geq 2)$이므로 여사건의 확률을 이용한다.

방정식 $a+b+c=9$를 만족시키는 음이 아닌 정수 a, b, c의 순서쌍 (a, b, c)의 개수는

${}_3\mathrm{H}_9={}_{11}\mathrm{C}_9={}_{11}\mathrm{C}_2=55$

이때 $a<2$ 또는 $b<2$인 사건을 A라 하면 A^C은 $a\geq 2$이고 $b\geq 2$인 사건이다.

$a=a'+2$, $b=b'+2$로 놓으면 주어진 방정식은

$(a'+2)+(b'+2)+c=9$

$\therefore a'+b'+c=5$ (단, a', b'은 음이 아닌 정수)

방정식 $a'+b'+c=5$를 만족시키는 a', b', c의 순서쌍 (a', b', c)의 개수는

${}_3\mathrm{H}_5={}_7\mathrm{C}_5={}_7\mathrm{C}_2=21$

따라서 $\mathrm{P}(A^C)=\frac{21}{55}$이므로

$\mathrm{P}(A)=1-\mathrm{P}(A^C)=1-\frac{21}{55}=\frac{34}{55}$

즉, $p=55$, $q=34$이므로

$p+q=55+34=89$

답 89

다른 풀이 $a<2$인 순서쌍 (a, b, c)의 집합을 A, $b<2$인 순서쌍 (a, b, c)의 집합을 B라 하자.

$a=0$일 때, $b+c=9$이므로 이 경우의 수는

${}_2\mathrm{H}_9={}_{10}\mathrm{C}_9={}_{10}\mathrm{C}_1=10$

$a=1$일 때, $b+c=8$이므로 이 경우의 수는

${}_2H_8={}_9C_8={}_9C_1=9$

$\therefore n(A)=10+9=19$

$b=0$, $b=1$인 경우도 마찬가지로 하면

$n(B)=10+9=19$

$a<2$, $b<2$, $a+b+c=9$를 만족시키는 순서쌍 (a, b, c)는

$(0, 0, 9)$, $(0, 1, 8)$, $(1, 0, 8)$, $(1, 1, 7)$

$\therefore n(A\cap B)=4$

$$\therefore n(A\cup B)=n(A)+n(B)-n(A\cap B) \\ =19+19-4=34$$

따라서 구하는 확률은 $\frac{34}{55}$이므로

$p=55$, $q=34$

$\therefore p+q=55+34=89$

9

전략 이항분포의 성질과 이항분포와 정규분포의 관계를 이용한다.

조건 (가)에서 $\sum_{k=0}^{n} k{}_nC_k p^k(1-p)^{n-k}=20$이므로

$E(X)=np=20$ …… ㉠

조건 (나)에서 $\sum_{k=0}^{n} k^2{}_nC_k p^k(1-p)^{n-k}=416$이므로

$E(X^2)=416$

$V(X)=E(X^2)-\{E(X)\}^2=416-20^2=16$이므로

$np(1-p)=16$ …… ㉡

㉠, ㉡에서 $1-p=\frac{4}{5}$이므로

$p=\frac{1}{5}$, $n=100$

$$\therefore \frac{P(X=10)}{P(X=9)}=\frac{{}_{100}C_{10}p^{10}(1-p)^{90}}{{}_{100}C_9p^9(1-p)^{91}}=\frac{\frac{100!}{10!\times 90!}\times p}{\frac{100!}{9!\times 91!}\times(1-p)}$$

$$=\frac{91\times\frac{1}{5}}{10\times\frac{4}{5}}=\frac{91}{40}=2.275$$

한편, 확률변수 X는 근사적으로 정규분포 $N(20, 4^2)$을 따르므로

$Z=\frac{X-20}{4}$으로 놓으면 확률변수 Z는 표준정규분포 $N(0, 1)$을 따른다.

$$\therefore \sum_{k=14}^{n}{}_nC_kp^k(1-p)^{n-k}=P(X\ge 14)=P\left(Z\ge\frac{14-20}{4}\right)$$
$$=P(Z\ge -1.5)$$
$$=P(-1.5\le Z\le 0)+P(Z\ge 0)$$
$$=P(0\le Z\le 1.5)+0.5$$
$$=0.4332+0.5=0.9332$$

$$\therefore \frac{P(X=10)}{P(X=9)}+\sum_{k=14}^{n}{}_nC_kp^k(1-p)^{n-k}$$
$$=2.275+0.9332=3.2082$$

답 ③

10

전략 조건 (가)를 이용하여 대응할 수 있는 값의 범위를 정하고, 조건 (나)에서 가능한 치역을 모두 구한다.

조건 (가)에서

$f(1)\ge 1$, $f(2)\ge\sqrt{2}$, $f(3)\ge\sqrt{3}$, $f(4)\ge 2$, $f(5)\ge\sqrt{5}$

따라서 $f(1)$의 값이 될 수 있는 것은 1, 2, 3, 4

$f(2)$, $f(3)$, $f(4)$의 값이 될 수 있는 것은 2, 3, 4

$f(5)$의 값이 될 수 있는 것은 3, 4

조건 (나)에서 치역으로 가능한 경우는

$\{1, 2, 3\}$, $\{1, 2, 4\}$, $\{1, 3, 4\}$, $\{2, 3, 4\}$

각각의 치역에 따라 경우를 나누면 다음과 같다.

(i) 치역이 $\{1, 2, 3\}$인 경우

$f(1)=1$, $f(5)=3$이므로 $f(2)$, $f(3)$, $f(4)$의 값이 2 또는 3이어야 한다.

즉, 집합 $\{2, 3, 4\}$에서 집합 $\{2, 3\}$으로의 함수 중에서 치역이 $\{3\}$인 함수를 제외하면 되므로 조건을 만족시키는 함수의 개수는

${}_2\Pi_3-1=2^3-1=7$

(ii) 치역이 $\{1, 2, 4\}$인 경우

$f(1)=1$, $f(5)=4$이므로 (i)의 경우와 마찬가지로 조건을 만족시키는 함수의 개수는 7이다.

(iii) 치역이 $\{1, 3, 4\}$인 경우

$f(1)=1$이므로 $f(2)$, $f(3)$, $f(4)$, $f(5)$의 값이 3 또는 4이어야 한다.

즉, 집합 $\{2, 3, 4, 5\}$에서 집합 $\{3, 4\}$로의 함수 중에서 치역이 $\{3\}$, $\{4\}$인 함수를 제외하면 되므로 조건을 만족시키는 함수의 개수는

${}_2\Pi_4-2=2^4-2=14$

(iv) 치역이 $\{2, 3, 4\}$인 경우

㉠ $f(5)=3$인 경우

$\{1, 2, 3, 4\}$에서 $\{2, 3, 4\}$로의 함수 중에서 치역이 $\{2\}$, $\{3\}$, $\{4\}$, $\{2, 3\}$, $\{3, 4\}$인 함수를 제외하면 되므로 조건을 만족시키는 함수의 개수는

$${}_3\Pi_4-\{3+({}_2\Pi_4-2)\times 2\}=3^4-\{3+(2^4-2)\times 2\}$$
$$=81-31=50$$

㉡ $f(5)=4$인 경우

㉠의 경우와 마찬가지로 조건을 만족시키는 함수의 개수는 50이다.

㉠, ㉡에 의하여 치역이 $\{2, 3, 4\}$인 함수의 개수는

$50+50=100$

(i)~(iv)에 의하여 구하는 함수 f의 개수는

$7+7+14+100=128$

답 ①

3/4점 기출 집중 공략엔

수능엔유형

Let's grow together

NE능률이 미래를 창조합니다.

건강한 배움의 고객가치를 제공하겠다는 꿈을 실현하기 위해
42년 동안 열심히 달려왔습니다.

앞으로도 끊임없는 연구와 노력을 통해
당연한 것을 멈추지 않고

고객, 기업, 직원 모두가 함께 성장하는 NE능률이 되겠습니다.

NE 능률